環境人間学と地域

ユネスコ
エコパーク

地域の実践が育てる自然保護

松田裕之・佐藤　哲・湯本貴和 編著

京都大学学術出版会

　移行地域は自然資源の持続可能な利用を図るモデル地域である。そこには伝統芸能や伝統的な集落、環境に配慮した農林業を営む田園風景があり、手工業等の生産拠点となっている。移行地域の持続可能な開発のための人々の営みがユネスコエコパーク（BR）の最も重要な要素であり、それによって緩衝地域や核心地域の持続可能な活用と保全が実現することが、ユネスコエコパークという新たな自然保護区の特徴である。

［上段左］南アルプスBR 長野県飯田市の伝統芸能、霜月祭り（撮影：廣瀬和弘）、［右］同市下栗の里（撮影：若松伸彦）。［中段左］白山BR 合掌造り家屋と田植え（提供：白山BR協議会）、［右］桃の花と春まだ浅い南アルプス（撮影：廣瀬和弘）。［下段左］綾の特産品（提供：綾BR）、［右］綾の有機農法で栽培されたキャベツ（撮影：大元鈴子）。

　緩衝地域とは、核心地域の生態系を厳格に保護するためにその周囲の人為影響を制限した地域である。核心地域に準じた貴重な自然があり、法的または自主的な管理計画で保護される。主に、農林業の生産拠点というよりはエコツアーなどで自然を学ぶ場所として活用される。たとえば、人工林を天然林に戻す百年計画を立て、増えすぎたシカを捕獲するなど、持続可能な社会を目指す人と自然の新たな関係が築かれつつある。

　［上段左］南アルプスBR櫛形山での地元高校科学部による研究活動（撮影：若松伸彦）、［右］屋久島BRの電気自動車。島内の電力のほとんどを水力発電で賄い、電気自動車による気候変動対策を実感できる（撮影：岡野隆宏）。［中段左］カナダ国レッドベリー・レイク。水鳥観察や対岸への移動にはカヌーが活躍する（撮影：北村健二）、［右］2014年MAB計画国際調整理事会（スウェーデン国イェンショーピン）における実地見学での地元林業家の実演と説明（撮影：松田裕之）。［下段左］地獄谷野猿公苑（提供：志賀高原BR協議会）、［右］利根川ラフティング（提供：みなかみ町）。

ユネスコエコパークの核心地域は貴重な原生的自然に恵まれ、自然公園や森林生態系保護地域等により保護された地域である。世界的な地理分布の南限にあるライチョウや、数多くの絶滅危惧種の生息地が核心地域に含まれている。ただし、観光客の増加による踏み荒らしやトイレ問題や、増えすぎたシカなどが固有植物種を食べて減らすなどの問題が生じている。

[上段左上]志賀山と四十八池湿原（提供：志賀高原BR協議会）、[左下]白山遠景（提供：白山BR協議会）、[右]祖母・傾・大崩BR大崩山（撮影：岩本俊孝）。[中段左]白山の高山植物と室堂ビジターセンター（提供：白山BR協議会）、[中]世界の南限に生息するライチョウの親子（撮影：廣瀬和弘）、[右]南アルプス稜線の高山植物保護柵（撮影：若松伸彦）。[下段左]屋久島BRの課題。縄文杉周辺は観光客が集中（提供：環境省）、[右]屋久島西部林道はシカとサルが過密（撮影：湯本貴和）。

　ユネスコエコパークの特徴は、国内外の関係者とのネットワークを通じた学び合いである。日本では2013年以来、定期的に日本ユネスコエコパークネットワークの会合が開催されている他、民間環境財団との連携を通じた活動の拡大も図られている。

［上段左］第3回日本ユネスコエコパークネットワーク（JBRN）大会（2015年）では、各登録地域の市町村長参加のもと、地域主導型のネットワークへと再編した（提供：JBRN）、［右］第4回JBRN大会（2016年）では、アジアのMAB関係者を交えて議論した（提供：国連大学OUIK）。［中段左］只見で開催された第1回日本ユネスコエコパークネットワーク（J-BRnet）会議（2013年）（提供：白山BR協議会）、［右］白山BR白峰の古民家における、第2回J-BRnet会議の現地見学会（2014年）（提供：白山BR協議会）。［下段左］日本ユネスコエコパークネットワークと公益財団法人イオン環境財団の連携協定調印式（提供：公益財団法人イオン環境財団）、［右］南アルプスBRの関係者会議。3県10市町村の自治体関係者が定期的に集まる（撮影：若松伸彦）。

「環境人間学と地域」の刊行によせて

　地球環境問題が国際社会の最重要課題となり、学術コミュニティがその解決に向けて全面的に動き出したのは、1992年の環境と開発に関する国連会議、いわゆる地球サミットのころだろうか。それから20年が経った。
　地球環境問題は人間活動の複合的・重層的な集積の結果であり、仮に解決にあたる学問領域を『地球環境学』と呼ぶなら、それがひとつのディシプリンに収まりきらないことは明らかである。当初から、生態学、経済学、政治学、歴史学、哲学、人類学などの諸学問の請来と統合が要請され、「文理融合」「学際的研究」といった言葉が呪文のように唱えられてきた。さらに最近は「トランスディシプリナリティ」という概念が提唱され、客観性・独立性に依拠した従来の学問を超え社会の要請と密接にかかわるところに『地球環境学』は構築すべきである、という主張がされている。課題の大きさと複雑さと問題の解決の困難さを反映し、『地球環境学』はその範域を拡大してきている。
　わが国において、こうした『地球環境学』の世界的潮流を強く意識しながら最先端の活動を展開してきたのが、大学共同利用機関法人である総合地球環境学研究所（地球研）である。たとえば、創設10年を機に、価値命題を問う「設計科学」を研究の柱に加えたのもそのひとつである。事実を明らかにする「認識科学」だけでは問題に対応しきれないのが明らかになってきたからだ。
　一方で、創設以来ゆるぎないものもある。環境問題は人間の問題であるという考えである。よりよく生きるためにはどうすればいいのか。環境学は、畢竟、人間そのものを対象とする人間学Humanicsでなければならなくなるだろう。今回刊行する叢書『環境人間学と地域』には、この地球研の理念が通底しているはずである。
　これからの人間学は、逆に環境問題を抜きには考えられない。人間活動の全般にわたる広範な課題は環境問題へと収束するだろう。そして、そのとき

に鮮明に浮かび上がるのが人間活動の具体的な場である「地域」である。地域は、環境人間学の知的枠組みとして重要な役割を帯びることになる。

　ひとつの地球環境問題があるのではない。地域によってさまざまな地球環境問題がある。問題の様相も解決の手段も、地域によって異なっているのである。安易に地球規模の一般解を求めれば、解決の道筋を見誤る。環境に関わる多くの国際的条約が、地域の利害の対立から合意形成が困難なことを思い起こせばいい。

　地域に焦点をあてた環境人間学には、二つの切り口がある。特定の地域の特徴的な課題を扱う場合と、多数の地域の共通する課題を扱う場合とである。どちらの場合も、環境問題の本質に関わる個別・具体的な課題を措定し、必要とされるさまざまなディシプリンを駆使して信頼に足るデータ・情報を集め、それらを高次に統合して説得力のある形で提示することになる。簡単ではないが、叢書「環境人間学と地域」でその試みの到達点を問いたい。

「環境人間学と地域」編集委員長
総合地球環境学研究所　教授

阿部　健一

はじめに

松田裕之

　本書は、ユネスコエコパークを主題とした日本で初めての書籍である。ユネスコエコパークは、ユネスコの「人間と生物圏」(MAB[1])計画の1事業である生物圏保存地域の日本での通称である。ユネスコ MAB 計画は1971年に始まり、生物圏保存地域は1976年から登録が始まった。日本のユネスコエコパークは1980年に4か所が登録されたのが始まりだが、その当時の実態は、名ばかりの登録で、地元の取り組みがほとんどなかった。欧米では生物圏保存地域はそれなりに知られているが、日本で MAB 計画と生物圏保存地域の知名度が低かったのはそのためでもあるだろう。

　ユネスコの正式名称は国際連合教育科学文化機関であり、自然保護や環境のための組織ではなく、日本では文部科学省が所轄する。同じユネスコの世界自然遺産と比べて、登録地の持続可能な人間活動を重視している点がユネスコエコパークの特徴である。よく、日本では「人と自然の共生」といい、日本が人間と自然を対立的にとらえる西洋社会とは異なる自然保護の理念を持つといわれる。その典型例が「里山里海」という概念である。けれども、ユネスコ MAB 計画は、その計画名からもわかるように、1970年代から人間と自然の調和を図っていた。手つかずの原生自然ではなく、人間活動を許容した自然保護を目指してきた。

　私が MAB 計画に取り組み始めたのは2007年からである。当時の横浜国立大学の鈴木邦雄副学長から MAB 計画委員になるよう誘われ、2009年から MAB 国内委員会調査委員を拝命した。それに先んじて、2004年からは知床世界自然遺産の科学委員として、その登録過程に取り組んでいた。2009年からはユネスコエコパークとの二重登録地である屋久島の世界自然遺産の

---

[1]　英語は Man and the Biosphere Programme。

科学委員も拝命している。2007年頃の日本のMAB活動は知名度が低く、4か所あった登録地の住民、さらに構成自治体の役所にさえほとんど知られていなかった。しかし、環境省の世界遺産担当者の中にも、MAB計画の理念を「世界遺産より優れている」と褒める人がいた。それは上記のように人間を含めた自然保護計画だったからだろう。その後、世界遺産とMAB計画の両方にかかわるなかで、私は、自然保護とは何か、そもそも何のために自然を守るのか、そのために人間がどのような自然保護区を設計すればよいか、そして私や研究者に何ができるのかという、根本的な問いに対して、ユネスコエコパークを通じて私なりに答えることができると思うようになった。

ユネスコエコパークはたしかに知名度こそ低いが、世界遺産関係者にとっても優れた制度と認められている。世界遺産の専門家であり、世界自然遺産の審査をする国際自然保護連合（IUCN）で世界遺産諮問委員を務める筑波大学吉田正人教授らの著書『世界遺産を問い直す』（吉田ら2018）でも、世界遺産の課題を説く中で、ユネスコエコパークとの二重登録を勧めている。世界自然遺産は原生自然の保存のための制度であり、自然資源を持続可能に利用するための制度ではない。一方、ユネスコエコパークには自然を守るための核心地域と持続可能な利用を図るための移行地域が設けられている。移行地域の活用については地域の関与者が主体となる。ユネスコエコパークは、一言でいえば、地域の関与者が主役となり、自然資源の活用を図る制度であり、これこそがユネスコエコパークが新たな持続可能な社会のモデルといわれる所以なのである。

2012年から5年間にわたり、佐藤哲教授を代表者とする総合地球環境学研究所（地球研）のプロジェクト「地域環境知形成による新たなコモンズの創生と持続可能な管理」（略称ILEK）が実施された。ILEKは地域環境知の英語 Integrated Local Environmental Knowledge の略語である。ILEKプロジェクト期間中の2015年からは、持続可能な地球社会の実現をめざす国際協働研究プラットフォームであるフューチャー・アース（Future Earth）が始まった。フューチャー・アースにおいては重視される科学知と「先住民の在来知（ILK）」などとの融合を図るトランスディシプリナリー（TD）研究が重視さ

れた。ILEKプロジェクトでは、トランスディシプリナリー研究の一環として、環境問題において、普遍的な科学知を極めようとする研究者だけでなく、地域の現場に合わせて科学知を翻訳し、逆に地域から得られた知見を普遍的な科学知に昇華させるトランスレーターをさまざまな事例において発見し、彼らの役割を分析した（佐藤・菊地 2018）。ILEKプロジェクトの5年間は、ちょうど日本のMAB活動が復活する5年間でもあった。ILEKプロジェクトではMABタスクフォース（TF）チームを設け、ILEK予算を投じて各地に研究者を派遣し、各地の実務担当者を京都などに招聘して議論の輪に加え、カナダMABの研究者であるM・リード教授やユネスコ関係者をメンバーに加え、最後の2016年3月のリマの生物圏保存地域世界大会の場にも研究者および地域の実務担当者を派遣し、日本の存在感を示した。文字通りILEKプロジェクトの支援が日本のMAB活動の復活を支えてきたし、3か月ほど地球研に滞在し、横浜国大のセミナーにも参加したリード教授もそれを目の当たりに見てきた。本書の執筆者のほとんどは、ILEKプロジェクトのメンバーあるいは協力者である。本書は、MAB計画とユネスコエコパークの考え方、日本においてMAB計画がなぜ停滞し、その後に復活してきたかを紹介すると同時に、ユネスコエコパークを通じた持続可能な社会のあり方を論じる。それらを通じて、MAB計画という世界標準を日本の現場にどう適用し、日本の経験をユネスコの場にどう還元していくかという、トランスディシプリナリー研究の理念と実績を論じる。

　世界遺産は世界遺産条約の加盟国政府が遺産地域の価値を守る責任をもつ。日本の国立公園でも、その自然を守るのは環境省の自然保護官の使命である。ユネスコエコパークでも、核心地域の自然についてはその国の保護担保措置を必要とする。吉田ら（2018）が世界遺産とユネスコエコパークの二重登録を勧めるように、これはユネスコエコパークだけの問題ではない。ユネスコエコパークを通じて、自然保護区のあり方を問い直し、引いては、持続可能な開発のあり方を問うことが、本書の目指すところである。

　第1部はユネスコエコパークの制度と理念を論じ、以下の3つの章からなる。第1章（松田）では世界自然遺産と自然保護の考え方を比較しながら、

ユネスコエコパークの目指す理念を紹介する。世界遺産は国際条約に基づき、国がその遺産をそのままの状態で次世代に残す義務を負うが、ユネスコエコパークは自然資産を生かした持続可能な社会のモデルを目指す。ユネスコエコパークは、条約のために自然を守るのではなく、地域の人々が自らの子孫のために自然を生かす制度である。

第2章（岡野）では、ユネスコエコパークの考え方がMAB計画の初期段階からどのように変遷してきたかを論じる。これは、自然保護区のあり方に関する世界標準の変遷の歴史でもある。世界自然遺産のように手つかずの自然を遺すという考え方だけでなく、ユネスコエコパークのように地域の関係者の協働作業によって自然を保全する理念が生まれてきた。後者では原生自然だけでなく、人間が使っている自然にも価値がある。「人と自然の共生」と日本ではよくいうが、その英語表現はLiving harmony with natureであり、この表現はMAB計画でもよく使われる。世界遺産よりもエコパークのほうが人間活動を含めた自然保護区の制度であるという特長を論じる。

第3章（比嘉、若松）では、ユネスコエコパークが地域社会の自立にどう役立っているのか、世界の先行事例を紹介する。エコパークの価値が核心地域の原生自然よりも移行地域の持続可能な人間活動にあることがよくわかるだろう。有機農業のブランド価値をエコパークを通じて高める工夫、人材育成の研修事業など、さまざまな取り組みをユネスコエコパークネットワークを通じて学びあうことができる。

また、現場からの報告1（北村）として、この間我々のグループが相互に交流しているカナダ国のレッドベリー・レイクの例を紹介する。政府の満足な支援もなく、地域自身が担う自然保護区が切り開いた成果を論じる。

第2部はユネスコエコパークの運動論を事例紹介を通じて論じる。第4章（松田）では日本のMAB活動の停滞と復活の歴史を論じる。国際生物学事業計画（IBP）の後継事業としてのMAB計画には、1980年代にはそうそうたる生態学者が係わってきた。けれども、MAB計画の社会実装である日本の生物圏保存地域が名ばかりの登録地になってしまったなどのために、やがて日本のMAB計画は停滞し、日本ユネスコ国内委員会の事業としてはほとんど

休眠状態に陥った。それが 2012 年の綾のユネスコエコパーク登録などを契機に復活してきた。そして、2015 年にはユネスコエコパークの国内ネットワークが再編され、登録地の実務担当者が主体となった活動に主軸が移ってきた。この過程で、各時代の科学者がどうかかわり、どんな困難に直面してきたかの経緯を記す。

　第 5 章（中村）では、ユネスコエコパークを構成する基礎自治体でユネスコエコパークに対応する実務担当者自身が著者となり、その復活の過程で生まれたユネスコエコパーク間のネットワークの誕生の経緯と、ネットワークの役割について論じる。MAB 計画では地域同士の経験の交流、共通の研修事業の企画などが中心であり、世界ネットワークと大陸別の地域ネットワークが重要な活動の舞台である。スペイン語圏だけのネットワークは便利だろうが、日本が属する東アジアのネットワークでは、結局は英語で議論せねばならない。30 か所の生物圏保存地域のある中国を除いて、国内ネットワークのある国はわずかであり、MAB 計画委員会のような科学者支援組織を持つ国はなかった。日本が新たに国内ネットワークを設けたことで、2016 年策定のリマ行動計画にも国内ネットワークを産み育てることが国際方針として掲げられた。後でみるように、ユネスコエコパークに登録される最大の意義は、このネットワーク活動を通じて実現するだろう。

　第 6 章（田中）では、そのネットワークの組織論を紹介する。ジオパークなど類似の制度にもネットワークがあり、それぞれの制度に相違がある。その相違が何をもたらすかを分析する。肝腎なのはネットワークの運営体制であり、その事務局を最大活動拠点に固定するか、各登録地が対等の立場で事務局を持ち回りで運営するかである。この章では、前者をジオパーク方式、後者をラムサール方式と名付ける。現在の日本のユネスコエコパークネットワークは持ち回りのラムサール方式である。著者の意見として、現状では前者の方が有利であることが説かれている。

　第 7 章（若松、中村、松田、辻野、水谷）では、登録されたユネスコエコパークの課題について論じる。日本のユネスコエコパークにはほぼ単一の自治体が運営する場合と多くの自治体が共同で運営する場合があるが、特に後者に

ついてわかってきたさまざまな課題を議論する。

　第 8 章 (大元) ではユネスコエコパークの「ブランド力」を再評価し、地元にとってユネスコエコパークになることがどんな価値を持つかを検討する。著者の大元は『国際資源管理認証』(大元ら 2016) の編者であり、自然資源認証の専門家として、2015 年 12 月に中国上海で開催された MAB のブランド化研究会にも招待されている。このような認証制度には国際認証と地域認証があるが、地域認証の例として、綾の例を紹介する。

　続いて現場からの報告 2 (朱宮、河野円樹、河野耕三、下村) として 32 年ぶりの新規登録を果たした綾の取り組みを、現場からの報告 3 (中村、髙﨑、飯田) として白山の取り組みを紹介する。綾がもともと取り組んできた自然を生かした地域自立と取り組みが、日本のエコパークを復活させたといっても過言ではない。白山は日本ジオパーク登録地を兼ねており、ジオパークとしての活動の蓄積があり、特に専従の実務担当者がいることが大きい。2016 年にユネスコエコパークの拡張登録を申請した際にも、国際審査機関から申請書の洗練度を称賛された。それでも、さまざまな課題が発生したことが赤裸々にわかるだろう。

　その後、補章 (湯本、松田) として、日本の多くのユネスコエコパーク及び自然公園で問題となっているニホンジカの獣害問題を紹介する。そして最後に、終章 (佐藤) において日本の MAB 活動の復活のプロセスと様々な登録地の事例から、地域の人々の実践を支える総合的な知識を構築するためのトランスディシプリナリー科学の役割と、国際的な制度を支える知識と地域の知を繋ぐ知識の双方向的トランスレーターの働きを中心に、ユネスコエコパークという国際的な仕組みを、持続可能な未来に向かう地域の実践に活用するための道筋を提案する。

引用文献

佐藤哲・菊地直樹編 (2018)『地域環境学 ── トランスディシプリナリー・サイエンスへの挑戦』東京大学出版会.
吉田正人・筑波大学世界遺産専攻吉田ゼミ (2018)『世界遺産を問い直す』山と渓谷社.

大元鈴子・佐藤哲・内藤大輔編(2016)『国際資源管理認証 —— エコラベルがつなぐグローバルとローカル』東京大学出版会.

目　次

はじめに［松田裕之］　i

第 1 部　ユネスコエコパークの制度と理念

第 1 章　世界遺産とはどこが違うのか？　　　　　［松田裕之］　3
1-1　自然保護における「保存」と「保全」　4
1-2　ユネスコエコパークの特長　10
　（1）保護と利用のメリハリをつけるユネスコエコパークの地域区分　10
　（2）すべての当事者の参加を促す（参加型アプローチ）　14
　（3）自然保存運動とせめぎあう世界遺産登録地　15
　（4）ネットワークを通じた学びあいを重視する　18
　（5）すべてのユネスコ活動と持続可能な開発目標（SDGs）のモデル　20
1-3　MAB 計画の可能性　24
　（1）地方が自己を再発見する制度　24
　（2）今まで評価されなかった職種が評価される契機　25
　（3）他の自然保護制度との二重登録を奨励し、理念の共有を図る　26
　（4）国内の自然公園制度の見直しを促す　28
　（5）国際組織、中央政府、地方自治体と地域社会の関係の新たなモデルを示す　30
　（6）科学と地域社会の関係の新たなモデルを示す　31
1-4　おわりに　32

目 次

第2章　ユネスコエコパークの理念の変遷と日本のかかわり
[岡野隆宏]　37

2-1　生物圏保存地域の概要　38
2-2　生物圏保存地域の概念の変遷　46
2-3　国際的な自然保護地域の概念の変遷　49
2-4　日本における生物圏保存地域の動き　52
　(1) 1980年の登録と停滞　52
　(2) 国内での活用に向けた動き　55
　(3) 審査基準と申請手続きの明確化　56
2-5　日本の国立・国定公園と生物圏保存地域　60
　(1) 日本の保護地域制度　60
　(2) 国立・国定公園　62
　(3) 生物圏保存地域と国立・国定公園の親和性　64
2-6　ユネスコエコパークの理念を生かす　65

第3章　生物圏保存地域の世界での活用事例
[比嘉基紀・若松伸彦]　69

3-1　生物圏保存地域の活動目標　71
3-2　研究利用　72
3-3　持続可能な地域経済の育成に向けた活動　76
3-4　持続可能な社会の実現に向けた教育　83
3-5　活発な活動が行われている地域とそうではない地域　88

●現場からの報告1　レッドベリー・レイク（カナダ）―住民による手づくりの生物圏保存地域　　　　　　　　　　　　　　　[北村健二]　96

第2部　ユネスコエコパークの運動論

第4章　日本における MAB 計画の復活　　　［松田裕之］　117

4-1　日本 MAB 計画委員会の誕生　118
　(1) 日本 MAB 国内委員会の「休眠」　118
　(2) 休眠中の諸活動　122
　(3) 世界の MAB 計画の変貌と日本 MAB 消滅の危機　125

4-2　日本の MAB 計画の復活　126
　(1) 新たなユネスコエコパーク活用の動き　126
　(2) 日本が MAB 計画国際調整理事会理事国に復帰　128
　(3) 只見が呼び掛けた日本ユネスコエコパークネットワーク　130
　(4) 計画委員の勧めで綾に続いたみなかみユネスコエコパーク　133

4-3　日本の MAB 計画の未来と計画委員会の役割　137
　(1) JICA と国際連合大学の貢献　137
　(2) 日本の MAB 計画の今後　138

4-4　今後の課題　139
　(1) まだ推敲中の国内申請手続き　139
　(2) ユネスコとジオパーク運動の関係　141
　(3) ユネスコにおける日本の信頼　143

第5章　日本ユネスコエコパークネットワークの誕生
　　　　　　　　　　　　　　　　　　　　　［中村真介］　149

5-1　生物圏保存地域のネットワークとは　150
　(1) 世界の生物圏保存地域ネットワーク　150
　(2) 生物圏保存地域にかかわるステークホルダー　152
　(3) 日本における生物圏保存地域のネットワーク前史　155

5-2　日本ユネスコエコパークネットワークの誕生　156
　(1) メーリングリストの時代　156

(2) バーチャルからリアルへの転換　158
　　　(3) 定期的に顔を合わせるネットワークへ向けて　159
　5-3　日本ユネスコエコパークネットワークの組織再編　161
　　　(1) 組織再編における論点　161
　　　(2) 科学者主導から地域主導への転機　163
　　　(3) J-BRnet から JBRN へ　164
　5-4　地域主導型モデルの世界への発信　166
　　　(1) 日本の自治体から東アジアへ　166
　　　(2) 10 年に一度の世界大会　167
　5-5　国際的な評価と現場の抱える悩みとのギャップ　169
　　　(1) ユネスコと自治体との対話　169
　　　(2) 地域の声が届かなかった世界の MAB　170
　　　(3) アジアの MAB と自治体との対話　171
　5-6　日本ユネスコエコパークネットワークの意義と課題　172
　　　(1) 集まった先にあるもの　172
　　　(2) 三位一体の協力関係　174

第 6 章　ネットワークを統御する：共通利益と取引費用から考える日本ユネスコエコパークネットワーク ［田中俊徳］　177

　6-1　ネットワークの性質：共通利益と取引費用　178
　6-2　国際自然保護規範の国内ネットワークの概要　184
　　　(1) 「世界文化遺産」地域連携会議（世界文化遺産連携会議）　184
　　　(2) ラムサール条約登録湿地関係市町村会議（ラムサール市町村会議）
　　　　　185
　　　(3) 日本ジオパークネットワーク（JGN）　186
　　　(4) ユネスコエコパークネットワーク（J-BRnet、後の JBRN）　187
　6-3　ネットワークの比較から導かれる JBRN の制度設計　188
　　　(1) 登録地・自治体の主体性とネットワークの独立性　188

(2) 実施事業　190
　　　(3) 事務局体制　191
　　　(4) 入会資格・会費制度　192
6-4　JBRN の方向性　194
6-5　終わりに　196

第 7 章　複数の自治体に跨るユネスコエコパークの実情
　　　　　　　［若松伸彦・中村真介・松田裕之・辻野　亮・水谷瑞希］　199

7-1　複数自治体型 BR と単独自治体型 BR　200
7-2　大台ケ原・大峯山・大杉谷　203
7-3　志賀高原　208
7-4　南アルプス　213
7-5　祖母・傾・大崩　219
7-6　複数自治体型 BR の課題と未来　222

第 8 章　地域資源の内発的な再評価とブランドの構築
　　　　　　　　　　　　　　　　　　　　　　　　［大元鈴子］　229

8-1　地域の多様な価値を創造する概念としてのユネスコエコパーク
　　　　　　　　　　　　　　　　　　　　　　　　　　　　　230
8-2　ユネスコロゴの使用について　232
　　　(1) パルテノン神殿と、MAB ロゴ、各ユネスコエコパークのロゴ　232
　　　(2) ユネスコによる生物圏保存地域のロゴ使用の整備について　233
8-3　先進事例—ドイツのレーン生物圏保存地域　238
　　　(1) ユネスコエコパークによる地域資源の再評価とブランドの構築　238
　　　(2) 地元企業との連携　239
　　　(3) レーンにおけるロゴの使用と管理　240
　　　(4) 制度的アプローチによるブランド化　244
8-4　ローカル認証　245

目　次

　　　(1) 地域発信型認証制度：ローカル認証　245
　　　(2) ローカル認証に必要な要素　247
　　8-5　地域マーケティングとユネスコエコパークにおけるブランド化の方向性　249
　　　(1) 地域マーケティングと中規模の流通　249
　　　(2) ショート・フードサプライチェーン（SFSC）　250
　　　(3) ユネスコエコパークの価値の視覚化の事例：ミツバチの視点からユネスコエコパークを見る　252
　　　(4) 自然保全という文化の醸成　253

●現場からの報告2　綾町—従来型から循環型への転換とその後の発展
　　　　　　　　　　［朱宮丈晴・河野円樹・河野耕三・下村ゆかり］　256
●現場からの報告3　白山—協議会による管理運営
　　　　　　　　　　［中村真介・髙﨑英里佳・飯田義彦］　271

補章　全国のシカ問題をユネスコエコパークから考える
　　　　　　　　　　　　　　　　　　［湯本貴和・松田裕之］　291

　1　ニホンジカの大発生と被害対策の歴史　292
　2　各地のユネスコエコパークでのシカ管理　295
　　　(1) 大台ケ原　295
　　　(2) 屋久島　296
　　　(3) 白山とみなかみ　298
　　　(4) 南アルプス　299
　　　(5) その他のユネスコエコパーク（祖母・傾・大崩、志賀高原、只見、綾）　300

終章　ユネスコエコパークを支える知識・ネットワーク・科学

［佐藤　哲］　305

1　知識から実践へ：ユネスコエコパークを支える知識　306
2　ユネスコエコパークがもたらす価値　309
3　ネットワークがもたらす新たなつながり　311
4　選択肢を拡大し集合的実践をうながす　315
5　知識のトランスレーターと科学の役割　319
6　持続可能な開発のモデルとしてのユネスコエコパーク　325

謝辞　329

索引　331

執筆者紹介　339

第1部
ユネスコエコパークの制度と理念

第1章　世界遺産とはどこが違うのか？

松田裕之

第1部 ユネスコエコパークの制度と理念

　世界自然遺産は顕著な普遍的価値を持つ原生自然を保存することを目的としているのに対し、ユネスコエコパークは自然資産を持続可能に利用するモデルを目指す。世界遺産は加盟国がその遺産価値を守る義務をもち、世界遺産委員会決議に答えることが求められるが、ユネスコエコパークは地域関係者の主体的判断を尊重する。このような制度は、1976年の設立当初からさまざまな経験を通じて変容してきた。この章では、その課題と問題点を探る。

1-1 自然保護における「保存」と「保全」

　本章では生物圏保存地域と世界遺産を対比させるが（表1-1）、その端的な違いは生物圏保存地域が人間活動を含んでいるところである。日本ではよく「人と自然との共生」というが、これはMAB計画で言う生物圏の理念と共通する。2010年に日本における生物圏保存地域の通称として、親しみをもちやすいように「ユネスコエコパーク」が使われるようになった。なお、生物圏保存地域の制度的、歴史的な概要は、本書第2章で詳しく述べる。

　日本がユネスコ（国際連合教育科学文化機関）に加盟したのは国際連合加盟より前の1951年である。日本には、加盟前から各地にユネスコ協会という民間組織があり、1948年にはその全国組織が誕生した。現在の日本ユネスコ協会連盟である。ユネスコ自体に加盟しているのは政府だが、ユネスコ協会は民間の協賛団体として機能し、「プロジェクト未来遺産活動」は日本ユネスコ協会連盟独自の登録制度である。このように、ユネスコは戦後早くから日本が国際社会に復帰する窓口として、日本で重視されていたといえる。1999年11月から10年間、日本の外交官松浦晃一郎氏が第8代のユネスコ事務局長を務めた。日本政府は、MAB計画に対しても、アジア太平洋地域においてユネスコ・ジャカルタ事務所が推進するプロジェクトに対して信託基金を提供するなどの支援をしており、これにより、東南アジア生物圏保存地域ネットワーク（SeaBRNet）会合、「沿岸域及び陸水域の生態移行帯の管理に関するアジア太平洋地域セミナー」（ECOTONE、日本ユネスコ国内委員会

表 1-1 ユネスコエコパーク（BR）、世界自然遺産、ユネスコ世界ジオパークの概要（環境省 2012 資料を改変）

	ユネスコエコパーク（BR）	世界自然遺産	ユネスコ世界ジオパーク
	生物多様性の保全と持続可能な発展との調和（自然と人間社会の共生）を図る地域 ※ユネスコが実施するプログラム「人間と生物圏（MAB）計画」の一環	世界で唯一の価値を有する貴重な自然を有し、将来の世代へ伝えるべく保護・保存を図る地域 ※世界遺産条約に基づく制度	国際的重要性をもつ地形・地質学的遺産を有し、これらの遺産を地域社会の持続可能な発展に活用している地域 ※ 2015 年からユネスコの正式プログラム
目的	○生物多様性の保全。 ○人間と生物圏との間でバランスがとれた関係構築を促進し実証を行い、持続可能な発展との調和を目指す。	○顕著な普遍的価値（Outstanding Universal Value：OUV）を有する自然地域を、人類全体の遺産として、保護・保存すること。 ○保護・保存のための国際的な協力及び援助の体制を確立すること。	○重要な地形・地質学的遺産の保護。 ○社会、経済、文化の持続的な発展。
登録・認定の基準	3つの機能の相互促進を目的とした3つの地域区分を有する地区（サイト） ①次の3つの機能を有する。 （1）保全機能、（2）学術的支援、（3）経済と社会の発展 ②次の3つの地域区分を有する。核心地域、緩衝地域、移行地域 ③生物圏保存地域の保存管理や運営、上記3機能の実施に関する計画を有していること。 ④生物圏保存地域の管理方針又は計画の作成及びその実行のための組織体制が整っていること。また、組織体制は、自治体を中心に当該地域に関わる幅広い主体が参画していること。 ⑤ユネスコ世界 BR ネットワークへの参画が可能であること。	顕著な普遍的価値（OUV）を保有する地域 ①次の4つの登録基準（クライテリア）の1つ以上に合致する。自然美、地形・地質、生態系、生物多様性 ②完全性を満たす。 ③必要な保護管理上の要件を満たす。	地形・地質学的遺産を有する地域について、次の①〜⑥の基準が、一定の程度以上満たされていること。 ①規模と環境 ②運営及び地域との関わり ③経済開発 ④教育 ⑤保護と保存 ⑥世界ジオパークネットワークへの貢献

n.d.)、アジア太平洋生物圏保存地域ネットワーク（APBRN）会合などが実施されてきている。

　ユネスコは世界遺産を司るが、本来、教育科学文化全般をリードする国際組織である。後にみるように、ユネスコエコパークは自然保護のためだけの制度でなく、ユネスコ活動全般に貢献し、環境問題だけではない持続可能な社会のモデル、2015年に国連総会で採択された持続可能な開発のための目標（SDGs）[1]の実践の場となることが求められている点に注意してほしい。

　自然保護には保存（protection）と保全（conservation）の2種類がある[2]（吉田 2007）。前者は原生自然をできるだけ手つかずにそのまま維持することを目指す。後者は人間にもたらす自然の恵みを重視する。いわば自然を使いながら守っていくということである。生態系にはもともと回復力がある。控え目に使えば末長く持続的に利用し続けることができる。世界自然遺産の目標は保存に近く、ユネスコエコパークは保全のための制度といえる。ただし、日本語では必ずしもこれらの訳語が使い分けられていない。ユネスコエコパークは生物圏保存地域であるが、これは英語のReserveに保存の意味が強いからであり、1995年に採択されたセビリア戦略（後述）後の生物圏保存地域の実情には合わなくなっている。MAB計画国際調整理事会でBiosphere Region（生物圏地域）への改名動議が出されたことがあるが、既に伝統ある名称であり、変更は合意されなかった（UNESCO 2015）。

　世界遺産は、世界に2つとない「顕著な普遍的価値」を備えた地域を登録する制度であり、文化遺産と自然遺産に分けられる。自然遺産は生命進化、自然景観、生態学的過程、生物多様性のいずれかにおける価値が登録基準と

---

[1]　持続可能な開発目標（SDGs）とは、2015年9月の国連サミットで採択された「持続可能な開発のための2030アジェンダ」にて記載された2016年から2030年までの国際目標のこと。

[2]　ただし、これは生物多様性条約で用いた訳語であり、国連海洋法条約ではPreservationを「保全」、Conservationを「保存」と訳しており、注意が必要である。また、吉田（2007）は「復元」（restoration）を保存、保全に対する第3の概念として提案している。

なる。しかし、そこには特に人間に関する基準はない。それに対してMAB計画のユネスコエコパークは、世界遺産と異なり、世界で比類なき自然でなくても登録は可能である。ユネスコエコパークはその代わり、保全と持続可能な利用の調和を図るモデルとなるような地域を指定するものであり、MABという名称自体だけでなく、第2章表2-4で紹介する登録審査基準にも人間活動が明記されている。表2-4は日本の審査基準だが、ユネスコが決めた国際基準（UNESCO n.d.）に準じている。世界自然遺産の審査基準との違いは、先に述べた自然保護運動の国際的な2つの思想の違いに対応しているともいえる。その違いを知るために、以下では、世界自然遺産とユネスコエコパークの二重登録地域である屋久島を紹介する。ちなみに、ユネスコ世界ジオパークという、特筆すべき地形をもつ地域を登録する制度もある（表1-1）。これら3つに同時に登録されている地域は、世界中で、韓国の済州島ただ1つである。

　図1-1はユネスコが世界遺産と生物圏保存地域（ユネスコエコパーク）を紹介する際に各地の登録地の写真を集めたものだが、両者の違いを如実に物語っている。世界文化遺産も含めた世界遺産の写真には人間が出てこない。対して生物圏保存地域の写真の多くには人間が写っている。より端的には、図1-2の写真である。2017年の生物圏保存地域の新規登録地は22か国から28か所あったが、それを紹介するユネスコ本部のフォトギャラリーサイトの扉には、名誉なことに大分県と宮崎県にまたがる祖母・傾・大崩ユネスコエコパークの写真が使われている。注目すべきは、当地を象徴する山の景観などの写真ではなく、投網をする人間の写真が使われていることだ。

　世界自然遺産も生物圏保存地域も、自然保護の担保をそれぞれの国の国内制度に求めている。日本では、環境省が管理する国立公園、海域公園地域、海中特別地域、原生自然保護地域および国指定鳥獣保護区、都道府県が管理する国定公園、林野庁が管理する森林生態系保護地域などがある。屋久島と口永良部島には、屋久島国立公園、原生自然保護地域、森林生態系保護地域が指定されている。国立公園には特別保護地区、第1種から第3種までの特別地域と普通地域があり、それぞれ保護の手厚さが異なる。特別保護地区

第 1 部　ユネスコエコパークの制度と理念

図 1-1　ユネスコが作った世界遺産（上）と生物圏保存地域（下）のパネル。

図 1-2　ユネスコ MAB 計画の生物圏保存地域の新規登録地の紹介サイトの扉には、2017 年夏から祖母・傾・大崩 BR の写真が使われている（UNESCO 2017a）http://www.unesco.org/new/en/media-services/multimedia/photos/mab-2017/（2017 年 9 月 9 日確認）。

図 1-3　屋久島国立公園と世界遺産の地域区分（環境省 HP より）

は土地開発などが原則認められないが、普通地域は届け出のみが義務付けられている（次章の表 2-6）。

　屋久島の場合、世界遺産地域はおよそ国立公園の特別保護地区、第 1 種特別地域、原生自然保護地域から成り立っている（図 1-3）。ただし、1997 年の世界遺産登録後に拡張された国立公園の保護地域は、世界遺産には含まれていない。ちなみに、屋久島には永田浜という世界有数のウミガメ産卵場があり、ラムサール条約登録地となっているが、そのうち永田いなか浜と前浜は第 2 種特別地域であり、世界遺産にも生物圏保存地域核心地域にも含まれてはいない。その多くは民有地であり、多数の所有者に細分されている。

　屋久島は、1980 年に登録された日本の 4 つの生物圏保存地域のうちのひとつである。1995 年のセビリア戦略後の生物圏保存地域の特徴は、人間活動をせずに保護する核心地域 (core area)、それを取り囲んで核心地域への人間活動の影響を緩和するための緩衝地域 (buffer zone)、さらにその外側に、持続的利用を積極的に奨励する移行地域 (transition area) を設け、地域ごとに保存と保全を使い分ける点にある（第 2 章図 2-1 参照）。さらに、参加型アプローチと登録地どうしが学びあうネットワークの活用が、セビリア戦略の特長である。1980 年の登録時点では屋久島に移行地域はなく、保存中心の制

度であった。

1-2 ユネスコエコパークの特長

　過去の経緯は後回しにして、まずは現在の屋久島ユネスコエコパークを紹介する。2015年9月に、日本ユネスコ国内委員会は、屋久島ユネスコエコパークの拡張計画をユネスコ本部に推薦した。名称は屋久島・口永良部島ユネスコエコパークと、口永良部島を加えている。実は、2011年12月に国立公園も、霧島屋久国立公園から屋久島を独立させ、しかも口永良部島全域を加えた。しかし、名称は「屋久島国立公園」であり、口永良部島を名称にも加えてほしいという地元の希望は実らなかった。地元の希望は、環境省ではなくユネスコがかなえたことになる。

(1) 保護と利用のメリハリをつけるユネスコエコパークの地域区分

　2015年にユネスコ本部に提出された「屋久島・口永良部島」の地域区分（Zoning）を図1-4に示す。核心地域は現在の国立公園の特別保護地区、第1種特別地域と原生自然環境保全地域（英語はwilderness areaで、実際には保存が主眼）を忠実に反映している。ユネスコエコパークの核心地域が屋久島の北東部および南部においてわずかに世界遺産と食い違うが、これらは世界遺産登録後に国立公園の特別保護地区及び第1種特別地域が新たに拡大した部分である。緩衝地域はそれ以外の国立公園地域である。ただし、口永良部島の海域は、距岸1 kmまで国立公園かつ共同漁業権海域だが、そのうちの距岸0.5 kmのみを緩衝地域とし、その外側距岸1 kmまでを移行地域とした（図1-4）。このように、ユネスコエコパークの地域区分は、国内制度よりも地域の実情に照らして、特に緩衝地域と移行地域では柔軟に定めることができる。そして、核心・緩衝地域以外の両島全域を移行地域に設定し、さらに共同漁

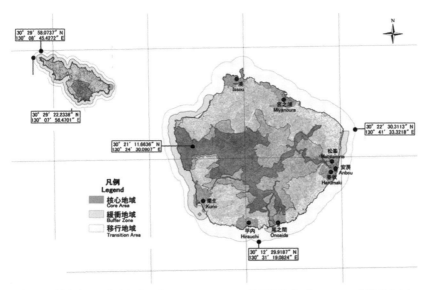

図1-4　屋久島・口永良部島ユネスコエコパークの地域区分（ユネスコへの申請書より）

業権が設定されている屋久島の距岸2 km、口永良部島の距岸1 km を移行地域に加えた。共同漁業権漁場とは、原則として地元の漁業協同組合が排他的に水産物を漁獲できる海域のことである。その外側は、他地域の沖合漁業の大型漁船が利用できる地域で、そこはユネスコエコパークに含めていない。この推薦案は、2016年3月にペルーのリマで開催されたMAB計画国際調整理事会の場で認められた。

　世界自然遺産と生物圏保存地域（ユネスコエコパーク）の核心地域の保護担保要件は、ほぼ一致する。両者とも手つかずの自然を保護する趣旨である。両者の違いは、世界遺産は世界に比類なき価値があることが条件となること（前述）と、生物圏保存地域にはその外側に緩衝地域と移行地域があり、持続的利用を図る地域も合わせて生物圏保存地域に登録される点にある。2005年登録時には知床世界自然遺産にも核心地域と緩衝地域があったが、2007年の世界遺産委員会決議で、緩衝地域は登録地域の中でなく、外側に設ける

こととされた。一方、生物圏保存地域に移行地域が設けられるようになったのは1987年からである（第2章を参照）。つまり、初期には世界自然遺産と生物圏保存地域はほとんど同じ地域区分だったといえる。しかし、両者は別の道を歩み始めた。世界自然遺産は利用する部分を排除して比類なき原生自然のみを登録する（ただし、小笠原世界自然遺産地域では、遺産地域の周辺も含めて管理区域を設定している）。MAB計画は逆に保全と利用の調和を図る良い実践例を登録する。両者は必ずしも矛盾しない。屋久島のように、両者の二重登録地は世界に少なからずある。しかし、ユネスコに提出する定期報告に書かれる内容はかなり異なる。

　核心地域の周囲になぜ緩衝地域が設けられるかといえば、生態系は空間的に連続する開放系であり、核心地域のすぐ外側で大規模土地開発などを行えば、核心地域にも大きな影響が及ぶからであろう。したがって、真に守る価値ある場所の周囲にも、人間活動をある程度控える緩衝地域が必要になる。

　MAB計画は、日本では1960年代に始まり1974年に終了したIBP（国際生物学事業計画）の後継事業のように理解されていたようである（森1973、池谷・有賀2015）。IBPとは、地球上の生物生産力の実態を調査研究し、変化しつつある地球上の生物学的現状と将来の見通しについて正確な基本的資料を集め、生物資源の利用と人類の広義の環境の維持と改善に科学的根拠を与えようとする国際共同研究である。日本では日本学術会議第4部生物科学研究連絡委員会を中心にIBP小委員会が組織され、大規模な国内調査が実施された。日本にもIBPにかかわった生物学者が多数いて、彼らの多くは当時のMAB計画のことも知っていた。核心地域においても、学術研究までは排除しない。できるだけ自然に影響を与えない形での調査方法を定め、それに基づく学術研究を奨励する。そのため、初期の生物圏保存地域は核心地域の保護と学術活動のモデル地域を目指していた。持続可能な社会のモデルを目指して移行地域が設けられたのは後の話である。

　生物圏保存地域世界ネットワーク（WNBR）は、今までに4回、全登録地に参加を呼び掛ける生物圏保存地域世界大会（WCBR）を開いている（第2章、第5章参照）。1995年スペインのセビリアで開かれた第2回大会での合意（「セ

第 1 章　世界遺産とはどこが違うのか？

図 1-5　綾ユネスコエコパークを象徴するさまざまな工芸品（綾町、2011）
　（A）照葉樹をデフォルメした世界初の薩摩切子、（B）、（C）照葉樹を切り抜いたソバこね器、（D）照葉樹の木灰で作る天然発酵藍染め、（E）照葉樹林内に稀にあり、日本特有のカヤの碁盤、（F）竹細工のかご、（G）照葉樹林の水で多くのアルコールが造られる、（H）古い古民家の門と文献をもとに復元した山城

13

ビリア戦略」と呼ばれる)から、生物圏保存地域に移行地域を設け、自然の恵みを持続可能に利用する地域振興が奨励されるようになった(図1-5)。このセビリア戦略は、MAB計画のみならず、世界の自然保護区に新たな理念を加える重要な役割を果たした(第2章参照)。

移行地域という呼び方は誤解を招きやすい。緩衝地域のさらに外側に、より保護努力の薄い地域を設けると読めてしまう。実際には、持続的利用を図る地域として、核心地域とは別の意味で、セビリア戦略後の生物圏保存地域(ユネスコエコパーク)の積極的な役割を果たす地域である。

核心地域は、配慮された学術研究以外の人間活動はほとんど行われない地域という趣旨である。緩衝地域はエコツアーなど、非破壊的な人間活動に限られる。移行地域には、農地林地はもちろんのこと、村落などの居住地域が含まれていても差し支えない。ただし、これらは必ずしも厳格に適用されているわけではない。日本の多くのユネスコエコパークは、核心地域にも登山道などがある。屋久島で観光客の過剰が問題となっている縄文杉も核心地域の中にある。

(2) すべての当事者の参加を促す(参加型アプローチ)

生物圏保存地域のもうひとつの特長は、核心、緩衝、移行地域という地域区分に加えて、地域の担い手が主体的に管理する「参加型アプローチ」を奨励していることにある。ユネスコエコパークでは、地域構成員が参加する管理運営組織によって管理計画が策定されることが望ましい。この点も世界自然遺産や従来の国立公園とは異なる。世界自然遺産は政府が責任を持って管理するものであり、その自然を健全な状態に保つものである。世界遺産にとって大切なのは、その自然の価値である。それに対して、生物圏保存地域が大切にするのは地域の担い手である。端的にいえば、自然を大切にする人を育てるということである。といっても、核心地域を国が守るという点は変わらない。生物圏保存地域は、国が守る核心地域の自然資産を生かしつつ、その周囲の自然を地域の担い手が持続可能に利用する制度である。日本の国立公

園制度にも、協働型管理運営制度がある（第2章参照）。

　ところが、この管理計画というものは、少なくとも日本のユネスコエコパークでは2014年頃までなかった。2012年に新規登録した綾の場合、登録時には管理計画が必須ではなく、管理計画策定は登録からかなり遅れた。2014年に登録した只見は、登録直後に管理運営計画を策定し、公開している（只見ユネスコエコパーク推進協議会2015）。その後の新規登録では、申請時に管理計画を策定していることが求められている。

　ユネスコは生物だけでなく、文化の多様性を重視している。地域には、その地域の自然資産をうまく使う知恵がある。このような知恵を在来知と呼ぶ。特に先住民の在来知（ILK、Indigenous Local knowledge）が尊重される。地域ごとに伝わる多様な自然の恵みの活かし方は、地域文化の多様性を尊重することで世代を超えて受け継がれるだろう。生物多様性条約（生物の多様性に関する条約）は国際連合環境計画（UNEP）が準備し、1992年ナイロビで締結された国際条約だが、この条約が2000年に採択した「生態系アプローチの12原則」（例えば松田2018）には、科学知、在来知、伝統知を尊重すると明記されている。

(3) 自然保存運動とせめぎあう世界遺産登録地

　登録された世界遺産についても、1998年京都市での第2回世界遺産委員会決議によって、加盟国は自国の世界遺産について6年ごとに定期報告を行うことが義務付けられた。日本を含むアジア諸国は2012年に報告を提出している。2005年に登録された知床世界遺産については、登録時に2年以内に調査団を招くことという注文がついており、IUCN視察団が登録前の視察が夏だったことから冬の視察を希望し、2008年2月にユネスコとIUCN（国際自然保護連合）の調査団が来日し、保全状況報告書が出され、第32回世界遺産委員会でそれに基づく決議が出された。その決議では、遺産地域の海域を特別敏感海域に指定するよう検討すること、海域管理計画の検証可能な指標を明確にすること、持続可能でないスケトウダラ漁業の解決策を見出すこ

と、ルシャ川の河川工作物の改良等サケの自由な移動を推進することなど9項目が要請され、2012年2月1日までに報告することが求められた（世界遺産委員会 2008）。その報告に対し、第36回世界遺産委員会では、「資産内のサケ科魚類の移動と産卵の改善及び漁業者とトドの摩擦対応における進捗状況を含めた資産の保全状況報告を、2015年の第39回世界遺産委員会で検討するために、世界遺産センターに2015年2月1日まで提出する」よう、さらに要請された（世界遺産委員会 2012）。このとき、ルシャ川の工作物撤去を求める動議が出されたといわれる（松田ら 2018）。そしてとうとう、2016年の第39回世界遺産委員会では、さらに踏み込んだ以下の決議が下った（世界遺産委員会 2015）。「……資産内及びより広域な海上景観において安定〜増加するトドの個体数を維持するために、採捕上限頭数を定期的に点検・調節するよう、強く勧める（urges）。」「……ルシャ川の3つのダム[3]の影響を十分に緩和するため、地方自治体及び地域住民と緊密に協議しつつ、これらのダムについて完全撤去という選択肢の検討を含む更なる改善を継続すること、……旧孵化場に通じる道路や橋を完全に廃止・撤去することを、強く勧める（urges）。」

　世界遺産委員会は、国際捕鯨委員会やワシントン条約締約国会議とともに、自然保護団体（protectionists）のロビー活動の場である。世界遺産は推薦時にも審査機関（自然遺産の場合はIUCN）からの勧告があり、それを満たさないと世界遺産委員会の場ですんなり登録されない。登録後も審査機関からの勧告や世界遺産委員会の決議への対応に追われることになる。ダムに関しては、登録時にも勧告があり、知床世界自然遺産科学委員会でも、砂防堰堤（河川工作物）の撤去について議論されている。上記決議では旧孵化場がなくなればダムを撤去できると考えているようだが、漁場の番屋に通じる道路もある。道路を使う漁民の理解を得ねばダムは撤去できない。地元の自発的な合意を得る前にダム撤去勧告を決議してしまった（松田ら 2018）。ルシャダム改善

---

[3]　日本の河川法ではダムは落差15 m以上の堰堤と定義されているが、ここではそれ未満の堰堤である。

方針案（骨子）が合意され、魚類の遡上に影響を与えずに車両が川を横断できるよう自然石を敷き詰めることで合意した（環境省 2018）。

　世界遺産は条約に基づく制度であり、加盟国は登録した遺産を守る義務を認識し、最善を尽くす（世界の文化遺産及び自然遺産の保護に関する条約第 4 条[4]）。遺産価値が守られていないと判断されると「危機遺産」と認定される。ユネスコエコパークの場合は、条約のような加盟国への縛りはなく、実際に登録を取り下げることもよくある。

　世界遺産でもドレスデン・エルベ渓谷のようにいったん登録後に抹消された例が 2 つだけある。この例では、2004 年の登録前から計画があったドレスデン市街の渋滞緩和を目的とした全長 635 m、4 車線の架橋計画があった。2005 年のドレスデン市の住民投票では建設賛成派が多数を占めた。地元は世界遺産と橋の共存を目指し、景観に配慮したつもりだったようだが、2006 年の世界遺産委員会ではこの橋が世界文化遺産の景観を損ねると問題になり、2009 年の世界遺産委員会で登録抹消が決議された（高倉 2013）。結局、橋は 2013 年に完工した。

　知床の場合、危機遺産入りや抹消決議が出るかどうかはわからないが、河川工作物の改良やサケ類の遡上と産卵の確保だけでなく、ダム撤去勧告が出たことから、一歩ずつ外堀が埋まりつつある。更なる対応が求められているといえるだろう。このように、世界遺産に登録されると、加盟国は自国の遺産の保護に努める義務があり、世界遺産委員会の決議に振り回されることになる。

　ユネスコ世界ジオパークでも、2015 年に伊豆半島が推薦されたときに、当該地域でかつてイルカ追い込み漁が行われたことが指摘され、今後それを復活させないという明確な返答がなかったことが理由のひとつになり、登録が見送られた。申請書にイルカ漁をジオパークの取り組みと書いているわけではないのに、である。これは世界ジオパークがユネスコの正式事業になる直前の審査であった（第 4 章、142 頁）。現地視察した審査員がイルカ漁問題

---

[4]　http://www.mofa.go.jp/mofaj/gaiko/culture/kyoryoku/unesco/isan/world/isan_1.html

に触れて、まだユネスコの正式事業化の前なのに、ユネスコ事務局長に釈明の手紙を書くように助言している。ユネスコ正式事業化される年の審査の進め方について、ジオパーク関係者にも若干の混乱があったようである。その混乱も収まり、伊豆半島は改めてユネスコ世界ジオパークに推薦され、2018年4月に登録が認められた。

2012年にラムサール条約登録地となった福井県中池見では、北陸新幹線が登録地を通過する計画があり、2015年3月16日の *Japan Times* によると、ラムサール条約のC・ブリッグス議長（当時）が現地を訪問し、懸念を表明したという。その後新幹線のルートが中池見をより避けるように変更された。

あとで見るように、志賀高原では地元の自然保護団体がユネスコエコパークであることを利用して自然保護を訴えたことはあるが、知床や伊豆半島のように登録地自身の活動に審査機関があからさまに自然保護のための制約を課すことは考えにくい。その点、自然の保存でなく持続可能な利用を主眼とする制度であるといえる。2017年現在、南アルプスユネスコエコパークにはリニア中央新幹線の計画があり、トンネルを掘った残土の置き場などが問題となっている。事業者は自治体への説明だけでなく、「南アルプス」に対しても事業計画を説明する機会を設けているが、2014年の登録の際に、リニア中央新幹線に関する勧告はつかなかった。

(4) ネットワークを通じた学びあいを重視する

生物圏保存地域に登録される最大のメリットは、ネットワークを通じて登録地どうしが学びあう機会を持てることである。1995年に策定されたセビリア戦略以来、生物圏保存地域は登録と同時に世界ネットワーク（WNBR）に参加する。さらに、東アジア生物圏保存地域ネットワーク（EABRN）など大陸別の地域ネットワークが組織され、地域ネットワーク会合が毎年のように開催される。さらに、世界島嶼海岸生物圏保存地域ネットワーク（WNICBR）のようなテーマ別のネットワークもあり、これも会合が開かれる。EABRNは韓国政府が資金提供し、加盟国から毎回2名ずつ旅費付き招

待される。WNICBRはスペイン国メノルカ島と韓国済州島が資金提供し、屋久島は第1回会合から毎回1名ずつ旅費付き招待されている。EABRNも登録地の実務担当者から参加を募り、政府代表は政府自身の予算で参加すればよいが、日本ではMAB国内委員会や計画委員会メンバーが参加しているのが、海外開催の場合の今までの実情である。WNICBRは登録地から参加しやすく、屋久島からは2013年の第2回WNICBRには地元市民が済州島に、2014年には鹿児島大学教員が西エストニア諸島に、2015年の第4回には屋久島町職員がマルタ島に参加している。

第5章で説明するように、研究者や中央政府代表ではなく、各地域の実務担当者どうしが交流することで、ユネスコエコパークの生きた活用方法を学びあうことができる。EABRNでは実務担当者等を招いた「ビッグデータ時代の生物多様性情報学」に関する研修会なども企画され、各国から旅費付きで講師と研修生が招待されている（図1-6、飯田2017）。

ユネスコ自体が、そのような学びあいの場である。UNESCO (2010, 2017b) には、生物圏保存地域をはじめとする持続可能な発展の取り組みに関する多様な事例が紹介されている。第2章や第8章で紹介するような、生物圏保存地域を生かした農産物等の認証制度についても、ワークショップが開催され、資料が収集されている。2011年6月22日から25日にかけて、文科省ユネスコパートナーシップ事業「ユネスコエコパークに共通する自然環境ならびに地域の教育・社会活動の共通性の調査研究」の一環としてMAB計画委員会から酒井暁子氏、松井淳氏、田中俊徳氏、若松伸彦氏がドイツ中部のレーン（Rhön）生物圏保存地域を訪問し、聞き取り調査を行った。このときは韓国とベトナムのMAB関係者も同時に視察した（田中2011）。日本の綾ユネスコエコパークも、登録された2012年だけで国内外から41件の視察を受け入れたという。

第 1 部　ユネスコエコパークの制度と理念

図 1-6　第 7 回東アジア生物圏保存地域ネットワーク（EABRN）ワークショップ（撮影：韓国 MAB 国内委員会）

(5) すべてのユネスコ活動と持続可能な開発目標（SDGs）のモデル

　2015 年 6 月パリでのユネスコ MAB 計画国際調整理事会で、ユネスコ MAB 計画の 2015 年から 2025 年までの戦略が、1995 年セビリア戦略に続くものとして採択された。さらに、2016 年には「ユネスコ人間と生物圏（MAB）計画及び生物圏保存地域世界ネットワークのためのリマ行動計画（2016-25）」が採択された。その MAB 戦略（2015-2025）の概要（UNESCO 2017d）を見ても、生物圏保存地域が、単なる自然保護区ではなく、ユネスコの理念と取り組み全般を実現するためのモデル地域であることがわかる。その概要には「MAB 計画は、生物多様性の保全、生態系サービスの復元強化、自然資源の持続的利用の促進とともに、持続可能で健康的で、公平な経済社会と人間居住地の繁栄のために、気候変動とその他の地球環境変動に関する緩和と適応を担う人々を力づけるために、加盟国への一層の支援を行う」と

書かれている。これは世界遺産条約の目的である「文化遺産及び自然遺産を人類全体のための世界の遺産として損傷、破壊等の脅威から保護し、保存するための国際的な協力及び援助の体制を確立することを目的とする」とはかなり異なる。保存でなく「賢明な利用」という概念を提唱したラムサール条約でも、その前文によれば、「湿地が経済上、文化上、科学上及びレクリエーショシ上大きな価値を有する資源」の保護を目的としていると書かれており、MAB 計画のようにユネスコ活動全般の目的を達成するためのものとは書かれていない。

　ユネスコ世界ジオパークは、2015 年からユネスコの正式プログラムとなり、「地球科学的に価値の高い地質・地形のある自然遺産を保護・保全し、教育や防災活動、ジオツーリズムなどに活用し、地域の持続可能な開発をめざします。ジオパークでは、自然、歴史、生活、食、文化などをとおして、地球の多様な物語を楽しむことができます」としている（日本ジオパークネットワーク n.d.）。つまり、自然保護だけでなく、地域の持続可能な開発を目的としている。MAB 計画と異なり、2015 年 11 月まではユネスコの事業ではなく、支援事業だった。生態系は気候と気象、地形と地質に大きく影響を受けている。ジオパークには地学的価値だけでなく、生態学的価値も含まれている。したがって、生物圏保存地域（ユネスコエコパーク）との差別化が難しい事例もある。

　MAB 戦略は、国際連合が 2015 年に採択した持続可能な開発目標（SDGs）に呼応している。SDGs には貧困、食と農、健康、教育、男女平等、水、エネルギー、職、基盤構造、公正、都市、生産消費、気候、海洋、陸域、平和、協力体制の 17 の目標（Goal）と 169 の小目標（Target）がある（表 1-2）。環境だけでなく、貧困、健康、教育、平和など、人間社会に直結した目標が掲げられていることに注目してほしい。生物圏保存地域は持続可能な社会のモデルを目指すのだから、SDGs 全体に取り組むことが奨励されたのである。上述の通り、ユネスコは環境問題だけでなく、教育科学文化全般を司る。ユネスコもまた、SDGs 全体に取り組むことを強く意識している。

　環境問題が社会の主要関心になるにあたって、日本国内では 1960 年代に

第1部　ユネスコエコパークの制度と理念

表1-2　持続可能な開発目標（SDGs）（グローバル・コンパクト・ネットワーク・ジャパン n.d. より）

1	（貧困）あらゆる場所のあらゆる形態の貧困を終わらせる。
2	（飢餓）飢餓を終わらせ、食料安全保障及び栄養改善を実現し、持続可能な農業を促進する。
3	（保健）あらゆる年齢のすべての人々の健康的な生活を確保し、福祉を促進する。
4	（教育）すべての人に包摂的かつ公正な質の高い教育を確保し、生涯学習の機会を促進する。
5	（ジェンダー）ジェンダー平等を達成し、すべての女性及び女児の能力強化を行う。
6	（水・衛生）すべての人々の水と衛生の利用可能性と持続可能な管理を確保する。
7	（エネルギー）すべての人々の、安価かつ信頼できる持続可能な近代的エネルギーへのアクセスを確保する。
8	（経済成長と雇用）包摂的かつ持続可能な経済成長及びすべての人々の完全かつ生産的な雇用と働きがいのある人間らしい雇用（ディーセント・ワーク）を促進する。
9	（インフラ、産業化、イノベーション）強靭（レジリエント）なインフラ構築、包摂的かつ持続可能な産業化の促進及びイノベーションの推進を図る。
10	（不平等）各国内及び各国間の不平等を是正する。
11	（持続可能な都市）包摂的で安全かつ強靭（レジリエント）で持続可能な都市及び人間居住を実現する。
12	（持続可能な生産と消費）持続可能な生産消費形態を確保する。
13	（気候変動）気候変動及びその影響を軽減するための緊急対策を講じる。
14	（海洋資源）持続可能な開発のために海洋・海洋資源を保全し、持続可能な形で利用する。
15	（陸上資源）陸域生態系の保護、回復、持続可能な利用の推進、持続可能な森林の経営、砂漠化への対処、ならびに土地の劣化の阻止・回復及び生物多様性の損失を阻止する。
16	（平和）持続可能な開発のための平和で包摂的な社会を促進し、すべての人々に司法へのアクセスを提供し、あらゆるレベルにおいて効果的で説明責任のある包摂的な制度を構築する。
17	（実施手段）持続可能な開発のための実施手段を強化し、グローバル・パートナーシップを活性化する。

公害問題が先行して議論されていた。現在、最も関心の高い環境問題は気候変動問題だろう。気候変動が地球環境問題の中心課題となった理由はいくつか考えられる。そのひとつは、科学的な根拠が整い、それを国際的に議論する舞台（IPCC、気候変動に関する政府間パネル）が整っていたからだろう。温室効果ガスの排出という全球的な原因が明確で、二酸化炭素はどの国が排出し

ても同じ効果を持つから、気候変動を抑制するための緩和策としてとるべき対策も比較的明確だった。

　温室効果ガス排出を減らし、気候変動を抑えるという緩和策だけならば、かかわる専門家は気候やエネルギーなどに限られていた。しかし、環境問題は複合的に人間社会と自然環境に影響する。その広範な影響を評価し、その悪影響を少しでも和らげる適応策が重視されるようになった。それならば、影響を受ける人間の健康、経済活動、生態系などの関係者も含めた取り組みが必要になる。つまり、気候変動問題は、適応策を論じるようになってから、すべての環境問題にかかわるようになったのである。

　SDGs ではさらに進んで、環境問題だけでなく、すべての人間社会の問題を包括的に議論することになった。もはや環境問題は、持続可能な社会を目指す取り組みの一部になったのだ。環境問題が人類社会の最大関心事になるというよりは、環境問題の取り組み方が変わったといえるだろう。MAB 戦略が SDGs 全体を取り組むとしたのも、その一環と見ることができる。あるいは、1995 年のセビリア戦略のときから、自然保護を地域社会の自立と両立して考えていたという点で、SDGs のような理念を MAB 計画が先取りしていたと見ることもできるだろう。

　教育でも同じことが言える。以前は環境教育という取り組みが重視されたが、ユネスコでは 2004 年から「持続可能な開発のための教育（ESD）」[5]が重視され、戦略的に取り組まれるようになった。これは 2002 年ヨハネスブルグでの国連持続可能な開発会議において日本が提案したといわれている（阿部 2009）。日本では ESD 拠点校として「ユネスコスクール」（UNESCO Associated School）の登録が進み、2017 年 10 月時点で 1034 校に及んでいる。

　総じて、環境問題は持続可能な開発全般の取り組みと結び付くようになっ

---

[5]　なお、文部科学省は 2013 年 5 月に ESD の正式名称を「持続可能な発展のための教育」から「持続可能な開発のための教育」に表現を統一した。生物圏保存地域登録基準などに、まだ表現の不統一が残されているが、ここでは Sustainable development の訳語を「持続可能な開発」に統一する。

た。生物圏保存地域は、自然資産を生かしつつ持続可能な地域社会のモデルを目指す地域といえる。

1-3 MAB計画の可能性

(1) 地方が自己を再発見する制度

　実際に、地域がユネスコエコパークを目指す理由は何なのか。

　多くの地域は、世界自然遺産を望む中で、その困難さを知り、ユネスコエコパークを目指した経緯がある。第4章で紹介する南アルプスがその典型であり、現場からの報告2で紹介する綾もそうである。第2章で説明するが、世界自然遺産は国の検討会でその自然の価値を生物学的に比較検討して候補地を選定し、国が主体となって推薦に向けて取り組むものであり、地域の陳情によるものではない（ただし、世界文化遺産では地元からの取り組みが大きい）。一方、ユネスコエコパークは、第2章で示す登録基準を満たすと地域自身が判断した場所を、地域が主体となって準備し、その地域から申請書がユネスコ国内委員会に提出される。すなわち、世界自然遺産が政府主導かつ保存中心の取り組みであるのに対し、ユネスコエコパークは地域主導の参加型アプローチで、持続可能な開発に主眼を置いた取り組みである。

　先に述べたように、私がMAB計画に取り組んだのは2007年からだったが、その後、登録地域へ説明する役回りとなり、2012年登録の綾、2014年登録の南アルプス、只見、同年拡張申請登録の志賀高原などでユネスコエコパークに関する行事の際に、しばしば、登録されることの利点を尋ねられ、私は以下のように説明した。登録の利点として、登録自体には政府から補助金等がつくことはないが、さまざまな助成金を得る際に説明しやすくなること、世界ネットワークの一員として他の生物圏保存地域と交流が進むこと、それらを通じた地元の活動が世界に認められたことに対する誇りと期待を挙げた。綾の行事の後、2011年5月22日付の宮崎日日新聞では、「綾町、世界

第 1 章　世界遺産とはどこが違うのか？

の見本に」という見出しでその行事の様子が報道された。地元の誇りになるという期待が感じられる。実際に、登録翌年のユネスコ MAB 計画ウェブサイトの扉頁には、新規登録された 25 か所の生物圏保存地域の中で、綾の写真が使われ続けていた。ボコヴァ事務局長が 2012 年の「環境の日」演説で「綾」をほかの 2 つの生物圏保存地域とともに名を挙げて言及した。綾はその後の日本のユネスコエコパークの先例となっただけでなく、世界の持続可能な社会のモデルとなったといえる。

先に述べたように、2017 年には祖母・傾・大崩ユネスコエコパークの写真がユネスコのフォトギャラリーの扉頁に使われている。日本の取り組みはユネスコ本体からも大いに期待されているようである。第 6 章で紹介するように、2017 年にイオン環境財団と日本ユネスコエコパークネットワークの連携協定が結ばれ、第 3 章と第 8 章で紹介する海外のブランド化の事例のように、さまざまな可能性が検討されている。

(2) 今まで評価されなかった職種が評価される契機

現場からの報告 2 で詳述するように、綾では、1967 年に国有林の伐採計画を中止し、公共事業に依存した重厚長大な大規模開発とは異なる、里山としての地元の自然資本を生かしたまちづくりに活路を見出した。「まちづくり」は 1990 年代以後日本で普及した言葉のひとつだが、そのひとつの核心は住民主体の合意形成である。綾町は 1960 年代から自治公民館活動を推進し、かつ転入者を積極的に受け入れてきた（綾町工芸コミュニティ協議会 n.d.）。1989 年からさまざまな工房やレストランなどが営業を始め、それとともに綾町への入り込み客数が増えた（前掲書）。綾ユネスコエコパークの申請書（綾町 2011）によると、綾ユネスコエコパークの移行地域の主な地域産業は有機農業、工業・手づくり工芸、商業、林業、漁協等である。資料が揃う年度（2005 年）で主な産業を比較すると、金額的な面で一番多いのは工業・手づくり工芸分野（ただし 3 人以下の家内制工業や工房を除く）」で 163 億円余という。「その背景には照葉樹林からの貴重な恵みである伏流水を利用した焼

酎・日本酒・ビール・ワイン等の生産・販売・見学・体験・宿泊等が出来るテーマパーク的な企業収入がある」(前掲書)。それに対して商業は73億円余、有機農業は14億円という。これは、伝統的な手づくり工芸というよりは、綾の自然資本を活用した新たな「匠」を育てた成果といえる(宮崎県町村会 n.d.)。このように、MAB計画が目指すものは単なる伝統の維持ではなく、創意工夫やイノベーションを含めた地域のまちづくりである。これは2014年に閣議決定した「まち・ひと・しごと総合戦略」にも合致している(綾町 2015)。綾町は、ユネスコエコパークに登録するために新たな活動をしたというよりは、これらの日常的な取り組みが、ほぼそのままユネスコエコパーク申請に役だったといえる。

他のユネスコエコパーク、只見町、南アルプス市、白山市白峰、大台町、みなかみ町、「祖母・傾・大崩」の佐伯市や高千穂町などでも、ユネスコエコパークの活動とまちづくりを一体のものとして取り組んでいる。

(3) 他の自然保護制度との二重登録を奨励し、理念の共有を図る

生物圏保存地域の取り組みは、生物圏保存地域だけの発展を目指しているのではない。持続可能な社会のモデルというように、他の自然保護区制度への波及効果も価値を持つ。生物圏保存地域はジオパークなど他の自然保護区制度との二重登録を制限せず、むしろ奨励する。この点、ジオパークは対照的に、二重登録をする際には明確な理由を求めている(日本ジオパークネットワーク 2016: p.19)。他の制度の便乗を許さずにジオパークの知名度を守るためには合理的だ。しかし、各地域の取り組みの相互交流を図るうえでは、「他流試合」は効果がある。後に国内の事例について紹介するように、よい取り組みをひとつのネットワークの枠を超えて波及させたり学んだりすることができるからだ。つまり、MABは持続可能な社会の発展のためにある。

世界遺産は顕著な普遍的価値を要する自然であることを認知するうえで有効であるが、先に知床世界遺産の例で述べたように、保護の担い手が地域の当事者からユネスコ加盟国政府の手に移り、世界遺産委員会決議に縛られる

など、人間活動が必要以上に制限される場合がある（松田ら 2018）。

　ユネスコエコパーク活動に係わる者が共有すべき主要な理念は、(1) 持続的利用と保全の調和すなわち自然資産を生かした持続可能な社会とその手段としての核心、緩衝、移行地域の地域区分、(2) 上意下達の保護区管理ではなく、すべての関係者が関与する「参加型アプローチ」、(3) 科学知、在来知、経験知を生かすトランスディシプリナリー研究（TD 研究）の取り組みであろう。そのために、核心地域の保護については国内法制度による法的担保を求めつつ、緩衝地域や移行地域の管理については柔軟な工夫（ソフトロー）を認めている。地域が国際制度としてのユネスコエコパークを柔軟に解釈して使いこなし、新たな方法を国際 MAB 社会に還元することが歓迎されるといってもよい。目的はあくまでも持続可能な社会の創造であり、単なる自然保護ではない。地域の自然を守ることより、地域の自然を持続可能に使いこなす人材を育てることのほうが、MAB 計画にとっては重要である。だから、地域の生態系を守るためなら国際環境団体など「正義の味方」に頼ればよいというわけではない。そして、科学知だけに頼らず在来知、伝統知を生かすトランスディシプリナリー研究を役立てるには、地元でなく都市や国際社会に拠点を持つ訪問型研究者と、地域の関係者の意思疎通の橋渡しをするトランスレーターの存在が重要である。そのような橋渡しには、しばしばその地域に密着したレジデント型研究者が大きな役割を果たす（現場からの報告 2、3 参照）。しかし、国際制度と地域の関係などでは、訪問型研究者がその一部を担うこともある。さらに、研究者だけでなく、市町村の役人などの実務担当者 (practitioner) も重要な役割を果たす（第 5 章参照）。本書に登場する各地の事例研究では、そのような人材が著者となり、また紹介されている。

　なお、本書のようなテーマを扱う議論では「優良事例 (Best practice)」という表現がよく用いられるが、本書ではしばしば単に事例研究 (Case studies) と呼ぶ。どんな「優れた」事例にも課題はあり、一方、問題の多いとされる事例にも学ぶべき点はある。外部による研究とはいえ、「失敗」の烙印を押すこと自体が地元によい影響をもたらすとは限らないからだ。

第 1 部　ユネスコエコパークの制度と理念

(4) 国内の自然公園制度の見直しを促す

　核心地域の自然を守るだけでなく、その周囲にある移行地域で自然資本を活用した持続可能な取り組みを進めるという新たな保全の制度を、1995 年のセビリア戦略において、ジオパークなど他の類似制度に先駆けて提案したこと自体が、ユネスコ MAB 計画の最大の功績である。これは同じユネスコの世界自然遺産とは好対照である。MAB 計画の理念は、「賢明な利用」を標榜するラムサール条約にも、地学的遺産を活用した地域振興を目指すジオパーク活動にも通じる。ちなみに、初期の生物圏保存地域も、1980 年代に制定された林野庁の森林生態系保護地域のモデルとなったといわれている（吉田 2011、比嘉ら 2012）。
　ちなみに、日本の国立公園が採用する地域制国立公園とは、土地の所有権に基づかずに地域区分を行い、保護の観点からの規制等の公用制限を課して保護を図る公園のことである。これと対比されるのが米国の国立公園で、営造物公園といわれ、当局が所有権など土地の権限を取得することにより設定される公園のことである。生物圏保存地域は核心地域こそ国内法で担保された厳格な自然保護を求めるが、それ以外の地域は持続可能な利用を推奨する柔軟な制度であり、だからこそ地域関係者の取り組みの実態を説明する必要がある。
　MAB 計画の理念は、国内でも他の自然保護区制度に影響を与えている。自然との共生という SATOYAMA イニシアティブ国際パートナーシップ (IPSI) の理念は、生物圏を掲げる MAB 計画の理念に共通する。ただし、IPSI は企業や大学、自治体などの組織が加盟するもので、地域指定ではない。生物多様性条約第 10 回締約国会議 (CBD-COP10) のときに SATOYAMA イニシアティブの決議が採択されたが、その決議文にも MAB 計画との連携が明記された。そのほか、日本で最も美しい村連合（綾町、志賀高原ユネスコエコパークの高山村、南アルプスユネスコエコパークの大鹿村、川根本町、伊那市高遠町、大台ケ原・大峯山・大杉谷ユネスコエコパークの十津川村）、環境自治体会議（綾町、白山ユネスコエコパークの勝山市、南アルプスユネスコエコパー

表1-3 ユネスコエコパークと重複登録されている主な類似のネットワーク制度

- **日本で最も美しい村連合** フランスの素朴な美しい村を厳選し紹介する「フランスの最も美しい村」運動に範をとり、失ったら二度と取り戻せない日本の農山漁村の景観・文化を守りつつ、人の営みが生み出した美しさであり、その土地でなければ経験できない独自の景観や地域文化を持つ最も美しい村としての自立を目指す運動。村人と地域外(都会)の人との連携による共通体験を重視する。2005年設立。NPO法人「日本で最も美しい村」連合が認定し、5年ごとに再審査。63地域加盟(2018年4月4日現在)
- **環境自治体会議** 環境問題が複雑化・多様化する中、互いの情報・政策を共有しあい「環境自治体」づくりを目指す、基礎自治体のネットワーク。自治体環境政策の推進、環境に関する情報ネットワークづくり、環境事業の推進、社会的アピールの場の創出に取り組む。2000年5月設立。39自治体加盟(2017年9月現在)
- **日本ジオパークネットワーク** 大地(ジオ)の上に広がる、動植物や生態系(エコ)の中で、私たち人(ヒト)は生活し、文化や産業などを築き、歴史を育む。これらの「ジオ」「エコ」「ヒト」の3つの要素のつながりを楽しく知ることを目指すサイト。ジオパークの見どころとなる場所を「ジオサイト」に指定して、多くの人が将来にわたって地域の魅力を知り、利用できるよう保護を行う。その上で、これらのジオサイトを教育やジオツアーなどの観光活動などに活かし、地域を元気にする活動や、そこに住む人たちに地域の素晴らしさを知ってもらう活動を行う。4年ごとに再審査を行う。2009年設立(2008年に最初の日本ジオパーク決定)。43地域(2016年9月現在)
- **日本農業遺産** 我が国において重要かつ伝統的な農林水産業を営む地域(農林水産業システム)を農林水産大臣が認定する制度。食料及び生計の保障、農業生物多様性、地域の伝統的な知識システム、文化、価値観及び社会組織、ランドスケープ及びシースケープの特徴、変化に対する回復力、多様な主体の参加、6次産業化の推進に取り組む。2017年に最初の8地域が認定。

クの飯田市、屋久島町)、世界農業遺産(「祖母・傾・大崩」と重複する高千穂町と日之影町)、日本ジオパークネットワーク(白山ユネスコエコパークと重なる白山手取川と恐竜渓谷ふくい勝山、南アルプスユネスコエコパークと重なる南アルプス、祖母・傾・大崩ユネスコエコパークと重なるおおいた豊後大野)などとの重複登録地を介して、これらのネットワーク活動との連携を図ることができるだろう(表1-3)。

さらに、世界遺産との交流も有益かもしれない。先ほど、世界自然遺産は加盟国の責任で管理する保存中心の制度と述べたが、それが変わる可能性もある。漁業者の自主的な既設禁漁区の拡大が登録成功に大いに貢献した知床世界遺産の取り組みは、世界遺産地域における協働型管理の世界的な先駆けといえる(松田ら2018)。2008年のIUCN(国際自然保護連合)とユネスコ調

査団による知床報告書では、「地域コミュニティーや関係者の参画を通したボトムアップアプローチによる管理、科学委員会や個々の（具体的目的に沿った）ワーキンググループの設置を通して、科学的知識を遺産管理に効果的に応用している」ことが「他の世界自然遺産地域の管理のための素晴らしいモデル」と称賛されている（IUCN and UNESCO 2008）。この地域重視の参加型アプローチは、世界自然遺産暫定リストにある奄美・琉球世界遺産管理計画にも反映されている（環境省 2013）。

(5) 国際組織、中央政府、地方自治体と地域社会の関係の新たなモデルを示す

　MAB計画が柔軟といっても、国際制度である以上、地元からみればさまざまな制約が課せられ、重荷となる。そこにさまざまな知恵が生まれ、うまく乗り越えられることがある。知床世界自然遺産においては、政府は地元漁民に世界遺産のために新たな漁業規制を課さないと約束したにもかかわらず、審査にあたったIUCN（国際自然保護連合）がさらなる海域の保護を求めたことがあった。その際、知床の漁業協同組合がスケトウダラの自主的な季節禁漁区を拡大することでこの難題に応えた。国外などでも、マレーシアのクロッカー山脈BRにおいて、核心地域に先住民が住んでいる地域を「共同体利用地域」という概念を提案して採用されたことを紹介する。このように、より厳しい世界遺産の場合も含めて、杓子定規に国際制度を解釈するだけでなく、制度の主旨を生かしつつ、柔軟な対応を工夫する知恵が重要である。それが、国際制度自身の改良にも繋がるだろう。

　そのためには、間に立つ中央政府の柔軟さも重要である。中央政府の官僚や議員、都道府県の役人や政治家もまた、国際制度を通じて自分の利益を追求しようとする場合がある。その点では、科学者も地元有力者も同じかもしれない。単に自分がかかわることで貢献したと割り切れる場合は柔軟な対応が可能だろうが、自分の思想や実績の型にはめた押しつけが行われたり、単に杓子定規の解釈に固執することが使命と思ったりする場合がある。

後者については、ある意味では自然なことである。大切なことは、その杓子定規が通用しない現場に直面したときのふるまいである。その時に、その制度の趣旨に立ち戻って柔軟に対応できるか、あくまで制度の文言に固執するかが問われる。制度自身が進化の途上にあるものという認識ができれば、いろいろな途が開けるはずである。逆に、杓子定規で機能するのに無理に自分の色をつけようとするのも困るだろう。

　国際制度に登録された地域としての制約を利用するのは外部の人間だけではない。生物圏保存地域 (BR) 登録地でもいくつか開発に反対する市民運動が発生し、生物圏保存地域に登録されていることがその根拠として使われた。例えば、1998 年長野五輪のとき、志賀高原の岩菅山の滑降場に対する反対運動が起きたとき、志賀高原 BR を拡大して保護すべきという議論が起きた（日本自然保護協会 1993）。ことが外交に関係するだけに、政府も対応に困ることがあるようだ。それが外部の環境団体ならいざ知らず、ユネスコ活動を担う関係者によって行われるとすれば、なおさらだろう。

(6) 科学と地域社会の関係の新たなモデルを示す

　ユネスコエコパークは、地域関係者自身が主役となる制度である。これも生態系アプローチの 12 原則の第 1 原則にあるが、「管理目標は社会の選択」である。すなわち、科学者や中央政府が決めることではない。科学者が示すのは選択肢であって、どうすべきかの解ではない。そもそも、科学は「すべきこと」という価値命題をかたるものではない。科学が語るのはあくまで「であること」という事実命題である。ただし、いったん社会が選択した目的があれば、それを実現するための方途やその実現可能性は科学的に吟味することができる。

　日本のユネスコエコパークの多くには、管理運営を司る協議会のほかに、学術委員会が設けられている。これは世界自然遺産でも同じである。1993 年に屋久島と白神が世界遺産になったときにはそのような組織はなかったが、2005 年に知床が登録されるときに科学委員会が重要な役割を果たし、

既存の世界自然遺産も候補地も含め、すべての世界自然遺産に科学委員会が組織されている（松田ら2018）。ただし、世界自然遺産の科学委員会とユネスコエコパークの学術委員会が異なるところは、前者が中央政府の諮問を受けた組織であるのに対し、後者はユネスコエコパーク協議会が諮問している点である。科学委員会でも中央政府よりも地元に寄り添う意見が多々出るし、それを環境省が不本意と感じているとは思わないが、立場の違いは思わぬところで意味を持つ可能性がある。

　第4章で詳述するが、日本にはMAB国内委員会のほかに任意団体としてMAB計画を支援する日本MAB計画委員会がある。これは世界的にも例がなく、科学者ネットワークの例として2016年のリマでの生物圏保存地域世界大会（WCBR）で紹介する機会を得た（第5章）。ジオパークにおける日本ジオパーク委員会とも性格を異にする。ユネスコエコパーク間の科学者のネットワークもおそらく重要であり、それがWCBRで科学者ネットワークのセッションが組まれた狙いだろう。その意味では、各ユネスコエコパークの学術委員会と計画委員会の関係は、現時点では前者の一部が計画委員を兼ねているだけであり、各地の学術委員を包含したメーリングリストすら未完成である。

1-4 おわりに

　日本のユネスコエコパークは、1980年に4か所が登録されたころには世界に先んじていた。しかし、その実態は、名ばかりの登録で、地元の取り組みはほとんどなかった。2017年末時点で日本は9か所になり、スペインに48か所、メキシコに42か所、ロシアに44か所、中国に33か所、米国に30か所あるのを別格とすれば、日本は世界的にもMAB活動が盛んな地域になってきたといえるだろう。ただし、登録数が多ければ盛んとは限らない。2017年に米国では上記以外の17か所の登録を取り下げ、残る30か所のうち多くの生物圏保存地域もセビリア戦略に沿わない生物圏保存地域の登録取

り下げを促す出口戦略の対象となっている。ロシアが10件、中国は4件、メキシコは3件がセビリア戦略に沿わないと列挙されている（UNESCO 2017c）。日本は過去に登録されたユネスコエコパークについてすべて移行地域を設定して拡張登録を果たし、新規登録も進めている。以前問題にされていたせいもあるだろうが、その変貌ぶりが世界の注目を集めている。

　リマ行動計画の達成状況については、MAB事務局から各国政府と各生物圏保存地域に対して問い合わせがくる。その中にはSDGsに関する取り組みがないかという質問も含まれている。本来、SDGsは生物圏保存地域登録地でなくても国際連合加盟国政府および自治体が率先して取り組むべき課題であり、生物圏保存地域はその模範を示す地域として、相互の活動と成果と教訓の交流を図り、ユネスコがそれを集約することになる。また、生物圏保存地域内の農林水産物等のブランド化を図る方法をMAB計画全体として検討している。さらに、国境をまたいだ生物圏保存地域登録を推奨し、大陸ごとの地域別生物圏保存地域ネットワークだけでなく先に述べた島嶼海岸のようなテーマ別の生物圏保存地域ネットワーク、さらには姉妹生物圏保存地域協定のような交流も奨励している。これらの国際交流が加盟国間の友好と平和に貢献することを期待している。

　生物圏保存地域の特徴は、今まで見てきたように、利用と保全の調和、持続可能な開発のモデル地域、法規制でなく地域関係者の自主的取り組みによる参加型アプローチである。日本の国立公園も、民有地も含めた地域制国立公園であり、地域関係者の協働型管理を目指している点で、これらと共通する側面が多い（第2章を参照）。すなわち、生物圏保存地域の取り組みは、生物圏保存地域の登録地だけでなく、世界の自然保護制度に波及しているということができる。MAB計画が創造する価値は、単に生物圏保存地域の商品のブランド価値ではない。新たな自然保護区制度の理念そのものなのである。MAB計画を通じて、すべてのユネスコ運動の関係者、ユネスコエコパーク関係者とともに、環境運動と地域の自立の両立を図り、持続可能な社会を目指す新たな価値観を創造する活動を目指し、世界に発信していきたい。

引用文献

阿部治 (2009)「持続可能な開発のための教育」(ESD) の現状と課題. 環境教育 19 (2), 21-30.

綾町 (2011) 生物圏保存地域申請書（案）

綾町 (2015) 綾町まち・ひと・しごと創生総合戦略 (2017 年改訂) http://www.town.aya.miyazaki.jp/ayatown/i_living/plan/sougousenryaku.html (2018 年 5 月 4 日閲覧)

綾町工芸コミュニティ協議会 (n.d.) 手づくりの里　綾町が「工芸のまち」に至るあゆみ. http://aya-craft.jp/kougeihistory.html (2018 年 5 月 4 日閲覧)

グローバル・コンパクト・ネットワーク・ジャパン (n.d.) 持続可能な開発目標 (SDGs) (n.d.) 持続可能な開発目標. http://ungcjn.org/sdgs/ (2019 年 2 月 27 日閲覧)

比嘉基紀・若松伸彦・池田史枝 (2012) ユネスコエコパーク（生物圏保存地域）の世界での活用事例. 日本生態学会誌, 62：365-373.

五十嵐敬喜・西村幸夫・岩槻邦男・松浦晃一郎編著 (2011)『私たちの世界遺産 4 新しい世界遺産の登場　南アルプス［自然遺産］　九州・山口［近代化遺産］』公人の友社.

飯田義彦 (2017) 第 7 回東アジアユネスコエコパークネットワーク (EABRN) ワークショップ参加報告. 国連大学サステイナビリティ高等研究所いしかわ・かなざわオペレーティング・ユニット. http://ouik.unu.edu/news/1421

池谷透・有賀祐勝 (2015) 日本の MAB 計画委員会の歴史. Japan InfoMAB, No. 41: 9-13. http://mab.main.jp/wp-content/uploads/2015/10/InfoMAB_41.pdf (2017/7/30 閲覧)

IUCN and UNESCO (2008) Report of the reactive monitoring mission, Shiretoko Natural World Heritage Site, Japan, 18-22 February 2008. http://www.env.go.jp/press/9800.html (2018 年 4 月 19 日閲覧)

環境省 (2012) 新たな世界自然遺産候補地の考え方に係る懇談会第 4 回資料 8. http://www.env.go.jp/nature/isan/kento/conf02/04/mat08.pdf (2018 年 4 月 5 日閲覧)

環境省 (2013)「奄美・琉球」の世界遺産暫定一覧表への記載について（お知らせ）. 報道発表資料 2013 年 1 月 31 日. http://www.env.go.jp/press/16268.html

環境省 (2018) 第 41 回世界遺産委員会決議に係る知床の保全状況報告.

松田裕之・牧野光琢・イオアナ, V.E. (2018) 地域の知と世界遺産 ── 知床の漁業者と研究者.『地域環境学 ── トランスディシプリナリー・サイエンスへの挑戦』（佐藤哲・菊地直樹編）, 東京大学出版会.

森主一 (1973) 東亜 IBP セミナー. JIBP ニュース, No. 20: 5-8. https://www.jstage.jst.go.jp/article/seitai/23/2/23_KJ00002868944/_pdf (2017/7/30 閲覧)

松田裕之 (2008)『なぜ生態系を守るのか？』NTT 出版.

宮崎県町村会 (n.d.) ユネスコエコパークのまち宮崎県綾町. www.myzck.gr.jp/pamphlet/img/aya.pdf

日本ユネスコ国内委員会 (2014) 生物圏保存地域審査基準. http://www.mext.go.jp/unesco/005/1341691.htm (2018 年 2 月 22 日閲覧)

日本ユネスコ国内委員会 (n.d.) ユネスコ関係略語対訳表. http://www.mext.go.jp/unesco/002/006/002/001/shiryo/attach/1339037.htm (2018 年 2 月 22 日閲覧)

日本ジオパークネットワーク (2016) ユネスコジオパーク誕生記念フォーラム報告書. *hakusan-geo.main.jp/event/data/146_4.pdf* (2018 年 2 月 22 日閲覧)

日本ジオパークネットワーク (n.d.) 日本ジオパークネットワークとは. http://geopark.jp/jgn/ (2019 年 2 月 27 日閲覧)

日本自然保護協会 (1993) 長野冬季オリンピック招致計画に関する岩菅山山域の保護についての意見書. http://www.nacsj.or.jp/archive/1989/12/24/ (2017/7/30 閲覧)

大元鈴子・佐藤哲・内藤大輔編 (2016) 『国際資源管理認証：エコラベルがつなぐグローバルとローカル』東京大学出版会.

酒井暁子 (2016) ユネスコエコパークの評価と今後の運用に向けての提言——インターネット検索ヒット数を用いた制度間の比較分析から. 日本生態学会誌, 66：165-172. https://www.jstage.jst.go.jp/article/seitai/66/1/66_119/_pdf (2017 年 7 月 30 日閲覧)

佐藤哲・菊地直樹編 (2018) 『地域環境学 —— トランスディシプリナリー・サイエンスへの挑戦』東京大学出版会.

世界遺産委員会 (2008) 第 32 回世界遺産委員会作業文書 WHC08-32com7B (仮訳). http://shiretoko-whc.com/data/process/200807/sagyou_j.pdf (2018 年 4 月 16 日閲覧)

世界遺産委員会 (2012) 第 36 回世界遺産委員会知床に関する決議文 (仮訳). http://shiretoko-whc.com/data/management/kanri/ShiretokoDecision_36COM7B.12J.pdf (2018 年 4 月 16 日閲覧)

世界遺産委員会 (2015) 議題 7B 世界遺産一覧表記載資産の保全状況 13. 知床 (日本) (N 1193) (仮訳). http://shiretoko-whc.com/data/management/nature/world_heritage_decision_j.pdf (2018 年 4 月 16 日閲覧)

只見ユネスコエコパーク推進協議会 (2015) 只見ユネスコエコパーク管理運営計画書 (2014-2024).

高倉健一 (2013) 世界遺産制度の問題点に関する一考察. 比較民俗研究 28: 127-145.

田中俊徳 (2011) Creating the Values——ユネスコ MAB 計画の発展可能性—. Japan InfoMAB 36: 3-7.

Tanaka, T, and Wakamatsu, N. (2018) Analysis of the Governance Structures in Japan's Biosphere Reserves: Perspectives from Bottom-Up and Multilevel Characteristics. Environment Management, 61: 155-170.

UNESCO (2010) Lessons from biosphere reserves in the Asia-Pacific region, and a way forward: a regional review of biosphere reserves in Asia & the Pacific to achieve sustainable development. Jakarta, UNESCO Office Jakarta. http://unesdoc.unesco.org/images/0018/001883/188345e.pdf

UNESCO (2015) Final Report of the 27th Sessions of the International Co-ordinating Council of the MAB Programme. http://www.unesco.org/new/fileadmin/MULTIMEDIA/HQ/SC/pdf/

FINAL_REPORT_27_MAB-ICC_en-v2.pdf
UNESCO (2017a) Photo gallery: World Network of Biosphere Reserves, of the Man and the Biosphere Programme. http://www.unesco.org/new/en/media-services/multimedia/photos/mab-2017（2018 年 2 月 24 日閲覧）
UNESCO (2017b) Lessons Learnt and Best Practices. From UNESCO Sustainability.
UNESCO (2017c) Final Report of the 29th Sessions of the International Co-ordinating Council of the MAB Programme. http://www.unesco.org/new/fileadmin/MULTIMEDIA/HQ/SC/pdf/FINAL_REPORT_27_MAB-ICC_en-v2.pdf
UNESCO (2017d) A new Roadmap for the Man and the Biosphere (MAB) Programme and its World Network of Biosphere Reserves: MAB Strategy (2015–2025), Lima Action Plan (2016–2025) and Lima Declaration. UNESCO, Paris 英文及び和文仮訳は http://mab.main.jp/about_top/ からたどれる文部科学省サイトにある（2018 年 5 月 20 日確認）
UNESCO (n.d.) Main characteristics of biosphere reserves. http://www.unesco.org/new/en/natural-sciences/environment/ecological-sciences/biosphere-reserves/main-characteristics/（2018 年 2 月 22 日閲覧）
吉田春生（2011）観光と世界遺産 —— 白神山地をめぐって．地域総合研究 38(2): 1-15.
吉田正人（2007）『自然保護 —— その生態学と社会学』地人書館．
吉田正人・筑波大学世界遺産専攻吉田ゼミ（2018）『世界遺産を問い直す』山と渓谷社．

第2章　ユネスコエコパークの理念の変遷と日本のかかわり

岡野隆宏

第 1 部　ユネスコエコパークの制度と理念

　本章ではユネスコエコパークの誕生から現在までの理念の変遷を、国際的な環境問題に対する議論とともに振り返る。また、次章以降で述べる地域におけるユネスコエコパークの再活用の前段として、日本における導入の経緯と、登録手続きや国内の自然保護地域制度との関係など主に制度面について解説する。

2-1　生物圏保存地域の概要

　生物圏保存地域（日本での通称「ユネスコエコパーク」）は、各国の政府が推薦し、ユネスコの MAB（人間と生物圏）計画に基づいて登録される自然保護地域である。MAB 計画は、生物多様性の保全と豊かな人間生活の調和および持続可能な開発を実現するために設立された国際協力プログラムである。生物圏保存地域は、MAB 計画のプロジェクト 8「自然地域とそこに存在する遺伝物質の保護」を目的として始まったもので、MAB の中心的要素となっている（堂本 1997）。

　第 1 章で簡潔に触れたが、生物圏保存地域の概念や手続きについては、1995 年にセビリア（スペイン）で開催された第 2 回世界生物圏保存地域会議（International Biosphere Reserve Congress）で策定された「セビリア戦略」に付属する「生物圏保存地域世界ネットワーク定款（以下、「WNBR 定款」）」（UNESCO 1996）に示されている。これによれば、生物圏保存地域は、MAB 計画で認定された、陸上・沿岸・海域の生態系、あるいはこれらが複合した保護地域であり、世界的なネットワークを構築するものである。そして、「保全（conservation）」・「発展（development）」・「学術的支援（logistic support）」の 3 つの機能を組み合わせ、地域スケールにおいて保全と持続可能な発展を実現するアプローチを検討・実証する場になることが求められている。ここで、「保全」は景観・生態系・生物種・遺伝的多様性の保全に貢献すること、「発展」は社会文化的にも生態学的にも持続可能な形で経済と社会の発展を促進すること、「学術的支援」は、地域・地方・国・世界の各レベルにおける保

第 2 章　ユネスコエコパークの理念の変遷と日本のかかわり

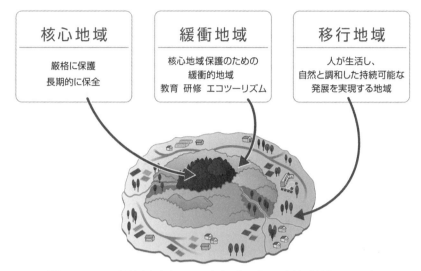

図 2-1　3 つの地域区分（ゾーニング）（日本ユネスコ国内委員会　2016b）

全と持続可能な発展の課題に関する・実証プロジェクト・環境教育・研修・調査研究・モニタリングを支援することである。これら 3 つの機能を発揮するために、核心地域（core area）、緩衝地域（buffer zone）、移行地域（transition area）の 3 つの地域区分（Zoning）が設けられている（図 2-1）。

　生物圏保存地域の登録は 1976 年に開始され、2018 年 12 月末現在で 122 か国の 686 地域が登録されている。日本では、1980 年に屋久島、大台ケ原・大峰山、白山、志賀高原の 4 地域が登録された。その後は長く登録等の動きはなかったが、2012 年の綾（宮崎県）の登録を契機に活発化し、2014 年には南アルプスと只見（福島県）が新規に登録されるとともに、志賀高原は移行地域の設定を伴う拡張が行われた。さらに、2016 年には、白山、大台ケ原・大峯山・大杉谷、屋久島・口永良部島についても移行地域を伴った拡張とともに、白山以外では名称変更が行われ、1980 年に登録された 4 地域のすべてで移行地域が設定された。その後も、2017 年にみなかみと祖母・傾・大崩の 2 地域が登録されている（表 2-1）。

表2-1　日本の生物圏保存地域（通称「ユネスコエコパーク」）一覧（2018年12月現在）

名称	構成自治体	特徴	保護担保措置	面積	登録年
白山 Mount Hakusan	南砺市（富山県）、白山市（石川県）、大野市・勝山市（福井県）、高山市・郡上市・白川村（岐阜県）	・標高2,702mの白山を中心とし、そのエリアは庄川・手取川・九頭竜川・長良川の4水系に跨る。 ・白山は日本の高山帯の西端に当たるため、白山を分布西限とする高山植物が多く、また、山麓には広大なブナ林が広がる。 ・世界文化遺産「白川郷・五箇山の合掌造り集落」をはじめ、数多くの伝統的な家屋が分布する。また、全国に白山神社が分布するなど、全国内外の多くの人々から白山信仰を集めている。 ・白山を取り巻く4県7市村の連携と、それを活用した地域の持続可能な開発が図られている。	白山国立公園 白山森林生態系保護地域 白山山系緑の回廊等	総面積 199,329 ha ・核心地域 22,120 ha（47,700 ha） ・緩衝地域 45,660 ha（17,857 ha） ・移行地域 131,549 ha（29,843 ha） （　0 ha） ※カッコ内は、拡張前の面積を示す。（以下同）	1980、拡張 2016
大台ケ原・大峯山・大杉谷 Mount Odaigahara, Mount Omine and Osugidani（拡張前「大台ケ原・大峯山」）	大台町（三重県）、上北山村・川上村・天川村・十津川村・五條市（奈良県）、下北山村	・紀伊半島の中でも標高の高い地域となっている。大台ケ原は、紀伊半島の主要河川である宮川・熊野川・紀ノ川の水源地となっている。標高差が1,890 mあり、おおよそ11℃の気温差と年間降水量が3,500 mmと国内有数の多雨地帯であることから、幅広い生物層とそれらを育む豊かな自然を有する。 ・全国的にも有名な景勝地と洞川温泉・入之波温泉・小処温泉を有し、多くの観光客が訪れている。	吉野熊野国立公園 大杉谷森林生態系保護地域	総面積 118,330 ha ・核心地域 5,397 ha（36,000 ha） ・緩衝地域 32,428 ha（1,000 ha） ・移行地域 80,505 ha（35,000 ha） （　0 ha）	1980、拡張 2016
志賀高原 Shiga Highland	山ノ内町・高山村（長野県）、中之条町・嬬恋村・草津町（群馬県）	・標高800～2,300 mの山地と、その間を流れる川の作用による扇状地と段丘からなる。標高1,700 m以上の亜高山帯には常緑針葉樹林が分布し、亜高山性高層湿原が発達する等豊かな自然が広がる。上信越高原国立公園の志賀高原エリアおよび菅平エリアに位置する地域。	上信越高原国立公園 林野庁による公益重視の管理経営	総面積 30,300 ha ・核心地域 700 ha（12,700 ha） ・緩衝地域 17,600 ha（700 ha）	1980、拡張 2014

名称	所在地	概要	関連保護地域等	面積	登録年
（前ページからの続き）		・湯田中渋温泉郷、信州高山温泉郷、志賀高原、北志賀高原等を擁し、温泉、トレッキング、スキー等に多くの観光客が訪れる国内有数の観光地。		（12,000 ha） ・移行地域 12,000 ha （ 0 ha）	
屋久島・口永良部島 Yakushima and Kuchinoerabu Jima ※拡張前「屋久島」	屋久島町（鹿児島県）	・鹿児島県の屋久島と口永良部島の全域と沿岸の海域から成る。 ・屋久島は、九州の佐多岬から南南西約 60 km の海上に位置し、面積約 504 km²、周囲約 132 km のほぼ円形の島である。島の中央部に九州最高峰の宮之浦岳（1,936 m）を主峰に山岳が連座し、平成 5（1993）年 12 月には、山岳部を中心とした 10,747 ha（島の 21％）が、日本で最初の世界自然遺産に登録された。 ・口永良部島は、屋久島の西北西約 12 km に位置し、面積約 38 km²、周囲約 50 km で、ひょうたん型の島である。新岳及び古岳が現在も火山活動を続け、特異な火山景観となっており、全域が屋久島国立公園に指定されている。	屋久島国立公園 屋久島原生自然環境保全地域 屋久島森林生態系保護地域等	総面積 78,196 ha （18,958 ha） ・核心地域 12,359 ha （ 7,559 ha） ・緩衝地域 20,137 ha （11,399 ha） ・移行地域 45,700 ha （ 0 ha）	1980、 拡張 2016
綾 Aya	綾町・小林市・国富町・西米良村（宮崎県）	・綾川流域は、東アジアの照葉樹林帯の北限付近にあり、多くの日本固有種で構成。また、日本の照葉樹自然林が最大規模で残されているほか、標高約 1,200 m 以上の高標高域には落葉広葉樹のブナが優占する自然林が現存。 ・林野庁九州森林管理局・宮崎県・綾町・公益財団法人日本自然保護協会・てるはの森の会の五者が協働して、原生的な森林生態系の保護、照葉樹自然林の復元、自然と共生する地域づくり等を目的とする「綾の照葉樹林プロジェクト」を推進。 ・照葉大吊り橋及び照葉樹林文化館を整備するとともに、有機農業等との連携でのエコツーリズムを通じ、自然と人間の共存に配慮した地域振興策を実施。	九州中央山地国定公園 綾森林生態系保護地域 「綾の照葉樹林プロジェクト」対象地域	総面積 14,580 ha ・核心地域 682 ha ・緩衝地域 8,982 ha ・移行地域 4,916 ha	2012

第 1 部　ユネスコエコパークの制度と理念

南アルプス Minami-Alps	韮崎市・南アルプス市・北杜市・早川町(山梨県)、飯田市・富士見町・伊那市・大鹿村(長野県)、川根本町・浜松市(静岡県)	・3,000m 峰が連なる急峻な山岳環境の中、固有種が多く生息する。わが国を代表する自然環境を有する。富士川水系、大井川水系及び天竜川水系の流域ごとに古来より固有の文化圏が形成され、伝統的な習慣、食文化、民俗芸能等を現代に継承している。 ・従来、南アルプスの山々によって交流が阻まれてきた3県 10 市町村にわたる地域が、「高い山、深い谷が育む生物と文化の多様性」という理念のもと、南アルプスユネスコエコパークとして結束。南アルプスの自然環境と文化を共有の財産と位置づけるとともに、優れた自然環境の永続的な保全と持続可能な利活用に共同で取り組むことを通じて、地域間交流を拡大し、自然の恩恵を活かした魅力ある地域づくりを図る。 ・移行地域では、経済と社会の発展を目指す取り組みとして、自然体験フィールドの提供や、南アルプス・井川エコツーリズム推進協議会などによるエコツーリズムの推進、地域の農林水産物のブランド化(米、モモ、ブドウ、茶、ジビエなど)に取り組んでいる。今後、これらの取り組みを南アルプスユネスコエコパークとして地域共同の取り組みに発展させていく。	・総面積 302,474 ha ・核心地域 24,970 ha ・緩衝地域 72,389 ha ・移行地域 205,115 ha	南アルプス国立公園 南アルプス南部光岳森林生態系保護地域 山梨県立自然公園等	2014
只見 Tadami	只見町・檜枝岐村(福島県)	・核心地域及び緩衝地域の山地は、奥会津森林生態系保護地域の保存地区又は保全利用地区に設定されており、豪雪が作り出す雪食地形*の上に、ブナをはじめとする落葉広葉樹林のほか、針葉樹林、低木林及び草地等により構成されるモザイク状の原生的な状態で広大な面積に存在する。 ・雪崩によって斜面の表土が剥ぎ取られ岩盤が露出した地形 ＊雪食地形又は雪食地形	・総面積 78,032 ha ・核心地域 3,557 ha (一部に檜枝岐村を含む) ・緩衝地域 51,333 ha (一部に檜枝岐村を含む) ・移行地域 23,142 ha	越後三山只見国定公園 奥会津森林生態系保護地域	2014

名称	所在地	概要	面積	区域	登録年
		・貝見町では、2005年及び2008年に世界ブナサミットを開催。また、2006年3月に「ブナと生きるまちと暮らす会　奥会津貝見の挑戦　真の地域価値創造」をテーマとする第6次貝見町振興計画を策定。2007年5月に、「貝見町ブナセンター」を設置するとともに、同年7月には、「自然首都・貝見」を宣言し、行政と住民の協働によるまちづくりを行ってきた。 ・移行地域では、持続可能な農林水産業やエコツーリズムが展開。今後、地域に受け継がれてきた自然環境や天然資源を拠り所とした人々の暮らしや文化を持続的に活用し、地域の社会経済的発展や福島県の復興につなげるため、ユネスコエコパークの3つの機能に沿った取り組みを進め、共生モデルとして世界へ発信していく。			
みなかみ Minakami	みなかみ町（群馬県）、魚沼市・南魚沼市・湯沢町（新潟県）	・日本を代表する大河川である利根川の最上流域に位置し、人口・経済において世界最大規模である東京都市圏の約8割、3,000万人の生命とくらしを支える水の一滴を生み出している。 ・群馬県と新潟県の境界の山稜一帯は、太平洋側と日本海側の大気がぶつかる日本の脊梁山脈、すなわち中央分水嶺となっており、世界でも有数の豪雪地帯となっている。急峻な岩壁や露岩地や地形に加え、雪食凹地、氾濫原、河岸段丘など特徴的な地形や、周氷河地形などの豪雪地帯特有の地形を形成している。また、標高2,000 mに満たない地域にもかかわらず氷河の痕跡も確認されている。 ・これらの特殊な地形・地質や、日本海側と太平洋側の気候条件の移行帯であることに起因し、多様で希少な動植物が育まれ、独特の生態系が見られるなどの特徴を有している。	総面積 91,368 ha ・核心地域 9,123 ha ・緩衝地域 60,421 ha ・移行地域 21,824 ha	上信越高原国立公園 利根川源流部自然環境保全地域 利根川源流部・縫ヶ岳周辺森林生態系保護地域 緑の回廊三国線　等	2017

第1部　ユネスコエコパークの制度と理念

| 祖母・傾・大崩 Sobo, Katamuki and Okue | 大分県・佐伯市・竹田市・豊後大野市（大分県）、宮崎県・延岡市・高千穂町・日之影町（宮崎県） | ・大分、宮崎両県に跨がる祖母・傾・大崩山系を中心に、これらを源流とする大野川水系、五ヶ瀬川水系の6市町をエリアとしている。
・祖母・傾・大崩山系は、九州最高峰級の山々からなる急峻な山岳地形と美しい渓谷を有し、イチイガシなどの照葉樹林からブナなどの夏緑樹林までの幅広い植生とともに、ニホンカモシカやソボサンショウウオ、無斑アマゴなどの希少種も生息しているなど豊かな動植物相の有り様を限られた地域で見ることができる、きわめて多様な生物種の宝庫である。
・複雑な地形・地質に加え、地域住民の持続的な自然資源の利活用や、活発な環境保全活動等により、多様な二次的自然環境が形成されており、貴重な動植物が生育・生息する生物多様性の高いスポットが点在している。
・地域共通の文化的背景である祖母山信仰や、神楽に代表される土地固有の多彩な民俗芸能が各地で継承されており、自然への畏敬の念が地域の文化として根付いている。 | 総面積 243,672 ha
・核心地域 1,580 ha
・緩衝地域 17,748 ha
・移行地域 224,344 ha | 祖母傾国定公園
祖母山・傾山・大崩山周辺森林生態系保護地域 | 2017 |

※文部科学省・環境省・林野庁の記者発表資料より作成。掲載順はUNESCOホームページに従った。

生物圏保存地域に登録されるためには、加盟国が MAB 事務局に対して、申請書等の関係書類を添えて推薦を行う必要がある。その内容を事務局が検証し、推薦に不備がある場合には、推薦を行った国に対して事務局から不足情報の提供要請が行われる。その後、生物圏保存地域国際諮問委員会で推薦内容が検討され、その提言を基に国際調整理事会が登録についての決定を行うこととなる。

　申請書には、自然環境の特徴や状況のほか、地域社会状況、持続可能な開発の目的、3 つの機能の内容、生物文化多様性や農業など地域産業との関わり、管理における地域社会の参加などを記述することとなっており、生態系の豊かさが保全されているか、地域主導の活動となっているか、持続可能な資源利用や自然保護と調和のとれた取り組みが行われているか、将来の活動の継続を担保する組織体制や計画があるか等が評価される。また、登録後は 10 年ごとの定期報告が義務付けられている。

　生物圏保存地域の特徴は、その機能のひとつに「発展」を位置づけ、自然保護地域でありながら耕作地や居住地を含み、持続可能な開発の具体的事例を示そうという点にある。これを良く表しているのが、「世界遺産は価値を保存するための概念であり、生物圏保存地域は価値を創造するための概念である」というユネスコのボコヴァ事務局長（当時）の言葉である（田中 2011）。ドイツでは MAB や生物圏保存地域を地域のブランドとして活用し、環境や景観に配慮した農業等への支援を行うことで、生物多様性と景観の保全につなげる取り組みが進められている（比嘉ほか 2012）。

　もうひとつの特徴が、国際的なネットワークの構築である。ネットワークには地域別とテーマ別のものがあり、いずれも定期的に会議が開催され、各生物圏保存地域から研究者や行政関係者が集まって情報交換が行われている。日本は地域別ネットワークとして東アジア生物圏保存地域ネットワーク（EABRN: East Asia Biosphere Reserve Network）と東南アジア生物圏保存地域ネットワーク（SeaBRnet: South East Asia Biosphere Reserve Network）に加盟している。テーマ別ネットワークとしては、世界島嶼沿岸生物圏保存地域ネットワーク（World Network of Island and Coastal Biosphere Reserves）に屋久島が参加している。

2-2 生物圏保存地域の概念の変遷

　第二次世界大戦後、化石燃料などの資源を大量に投入した工業化と国際貿易による経済のグローバル化が進み、天然資源の枯渇、環境汚染や自然環境破壊が国際的な課題となる。1972年の国際連合人間環境会議で採択された人間環境宣言により、環境問題への対応が国際的な使命となった。
　MAB計画は、自然及び天然資源の合理的利用と保護に関する科学的研究を国際協力のもとに行うことにより環境問題の解決の科学的基礎とすることを目的に、1971年に始まったユネスコの長期政府間共同研究事業計画である。14のプロジェクトのもとで研究活動が展開された（表2-2）。
　生物圏保存地域はそのうちのプロジェクト8の一環として始まったものであり、その最初のガイドラインは1974年に作成された「生物圏保存地域の選定と指定のための基準及び指針」である（UNESCO 1974）。ここで、生物圏保存地域は、生物圏における人と自然のための生物学的支援体制を全体として維持する取り組みであり、それは「保全」と「再生」、そして人の管理を改善させるための「知識の獲得」であるとしている。その目的は「生物群集の多様性と完全性、種の遺伝的多様性の保護」、「生態学的及び環境学的調査研究の場の提供」、「教育及びトレーニングの場の提供」である。また、国際的な比較研究の対象として、当初より国際的なネットワークを構築することとしている。
　特筆すべきなのは、原生的な自然だけでなく、長期間の土地利用によって維持されてきた二次的な自然も対象としている点である。UNESCO（1974）の議論では、当初は飼育下の動植物、医学や産業で用いる微生物の遺伝系統は自然保護の対象とすべきでないなどとしていたが、生物圏保存地域においても、異なるレベルの人間の改変が存在する可能性があることに留意することになった。その結果、選定要件には、「生物地理区を代表した自然地域」と「ほかに見られないユニークな生物群集や地域」に加えて、「人が改変した地域（man-modified areas）」が掲げられ、「伝統的な土地利用体系に基づく調

表2-2 UNESCO MAB 計画の設立当初の14のプロジェクト。この8番目が生物圏保存地域の活動に発展した。

1. 熱帯および亜熱帯の森林生態系への人間活動の増加が及ぼす影響
2. 温帯および地中海の森林景観における異なる土地利用および管理実践の生態学的影響
3. 放牧地における人間活動と土地利用の影響：温帯から乾燥地帯のサバンナと草原
4. 乾燥および半乾燥地域の生態系の動態に人間活動（特に灌漑）が及ぼす影響
5. 湖沼、湿地、河川、デルタ、河口、沿岸域の価値と資源に人間活動が与える生態学的影響
6. 山岳地およびツンドラの生態系に及ぼす人間活動の影響
7. 島の生態系の生態学的かつ合理的な利用
8. 自然界とそれに含まれる遺伝物質の保全
9. 陸生および水生生態系における害虫管理および肥料使用の生態学的評価
10. 人間とその主要な工学的環境への影響
11. エネルギー利用に重点を置いた都市システムの生態学的側面
12. 環境変化とヒト集団の適応的、人口学的、遺伝的構造との間の相互作用
13. 環境の質の認識
14. 環境汚染とその生物圏への影響に関する研究

和のとれた景観地の実例」と「より自然の状態に復旧でき得る変形あるいは破壊された生態系の実例」も対象としている。前者は完全な保護が、後者は人を含む生態系プロセスの全体性の把握が目的となる。このため、核心地域と緩衝地域の地域区分を採用し、後者を緩衝地域に含めることを強く推奨している（例えば、綾ユネスコエコパークの緩衝地域における綾照葉樹林プロジェクト、現場からの報告2参照）。

1983年にミンスク（ベラルーシ）で開催された第1回世界生物圏保存地域会議の主な成果である「生物圏保存地域に関する行動計画」において、生物圏保存地域を持続可能な開発のデモンストレーションの場とするという考え方が述べられるようになった（UNESCO 1984）。

1987年に策定された『MABガイドブック』では、「保全」、「学術的支援」、「発展」が3つの観点として位置づけられ、核心地域と緩衝地域に加えて移行地域が設けられた（UNESCO 1987）。また、「発展」の観点の中で、地域住民に利益をもたらすように、地域機関や住民による参加型の管理運営を促している。

1987年の「環境と開発に関する世界委員会」（WCED、通称「ブルントラン

ト委員会」)の報告書「Our Common Future（地球の未来を守るために）」で「持続可能な開発（Sustainable Development）」が広く認知され、1992年にリオデジャネイロで開催された「環境と開発に関する国際連合会議」(第1回地球サミット)では中心的な概念として、「環境と開発に関するリオ宣言」や「アジェンダ21」に盛り込まれた。

1995年の第2回世界生物圏保存地域会議では、第1回地球サミットで採択された「アジェンダ21」と、署名が開始された「生物多様性条約」を実行するにあたっての生物圏保存地域の活用について議論が行われ、セビリア戦略とWNBR定款が策定された。セビリア戦略では、生物圏保存地域を「自然と文化の多様性の保全」、「持続可能な開発に向けたアプローチと土地管理のモデル」、「調査、モニタリング、教育及び訓練」の場として活用することとされ、これを実現するために各生物圏保存地域の3つの相補的機能と3つの地域区分を備えるなど生物圏保存地域の概念を徹底するように求めている（UNESCO 1996）。セビリア戦略が掲げる10の基本的な方向性には、文化多様性と生物多様性とのつながりの構築、伝統的な知識の保全と活用、地域コミュニティと社会全体との「契約」として管理運営、参加型で発展的・順応的な管理運営等が掲げられた。WNBR定款において、それまでの議論を踏まえる形で、概念、登録基準、申請手続きなどが定められ、現在の生物圏保存地域の形となった。

2008年にマドリッド（スペイン）で開催された第3回生物圏保存地域世界大会では、気候変動、生物多様性及び文化的多様性の損失、急速な都市化に焦点をあて、こうした国際的な環境問題に対する生物圏保存地域の果たすべき役割と可能性について議論が行われた。この成果として、2008年から2013年を期間とする「マドリッド行動計画」が策定された。この中では、地元及び地域における持続可能な開発のための学習拠点としての生物圏保存地域の役割が強調され、31に及ぶ目標が定められている。この中では、各生物圏保存地域について地域区分を分析し、国ごとに地域区分の指針を定めることなどが求められている（UNESCO 2008）。

第1章で述べたように、2015年にユネスコ本部で開催された第27回

MAB計画国際調整理事会で、セビリア戦略に続くものとして「MAB戦略（2015-2025）」が採択された。ここでは、持続可能な開発目標（SDGs）に向けて努力し、生物圏保存地域における取り組みと、生物圏保存地域で開発した持続可能な開発モデルの世界的な普及を通じて、持続可能な開発のための2030アジェンダの実施に貢献するとされ、持続可能な開発のための教育（ESD）にも言及している（UNESCO 2017）。

2016年にリマ（ペルー）で開催された第4回生物圏保存地域世界大会では、「MAB戦略（2015-2025）」の効果的な実施を目的とした行動計画「ユネスコ（UNESCO）人間と生物圏（MAB）計画及び生物圏保存地域世界ネットワークのためのリマ行動計画（2016-2025）」が採択された（UNESCO 2017）。（MAB戦略とリマ行動計画については第1章を参照のこと。）

以上のように、国際的な環境問題に対する議論に即し、保護と学術研究の場から、社会と経済を含めた環境問題の解決の道を探る場として、生物圏保存地域の概念は変遷してきた（Ishwaran et al. 2008）。

2-3 国際的な自然保護地域の概念の変遷

国際的自然保護団体であるIUCN（国際自然保護連合）によれば、自然保護地域は「生物多様性及び自然資源や関連した文化資源の保護を目的として、法的に、もしくは、他の効果的手法により管理される陸域、または海域」と定義される（IUCN 1994）。生物圏保存地域も自然保護地域のひとつである。

世界で最初の自然保護地域であるイエローストーン国立公園は、1872年に米国で設置された。この背景には、18世紀末にヨーロッパで起こったロマン主義の影響を強く受けて、失われる自然への危惧があったこと、「ヨーロッパに対する文化的コンプレックス」（ノヴァック2000）に由来するナショナリズム的な側面があったことが指摘されている（田中2012）。その後、19世紀末から20世紀初頭にかけて、カナダやオーストラリア、ニュージーランド、南アフリカといった国々で次々と国立公園が設置された。1909年に

はスウェーデンがヨーロッパで最初に国立公園を設置し、1931年には日本がアジアで最初の国立公園法を制定した（田中 2012）。

　第二次世界大戦後の1950年代と60年代には経済発展が急速に進み、それに伴って環境汚染と自然破壊も急速に進んだ。1962年に米国シアトルで開催された第1回世界国立公園会議では、「国立公園は国際的に重要な意義を持つ」をテーマに、環境保護に果たす国立公園の役割について議論された（高橋 2014）。

　1972年にローマクラブが「成長の限界」を発表し、同年にストックホルムで国際連合人間環境会議が「かけがえのない地球」をテーマに開催され、環境問題が世界中の人々の福祉と経済発展に影響を及ぼす主要な課題として認識された。同年には、「国立公園 ── よりよき世界のための遺産」をテーマとした第2回世界国立公園会議が、100周年を迎えたイエローストーン国立公園などで開催された。世界遺産条約（正式名称「世界の文化遺産及び自然遺産の保護に関する条約（平成4年9月28日条約第7号）：Convention concerning the protection of the world cultural and natural heritage」が採択されたのもこの年である。

　戦前から1970年代に至る国際的な自然保護制度の拡大をみると、米国、英国を中心としたキリスト教的価値観における「自然保護」が大きな影響力を持ち、人間と自然を別個のものとして捉え、とりわけ原生自然に価値を置き、そうした自然を人間界と区別して「保護する」という思想が強く見られると指摘されている（田中 2012）。その象徴が世界遺産といえよう。

　このような、排他的ないし二項対立的な自然保護の潮流に顕著な変化が見られ始めたのは1980年代で、例えば、1980年に、IUCN、UNEP（国際連合環境計画）、WWFの3団体によって、地球規模の自然環境保全計画である「世界保全戦略」（The World Conservation Strategy）が発表され、その中で初めて「持続可能な開発」（sustainable development）という言葉が提示された（田中 2012）。

　この考え方は、1982年にインドネシア・バリ島において、「持続社会における保護区の役割」をテーマに開催された第3回世界国立公園会議における勧告5「自然保護は、保護区を設置するだけでは達成されないため、持続可

能な開発と結び付けて考えること」という文言に結実したとされる（田中 2012）。さらに、1992 年にベネズエラのカラカスで開催された第 4 回世界国立公園会議において、「コミュニティの関与」、「保全と開発の関係」、「国際協力の重要性」が議論された。

　1980 年代から 90 年代にかけて、主にヨーロッパにおいて保護地域にかかわる三重のパラダイムシフトが起きたとされる（Mose 編 2007、土屋 2008）。1 つは持続可能な開発の考え方が浸透し、人類の生存のためには自然との共生が欠かせないことが広く理解されるようになったこと。2 つには、保全は小面積の限定的な区域について排他的に行うのではなく、大面積の地域について、農林業・水資源利用・観光や道路等の社会資本整備との調和に配慮しつつ行われるべきとする考え方が一般的になったこと、3 つには、地域振興にあたって、内発性や地域制が重視されるようになり、それとかかわって地域の自然環境が地域開発の重要な要素となったことである。

　概念の変遷はガバナンスにも変化をもたらす。先住民を排除して自然保護を図る「統治管理型」から、政府援助などの大規模プロジェクトにより保護と開発の統合を目指した「開発援助型」、エコツーリズムなどによる地域社会の経済的な安定と自然保護の両立を図る「自立支援型」、さらには保護地域内での伝統的な自然資源利用も許容する「資源許容型」、公園管理などに地域住民の参加を促し地域社会との協働管理をめざす「参加協働型」、先住民や地域社会に保護地域の管理を任せる「地域管理型」へと変遷したとされている（高橋 2014）。前節で述べた生物圏保存地域の概念の変遷はこの流れの中にある。

2-4 日本における生物圏保存地域の動き

(1) 1980 年の登録と停滞

　生物圏保存地域の世界的ネットワークを形成するため、1976 年にユネスコから MAB 計画加盟国に対して生物圏保存地域登録要請がなされた。当初、日本は消極的であったが、MAB に関係する学識者からの強い要請及び候補地の提案もあり、日本の自然保護地域である国立公園・原生自然環境保全地域・自然環境保全地域の中から要件に適合するものを選定し登録することとなった (岡野 2012)。

　生物圏保存地域の候補地の検討は、文部省 (当時) からの依頼により環境庁 (当時) で行われた。環境庁は「生物圏保存地域の制度と選定のための基準及び指針」(UNESCO 1974) を基に要件を設定し、屋久島、大台ケ原・大峰山、白山、志賀高原の 4 地域を選定した (表 2-3)。

　ここで注目したいのが、「伝統的な土地利用体系に基づく調和のとれた景観地の実例」と「より自然の状態に復旧できうる変形あるいは破壊された生態系の実例」も要件に設定されている点である。日本では「新・生物多様性国家戦略」(環境省編 2002) で注目されるようになった里地里山や自然再生の概念が、1980 年に既に検討されていたことになる。環境省で確認した資料によれば、当時の検討の俎上には、南硫黄島や大井川源流部などの原生的な自然環境に加え、阿蘇の波野原ないし阿蘇久住ネザサ群落や渡良瀬遊水地が挙がっていた (岡野 2012)。

　当時の環境庁の資料によれば、生物圏保存地域の指定上の効果は、「研究成果が国際的に比較研究の対象となり、他国の生物圏保存地域における研究成果・研究情報等の提供を受け、比較調査・研究等に活用できることが期待される」としている。また、「指定区域内における動植物の保護・保存につき努力することが国際的に期待されることとなるが、現在の規制措置で対応できる」としている。表 2-3 に示す通り、4 地域はいずれも国立公園などの

第2章　ユネスコエコパークの理念の変遷と日本のかかわり

表2-3　我が国の生物圏保存地域選定要件及び検討資料（環境庁資料1978年より作成）

地域名	生物圏保存地域選定要件						
	生物地理学的に特徴のある生物群集を含む地域	非常に興味のあるユニークな生物群集あるいは地域	科学的研究のための基礎となるよう完全に保護された核心地域	伝統的な土地利用体系に基づく調和のとれた景観地の実例	より自然の状態に復旧できるよう変形あるいは破壊された生態系	生態学的調査、教育、トレーニングに対して便宜を提供できる地域	長期にわたる法律上の適切な保護を受けていること
屋久島	○照葉樹林を含む暖温帯の原生林	○大面積のスギの天然林、高樹齢	○原生自然環境保全地域（1219ha）	○択伐施業	○植林地を含む	△既存の研究設等は存在しないが、既存の研究報告は多い	○原生自然環境保全地域、国立公園
大台ヶ原・大峰山	○暖温帯から亜高山帯にかけての太平洋岸型中部日本のあらゆる森林植生	○自然保護のための買い上げ土地あり	×		○植林地を含む	△既存の研究設等は存在しないが到達性良し	○国立公園
志賀高原	○亜高山帯針葉樹林	○	×		○スキーあり	○信州大学志賀自然教育研究施設	○国立公園
白山	○高山帯・亜高山帯山帯植生	○	×		○二次林あり　スーパー林道	○石川県白山自然保護センター	○国立公園

凡例：○該当する、△一部該当する、×該当しない

保護地域から選定しており、登録当時には、管理機関に環境庁の出先機関が登録されていた。

　調査研究については、「生物圏保存地域における生物学的多様性の保全に関する研究（1991年度〜1993年度）」、「生物圏保存地域に関する総合的な調査研究（1997年度〜1999年度）」、「生物圏保存地域における生物多様性の回復予測（2003年度〜2007年度）」が科学研究費補助金の採択を受け実施された。また、個別地域として「屋久島生物圏保護区の動態と管理に関する研究（1985年度・1986年度）」が行われている。これらの成果も踏まえた「日本のユネスコ/MAB生物圏保存地域カタログ」が1999年（Japanese National Committee for MAB 1999）と2007年（Iwatsuki et al. 2007）にとりまとめられている（第4章参照）。

　2007年当時の日本の生物圏保存地域の状況について述べれば、保護については、国立公園等の規制により、いずれの地域も大きな改変等は無く、自然環境は良好に保たれている。1980年当時の生物圏保存地域の目的が、「生物群集の多様性と完全性、種の遺伝的多様性の保護」、「生態学的及び環境学的調査研究の場の提供」、「教育及びトレーニングの場の提供」であったことを考えれば、我が国の生物圏保存地域も一定の役割を果たしてきたといえよう。

　一方で、生物圏保存地域に関する各地域の認知度は非常に低く、世間一般にはほとんど知られていない状況で、同じユネスコの自然保護地域である世界自然遺産とは知名度に大きな差があった。また、1984年以降に生物圏保存地域の中心的機能となった持続可能な開発についても取り組みは行われておらず、さらに、生物圏保存地域の見直しが一度も行われていないため、我が国を代表する生態系が網羅されていない、4地域とも移行地域を備えていないなどの課題があった。

　これらの原因はいくつか考えられる。まずは、指定に至るプロセスがほとんど関係省庁のみで行われたため、地域や世間一般に生物圏保存地域の概念や仕組みが知られることがなかった。また、環境庁は既存の国立公園等の制度を従来通り運用すれば足りると考えていたことから、生物圏保存地域を活

用する方向に議論が進まなかった。環境庁から関係県への通知文書（昭和56年4月1日付「ユネスコ・人間と生物圏（MAB）計画の生物圏保存地域の指定について」）にも、「なお、保存地域の指定には特別の義務は伴わないので、現地管理業務執行上特段の措置は必要ないことを申し添えます。」と記載され、国としても地方自治体としてもその有用性を感じることがなかったわけである。

このため、国際的には生物圏保存地域の概念が変化し、活用に向けて議論が進められていたにも拘らず、我が国においては活用の議論や区域の見直しなどが行われてこなかったと考えられる。

(2) 国内での活用に向けた動き

国内で生物圏保存地域の活用が模索されはじめるのは2007年のことである。「第三次生物多様性国家戦略」（環境省編2007）の生物圏保存地域の項目に、「近年は、科学的研究に加え、『持続可能な開発のための教育』の場として、また、気候変動など地球環境の長期変動をモニタリングする場として活用する動きが世界的に広がって」いるとし、「世界的な潮流を踏まえ、新規指定候補地の選定など生物圏保存地域の仕組みを活用する新たな施策の展開について検討を進める」と記述された。

2010年に名古屋で開催される生物多様性条約第10回締約国会議（以下、「CBD-COP10」）を前に、国内でMAB計画を進めている日本ユネスコ国内委員会MAB計画分科会（以下「MAB国内委員会」）と、これを支援する学識者による任意団体である日本MAB計画委員会（以下「MAB計画委員会」）においても新たな活用に向けた議論が始まる（第4章）。CBD-COP10では、サイドイベントとして「持続発展教育（ESD）とユネスコ人間と生物圏（MAB）計画における我が国の取組に関するシンポジウム」が開催された。

この頃から、登録に関する問い合わせや講演依頼が増えはじめ、MAB国内委員会とMAB計画委員会のメンバーが対応して普及促進に努めてきた。一方、「マドリッド行動計画」で3つの地域区分を備えることを強く求めら

れたことを受け、1990年登録されたまま移行地域をもたない生物圏保存地域においても見直しと活用に向けた議論が徐々に始まった。

　CBD-COP10において採択された新戦略の長期目標は「自然と共生する世界」である。これは、議長国である日本が提案したものである。(人間にとって欠かせない)豊かさと(人命に脅威をもたらす)荒々しさをもつ自然を前に、日本人は自然と対立するのではなく、自然に順応した形でさまざまな知識、技術、特徴ある芸術、豊かな感性や美意識をつちかい、多様な文化を形成してきた。その中で自然と共生する伝統的な自然観がつくられてきたと考えられている(環境省編2010)。CBD-COP10の議論を踏まえ策定された「生物多様性国家戦略2012-2020」(環境省編2012)では、生物圏保存地域を「人間と自然との共生に関するモデル」として活用していくことが明示された。

　大きな転換点となったのが、2012年の宮崎県の綾ユネスコエコパークの登録である。近年の国際的な生物圏保存地域の考え方に沿った、そして地域の主導による初めての登録である(現場からの報告2参照)。

(3) 審査基準と申請手続きの明確化

　WNBR定款では、ユネスコ加盟国が、独自に国内の審査基準を設けることを奨励している。32年ぶりに綾を登録する際に問題となったのが国内の審査基準と申請手続きである。1980年の登録は国が主導して行われたが、その後の概念の変化を踏まえて、国内において新たな審査基準と申請手続きの明確化が必要となった(第4章参照)。

　そこで、MAB国内委員会は、1980年に登録された際の基準も踏まえつつ、国際的な生物圏保存地域の登録基準に沿った「生物圏保存地域審査基準」を2011年9月に策定した(表2-4)。本審査基準において、国内における生物圏保存地域の目的を「生物多様性の保全、経済と社会の発展及び学術的支援の3つの機能をもち、自然環境の保全と人間の営みが持続的に共存している地域を指定することにより、地域の取組と科学的な知見に基づく人間と自然との共生に関するモデルを提示する。」とし、基準には「持続可能な開発」

第 2 章　ユネスコエコパークの理念の変遷と日本のかかわり

表 2-4　生物圏保存地域審査基準（日本ユネスコ国内委員会 2014）
（日本ユネスコ国内委員会自然科学小委員会人間と生物圏（MAB）計画分科会決定）

(1) 生物圏保存地域候補地の機能

次の3つの機能をもつこと。
①人間の干渉を含む生物地理学的区域を代表する生態系を含み、生物多様性の保全上重要な地域であること
②自然環境の保全と調和した持続可能な開発の国内外のモデルとなりうる取組が行われていること
③持続可能な開発のための調査や研究、教育・研修の場を提供していること

(2) ゾーニング

核心地域、緩衝地域及び移行地域の3地域にゾーニングされており、各地域が次の要件をすべて満たしていること。

①核心地域
・法律やそれに基づく制度等によって、長期的な保護が担保されていること
・次のカテゴリーの1つ以上に合致していること
　（ア）生物地理学的区域を代表する生態系であること
　（イ）生物多様性の保全の観点から重要な地域であること
　（ウ）絶滅危惧種や植物相・動植物が生息あるいは生育していること
・動植物相や希少植生等の調査の蓄積があり、公開に努めていること

②緩衝地域
・核心地域の周囲又は隣接する地域であり、核心地域のバッファーとしての機能を果たしていること
・核心地域に悪影響を及ぼさない範囲で、持続可能な開発のための地域資源を活かした持続的な観光であるエコツーリズム等の利用がなされていること
・環境教育・環境学習を推進し、自然の保全・持続可能な利活用への理解の増進、将来の担い手の育成を行っていること

③移行地域
・核心地域及び緩衝地域の周囲または隣接する地域であること
・緩衝地域を支援する機能を有すること
・自然環境の保全と調和した持続可能な開発のためのモデルとなる取組を推進していること

(3) 設定範囲

- 生物圏保存地域（①核心地域、②緩衝地域、③移行地域）の設置目的を果たすために適度な広さであること
- 相互の地域が干渉しないこと

(4) 計画
- 生物圏保存地域全体の保全管理や運営に関する計画を有していること
- 研究、モニタリング、教育、研修に関する計画を有していること
- 地域の振興や自然環境と調和した発展に関する計画を有していること

(5) 組織体制
- 生物圏保存地域の管理方針又は計画の作成及びその実行のための組織体制が整っていること
- 組織体制は、自治体を中心とした構成とされており、土地の管理者や地域住民、農林漁業者、企業、学識経験者及び教育機関等、当該地域にかかわる幅広い主体が参画していること
- 生物圏保存地域が有する価値を確実に保全管理していくための包括的な保全管理体制が整っていること
- 国内外からの照会等に対応可能であること
- 生物圏保存地域の保全管理や運営に対する財政的な裏付けがあること

(6) ユネスコ生物圏保存地域世界ネットワークへの参画
- 生物圏保存地域申請時や定期報告などに行われるユネスコによる審査に対応可能であること
- 生物圏保存地域の設定が認められた場合に、ユネスコ生物圏保存地域世界ネットワークに加盟する意思があること
- ユネスコ生物圏保存地域世界ネットワークによる取組に協力可能であること

2019年ユネスコエコパーク申請に係る主な手続きの流れについて(予定)

期日等	手続きの流れ
2018年 10月31日(水)	申請者は日本ユネスコ国内委員会会長宛てに「生物圏保存地域申請フォーム[仮訳]」、「申請概要(様式)」及び「同意書(様式)」を提出
12月〜2019年3月頃	日本ユネスコ国内委員会MAB計画分科会を開催 (国内審査を実施・推薦の可否の決定) ※申請者に対して、ヒアリングを必要に応じて実施します。 ※申請者は、追加情報の提出や申請内容の改善を求められることがあります。
2019年 5〜6月頃	申請者は申請フォーム(英文)を日本ユネスコ国内委員会会長宛てに提出 ※申請者は、必要に応じて申請フォーム(英語)の改善を求められることがあります。
9月上旬	日本ユネスコ国内委員会からユネスコへの推薦
2020年 3月〜5月頃	ユネスコBR国際諮問委員会による審査
5月〜7月頃	ユネスコMAB計画国際調整理事会における審議・決定

登録決定後は、ユネスコエコパーク世界ネットワークの一員として国内外の活動を推進
(EABRN、SeaBRNなどの国際ネットワークの活動に参加、世界ユネスコエコパークとの共同研究の実施等)

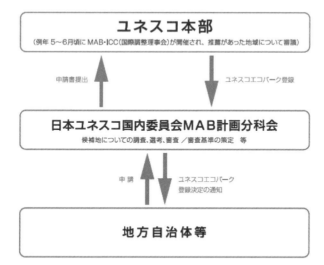

図 2-2　ユネスコエコパーク登録までの主な手続きの流れ(日本ユネスコ国内委員会 n.d.)

が明示された。

同時に申請の手続きも定められた（図2-2）。大きな特徴は、「発展」の機能と「移行地域」が加わったことを反映して、地方自治体、特に基礎自治体である市町村が主体となって取り組むことが明確にされたことである。

申請書を書くためには、地域の価値や取り組みに基づいて、コンセプトとストーリー、持続可能な開発の目的をまとめることが必要である。すなわち、生物圏保存地域を考えることは、地域が主体となって、自然と人との関係性に注目しつつ、地域の生物多様性の保全と持続可能な開発の取り組みを考えることなのである。

手続きでは、申請書提出前に日本ユネスコ国内委員会事務局へ相談を行うことが定められ、登録の可能性や申請書の作成段階で、ユネスコ国内委員会と関係省庁等から事前に意見が受けられる。このようなボトムアップの推薦プロセスは、国の検討会で候補地を選定し、国が主体となって推薦に向けて取り組んでいる世界自然遺産とは大きく異なる（表1-1参照）。

2-5　日本の国立・国定公園と生物圏保存地域

(1) 日本の保護地域制度

生物圏保存地域の核心地域は、法律等に基づく自然保護地域に指定されていることが要件となっている。IUCNの自然保護地域の定義に合致する制度として、日本国内では、環境省が所管する自然公園（国立公園・国定公園・都道府県立自然公園）（自然公園法）、原生自然環境保全地域・自然環境保全地域（自然環境保全法）、生息地等保護区（絶滅のおそれのある野生動植物の種の保存に関する法律）、鳥獣保護区（鳥獣の保護及び管理並びに狩猟の適正化に関する法律）、文化庁が所管する天然記念物（文化財保護法）、林野庁が所管する森林生態系保護地域（非法定制度である保護林制度の一種）、都道府県における天然記念物や鳥獣保護区などが、国や自治体レベルにまたがり存在する。

第2章　ユネスコエコパークの理念の変遷と日本のかかわり

表2-5　日本における生物圏保存地域の地域区分（ゾーニング）と保護担保措置

地域区分	核心地域	緩衝地域	移行地域
日本における各ゾーニングに求められる保全・管理の考え方	法律やそれに基づく制度等により、長期的な保護が担保されていること→世界自然遺産の資産と同等の保護担保措置がとられていること	生物圏保存地域の核心地域としての価値を守るバッファーとしての機能を果たすために必要な保全・管理が実施されることが担保されていること	保護担保措置は不要
関係法令・制度			
自然公園法及び関係都道府県条例（自然公園）	国立・国定公園：特別保護地区・第一種特別地域、海域公園地区	国立・国定公園：全域 都道府県立自然公園：全域（特別地域・普通地域）	
自然環境保全法及び関係都道府県条例（自然環境保全地域）	原生自然環境保全地域：全域 自然環境保全地域：特別地区、海域特別地区	自然環境保全地域：普通地域 都道府県自然環境保全地域：（特別地区・普通地区）	
鳥獣保護管理法（鳥獣保護区）		国指定鳥獣保護区：特別保護地区 都道府県指定鳥獣保護区：特別保護地区 ただし、個別に判断が必要。	
国有林野の管理経営に関する法律（国有林野）	保護林：森林生態系保護地域保存地区	保護林：森林生態系保護地域保存地区以外の保護林 緑の回廊：全域 協定締結によるモデルプロジェクト対象地域：全域（公有林等も含む） 森林の機能類型区分：自然維持タイプ（森林生態系保全地域保存地区をのぞく）ただし、個別に判断が必要。	
条例（公有林）		森林計画上の区分：生物多様性保全機能の発揮を期待するとして区分された区域 ただし、個別に判断が必要。	

【留意事項】
上記については、保護担保措置・ゾーニングの基本的な考え方であり、合理的な理由がある場合には、この限りではない。実際の保護担保措置及びゾーニング案は、関係者間で、現地の状況等を踏まえ、十分な検討・調整を行い、決定する必要がある。
（「ユネスコエコパークの保護担保措置・ゾーニングに関する基本的な考え方」より作成）

第1部　ユネスコエコパークの制度と理念

図 2-3　只見ユネスコエコパークの（左）核心地域（会津朝日岳周辺）、（中）緩衝地域（浅草岳周辺のブナ天然林）、（右）移行地域（只見川流域の農耕地、写真提供：鈴木和次郎博士）。

　生物圏保存地域の 3 つの地域区分の保護担保措置としての日本の主な自然保護地域は表 2-5 のとおりである。国立公園と国定公園（以下「国立・国定公園」）は、登録されている生物圏保存地域の多くで保護担保措置となっている。

　核心、緩衝、移行地域の風景の例を図 2-3 に示す。核心地域は原則として学術調査以外の行為は行われず、緩衝地域はエコツーリズムなどで利用され、移行地域は有機農業など持続可能な自然資源の利用が図られる地域である。

(2) 国立・国定公園

　自然公園法の目的は、自然公園法第一条において「優れた自然の風景地を保護するとともに、その利用の増進を図ることにより、国民の保健、休養及び教化に資するとともに、生物の多様性の確保に寄与すること」とされている。国立公園は、同法第二条において「我が国の風景を代表するに足りる傑出した自然の風景地」と定義されている。国立公園は、国（環境大臣）が指定し、国（環境省）が保全管理を行う。国定公園は、国（環境大臣）が指定し、都道府県が保全管理を行う。都道府県立自然公園は、都道府県知事が条例を定め指定し、都道府県が保全管理を行うものである。2018 年 3 月 31 日現在で全国に 34 の国立公園が指定され、その面積は約 220 万ヘクタールで、日

表 2-6　国立・国定公園の地域地区（自然公園法より著者作成）

陸域	特別地域	特別保護地区	要許可	現状の変更を厳しく制限
		第1種特別地域		特別保護地区と同程度の規制
		第2種特別地域		農林漁業にも一定の制限
		第3種特別地域		通常の農林漁業は可能
	普通地域		要届出	特別地域の緩衝地域、風景への影響が大きい場合に禁止や制限の命令
海域	海域公園地区		要許可	埋立てなどの行為を制限、通常の漁業は可能
	普通地域		要届出	海域公園の緩衝地域、風景への影響が大きい場合に禁止や制限の命令

本の国土面積に占める割合は 5.8% である。

　日本の国立・国定公園は、土地の所有権に基づかずに区域を定めて指定を行い、公用制限（保護の観点からの規制等）を課して保護を図る制度である。このような制度を、環境省では「地域制」という表現を用いる。公園計画において、風景の質に応じていくつかの地域地区（表 2-6）にゾーニングし、公用制限に強弱をつけることで、風景の保護と地域の社会経済との調整を行っている。

　陸域の公園区域は、自然を改変する行為が禁止され、行為を行う際に許可が必要な特別地域と、規模が大きな行為について事前の届出を求める普通地域に大別される。さらに特別地域は、自然の質に応じて特別保護地区と第1種から第3種に区分される。特別保護地区及び第1種特別地域は原生的な自然景観に指定され人為による改変は原則として許可されない。第2種特別地域・第3種特別地域には人工林や耕作地、居住地が含まれ、通常の農林漁業にかかわる行為は許容されている。

　また、日本の国立・国定公園は、原生的な自然景観だけでなく、阿蘇くじゅう国立公園の草原景観のように伝統的な土地利用により形成されてきた風景や生態系も積極的に評価しているのが特徴である。

　この制度については、土地を取得する必要がないため広大な地域の指定が可能、二次的な自然など地域の人のかかわりで維持されてきた風景地の保護

が可能、管理経費が安価、といった点が評価されている。その一方で、土地所有者の私権や地域社会への配慮が必要で厳正な自然保護は困難、複層的な地域管理であり地域の理解と協力が不可欠といった課題が指摘されている。これに対し、公園の内部や周辺に住む住民はもちろん、公園の利用者や観光業者、あるいは公園内や周辺の自然環境に関係する(依存し、あるいは影響する)活動を行っている種々の産業関係者等々の「多種多様な関係者」の存在は、国立公園の維持管理にとっての「欠点」ではなく、環境保全の面でも、また利用の質の高度化の面でも、よりレベルの高い公園管理につながる可能性のある「利点」とする意見もある(加藤 2014)。

源氏田(2008)によれば、欧州において地域制を採用するフランス・イタリアにおいては、国立公園において持続可能な開発を目指すことが明示され、環境に配慮した地場産品やツーリズムの推奨にも取り組んでいる。このような国立公園を持続可能な開発のモデルにしようという動きが、地域の参加を強化し、地域特性を踏まえた細かい対応によって、自然と地域の文化や暮らし、伝統建築が一体となった、強い地域アイデンティティを生み出しているとしている。

2007年3月に、環境省が設置した検討会がとりまとめた「国立・国定公園の指定及び管理運営に関する提言」(国立・国定公園の指定及び管理運営に関する検討会 2007)において、地域制国立公園の適正な管理を実現するためには国立公園関係者が「協働」することが必要とされた。これを受けて環境省は、総合型協議会を設置し、国立公園のビジョン・管理運営方針・行動計画等を、関係者が検討・共有して取り組む「協働型管理運営」を全国の国立公園で進めている。

(3) 生物圏保存地域と国立・国定公園の親和性

生物圏保存地域は、規制の程度の異なる複数の地域区分を有する点、区域内に住民が居住する点、伝統的な土地利用により形成された景観を評価している点で、わが国の地域制の国立・国定公園と非常に親和性が高い。

「持続可能な開発」が概念に含まれた生物圏保存地域は、人と自然のかかわりと、そこから見いだされる多元的な価値も評価される自然保護地域であるといえよう。現場からの報告2で述べられる綾の例でみるように、市町村が中心となりながら地域の自治組織や産業団体も加わった協議会等を設置し、地域に引き継がれてきた人の自然の多様なかかわりを見直し、自然を保全するととともにその恵みを活用し、地域づくりにつなげようとするところに特徴がある。生物圏保存地域における管理運営は、地域の社会経済の持続性をも目的に、多元的な価値を認めた価値創造のための協働による管理運営といえる。

　国立公園の協働型管理運営については、各地で取り組みが始まったばかりである。その出発点は「二次的自然の維持や鳥獣等による生態系影響への対応、利用拠点の景観形成など、より能動的な管理運営が求められるようになった」（国立・国定公園の指定及び管理運営に関する検討会 2007）とあるように、「国立公園の課題」である。今後、地域社会の共感を得て適切な管理運営を実現するためには「地域の多元的な価値」を踏まえて「地域の社会・経済の課題」にも向き合い、「自然と文化を価値化して発信する」、「観光を一緒に推進する」、「地域のグランドデザインをつくる」、「環境から地域と地域産品のブランド価値を創造する」などに連携して取り組む姿勢が求められよう。その際に参考になるのが、生物圏保存地域の概念であり、登録されている各地域の取り組みである。

2-6 ユネスコエコパークの理念を生かす

　高度経済成長による環境破壊と自然保護との対立の時代を経て、現代の日本では、自然との共生が大きなテーマとなっている。人口減少・高齢化が進む中山間地域では、管理の担い手が減少し、自然資源をどのように適切に管理していくのかが大きな課題となっている。また、自然の恵みをひきだす知恵や技も失われつつあり、かつて恵みをもたらしてくれていた里地里山や耕

作地も放棄されつつある。その一方で、地域の自然を基盤とした社会・経済の活性化も各地で模索され、その期待は大きい。自然環境行政も時代の変化に対応し、開発規制や絶滅危惧種の保護に加えて、コストの少ない生態系を基盤とした土地利用への誘導や、伝統的知識の活用や環境価値の創造による生態系を基盤とした地域産業への誘導へと展開すべき時期に来ている。

> 「生物圏保存地域は、人間の活動による悪影響が増している世界で孤立した島を作るというものではなく、人々と自然との調和を図る舞台となったり、過去の知識を将来のニーズに結び付けたりすることが可能であり、さらには、制度的に縦割りになってしまうという問題点の克服方法を示すことができる。要するに、生物圏保存地域は、単なる自然保護地域以上の存在なのである。」

1996年のセビリア戦略の一文である。約20年前に打ち出された生物圏保存地域の概念は、現代の日本においてさらに大きな意味を持ち始めており、生物圏保存地域の取り組みのさらなる発展が望まれる。また、国立・国定公園は、生物圏保存地域の保護担保措置としての役割を果たすと同時に、生物圏保存地域の概念や取り組みから協働型管理運営を学び、相互に連携して日本における新たな自然保護地域像を作っていくことが期待される。

引用文献

堂本暁子（1997）バイオスフェアリザーブ（生物圏保存地域）と生物多様性．ワイルドライフ・フォーラム，2(4)：165-173.
郷田實（1998）『結いの心 —— 綾の町づくりはなぜ成功したか』ビジネス社．
源氏田尚子（2008）「欧州の地域制国立公園の管理運営体制について（特集　近隣諸国の国立公園と欧米諸国の地域制自然公園）」．国立公園，(668)：17-19.
比嘉基紀・若松伸彦・池田史枝（2012）ユネスコエコパーク（生物圏保存地域）の世界での活用事例．日本生態学会誌，62：365-373.
Mose, I. ed. (2007) Protected areas and regional development in Europe: towards a new model for the 21st century, Ashgate Publishing, 249pp.
Ishwaran N, Persic A, Tri N H (2008) Concept and practice: the case of UNESCO biosphere reserves. International Journal of Environment and Sustainable Development, 7: 118-131.
IUCN (1994) Guidelines for Protected Areas Management Categories, p261.
Iwatsuki, K., Suzuki, K., Japanese Coordinating Committee for MAB (2007) Catalogue of

UNESCO MAB/Biosphere Reserves in Japan. The Research Group on 'Biodiversity Estimation of the Biosphere Reserves in Japan' in collaboration with Japanese Coordinating Committee for MAB endorsed by Japanese National Committee for MAB
Japanese National Committee for MAB (1999) Catalogue of UNESCO MAB/Biosphere Reserves in Japan. Japanese Center for International Studies in Ecology.
加藤峰夫（2014）国立公園の「協働型管理」の概念と課題．環境研究，（176）：141-147．
環境省編（2002）『新・生物多様性国家戦略』環境省．
環境省編（2007）『第三次生物多様性国家戦略』環境省．
環境省編（2010）『生物多様性国家戦略 2010』環境省．
環境省編（2012）『生物多様性国家戦略 2012-2020』環境省．
国立・国定公園の指定及び管理運営に関する検討会（2007）『国立・国定公園の指定及び管理運営に関する提言』環境省．
日本ユネスコエコパーク国内委員会（n.d.）2019 年ユネスコエコパーク申請に係る主な手続きの流れについて（予定）
日本ユネスコ国内委員会（2014）生物圏保存地域審査基準．http://www.mext.go.jp/unesco/005/1341691.htm（2018 年 2 月 22 日閲覧）
日本ユネスコ国内委員会（2016a）ユネスコエコパーク（BR）の保護担保措置・ゾーニングに関する基本的な考え方．
日本ユネスコ国内委員会（2016b）『ユネスコエコパーク　自然と人の調和と共生』文部科学省．
ノヴァック，B.（2000）『自然と文化 ── アメリカの風景と絵画 1825-1875』（黒沢眞理子訳）玉川大学出版部，234 頁．
岡野隆宏（2012）我が国の生物多様性保全の取組と生物圏保存地域（〈特集 2〉ユネスコ MAB（人間と生物圏）計画 ── 日本発ユネスコエコパーク制度の構築に向けて）．日本生態学会誌，62：375-385．
白垣詔男（2000）『命を守り心を結ぶ ── 有機農業の町・宮崎県綾町物語 ── 聞き書き・郷田実（前綾町長）』自治体研究社．
朱宮丈晴・小此木宏明・河野耕三・石田達也・相馬美佐子（2013）照葉樹林生態系を地域とともに守る ── 宮崎県綾町での取り組みから．保全生態学研究，18：225-238．
田中俊徳（2011）Creating the Value：ユネスコ MAB 計画の発展可能性．InfoMAB,（36）：3-7．
田中俊徳（2012）特集を終えて：ユネスコ MAB 計画の歴史的位置づけと国内実施における今後の展望（〈特集 2〉ユネスコ MAB（人間と生物圏）計画 ── 日本発ユネスコエコパーク制度の構築に向けて）．日本生態学会誌，62：393-399．
高橋進（2014）『生物多様性と保護地域の国際関係　対立から共生へ』明石書店．
土屋俊幸（2008）「地域制自然公園の再評価と『提言』── 欧米諸国の事例から（特集自然公園が提供するサービス）」，国立公園（662）：5-8．

UNESCO (1974) Task force on: criteria and guidelines for the choice and establishment of biosphere reserves, Final Report. UNESCO-MAB Report Series, 22, UNESCO, Paris.
UNESCO (1984) Action plan for biosphere reserves. Nature and Resources, 20 (4): 11–22
UNESCO (1987) A practical guide to MAB. UNESCO, Paris.
UNESCO (1996) Biosphere Reserves. The Seville Strategy and the Statutory Framework of the World Network. UNESCO, Paris.
UNESCO (2008) Madrid Action Plan for Biosphere Reserves (2008–2013). UNESCO, Paris.
UNESCO (2017) A new Roadmap for the Man and the Biosphere (MAB) Programme and its World Network of Biosphere Reserves: MAB Strategy (2015–2025), Lima Action Plan (2016–2025) and Lima Declaration. UNESCO, Paris.

第3章　生物圏保存地域の世界での活用事例

比嘉基紀・若松伸彦

第1部　ユネスコエコパークの制度と理念

　第1章で紹介されたように、日本では1980年に4地域が生物圏保存地域に登録されたが、生物圏保存地域の目標に則した活動はほとんど行われてこなかった。一方、海外では1976年の発足以降世界的に生物圏保存地域の登録地は増え続け、2017年8月時点で120か国669地域に上る。これら世界各地の生物圏保存地域ではどのような活動が行われているのだろうか。

　MABのHPでは、世界16地域の生物圏保存地域の活用事例が紹介されている（UNESCO n.d.-a）。持続的な自然資源の利用の例として、エジプトのオマイド（Omayed）生物圏保存地域では太陽光発電を利用した飲用水確保事業が行われている（Salem and Schneider 2006）。環境教育の例として、スロベニアのカルスト・レカ川流域（Karst and Reka River Basin）生物圏保存地域や、南アフリカのケープウェストコースト（Cape West Coast）生物圏保存地域、メキシコのシエラゴルダ（Sierra Gorda）生物圏保存地域、カンボジアのトンレサップ（Tonle Sap）生物圏保存地域が紹介されている。また、職業訓練・能力開発の例としては、ヨルダンのムジブ（Mujib）生物圏保存地域での地元住民の経済的自立に向けた手芸工芸品開発事業（銀細工）が紹介されている（Curry 2012）。その他、ベトナムのカットバ（Cat Ba）生物圏保存地域の野生生物保護活動、ドイツのレーン（Rhön）生物圏保存地域の農産物開発、ブラジルのエスピニャソ山地（Serra do Espinhaço）生物圏保存地域の企業との協働などが挙げられている。生物圏保存地域の活用事例は、その他にもユネスコのレポートやこれまでに出版された膨大な量の学術論文でも紹介されている。本章では、こうした世界中の生物圏保存地域で行われている活動のうち、生物多様性の保全と持続可能な開発の両立に向けた活動、すなわち
　・研究利用
　・持続可能な地域経済の育成に向けた活動
　・持続可能な社会の実現に向けた教育
について紹介する。

第3章 生物圏保存地域の世界での活用事例

3−1 生物圏保存地域の活動目標

　世界の生物圏保存地域の活動事例を紹介する前に、生物圏保存地域で行われるさまざまな活動の目標について簡単に紹介する。生物圏保存地域の制度的、歴史的な概要については本書第2章で詳しく説明されているが、生物圏保存地域で行われるさまざまな活動の目標は、戦略 (Strategy) や行動計画 (Action plan) として定められている (Ishwaran 2012)。

　1983年の第1回世界生物圏保存地域会議 (ベラルーシ共和国ミンスク) では具体的な目標は示されていなかったが、1995年の第2回世界生物圏保存地域会議 (スペイン・セビリア) で「陸域と海域の生物多様性の保全と持続的な利用、および地域の持続的開発の方法と優先事項の探求を実践すること」を目標として活動を行うことが示された。また、セビリア戦略 (Seville Strategy) 及び生物圏保存地域世界ネットワーク定款 (The Statutory Framework of the World Network) (UNESCO 1996) では、生物多様性の保全と持続的な利用を両立するために、保全機能を備える核心地域 (core area) を中心として、周囲に緩衝地域 (buffer zone) を設け、さらにそれを取り囲む移行地域 (transition area) において持続的な利用を実践することが定められた。第3回世界生物圏保存地域会議 (スペイン・マドリッド) で採択されたマドリッド行動計画 (Madrid Action Plan 2008-2013) では、セビリア戦略では含まれていなかった気候変動に対する適応策と緩和策、都市化、その他の環境変化に対する対策などを実践することが決まった (UNESCO 2008, Job et al. 2017)。また、セビリア戦略以前に登録され緩衝地域と移行地域が設定されていない生物圏保存地域に対して、地域区分の見直し (緩衝地域と移行地域の設定) が推奨されるとともに、地域区分の見直しが困難な場所については、自主的な登録取り下げを求めることが決まった。

　2015年11月の第38回ユネスコ総会で策定された2015年から2025年までのMAB戦略 (2015-2025) では、生物圏保存地域での3つの機能的活動を通して、4つの戦略的目標、(1) 生物多様性の保全・復元と生態系サービス

の増強、持続的天然資源利用の普及、(2) 生物圏と調和した持続可能で健全・平等な地域経済の育成への貢献、(3) 生物多様性と持続可能な社会に関する研究、持続可能な開発のための教育 (Education for Sustainable Development: ESD) および能力開発の促進、(4) 気候変動やその他の環境変化に対する適応・緩和の支援、の達成が掲げられている (UNESCO 2017)。この戦略を着実に履行するため、2016 年にペルーのリマで開催された第 4 回世界生物圏保存地域会議において実践的な活動を求めるリマ行動計画が策定された。

3-2 研究利用

世界各国の生物圏保存地域ではどのような研究活動が行われているのだろうか。エルゼビア社の抄録・引用文献データベース Scopus[1] によると、2016 年末時点でタイトル、抄録またはキーワードに "Biosphere Reserve" が含まれる英語の論文または総説は 2528 件で、ここ数年は年間約 200 件の論文が公開されている (図 3-1)。論文数は年々増加しており、生物圏保存地域で活発な研究活動が行われていることがわかる。論文数が増加している背景には、1976 年に最初の生物圏保存地域が登録されて以降、生物圏保存地域の登録地点数が徐々に増加し、ネスコエコパークの世界的な認知度が高まったことが影響していると考えられる。

論文が掲載されている出版物は多岐にわたるが、分野別では農業・生物科学分野の論文 (33.4％) が多くを占めており、次いで環境科学分野 (32.3％)、地球惑星科学分野 (9.5％) の順となっている。農業・生物科学分野の論文が掲載されている出版物の中でも、*Biodiversity and Conservation* (41 件)、*Biological Conservation* (34 件)、*Environmental Conservation* (32 件)、*Conservation Biology* (21 件) など生物の保全を対象とした学術雑誌と、森林科学を対象とする学術雑誌 *Forest Ecology and Management* (35 件) が上位を占めている。

---

[1] Scopus: https://www.scopus.com/

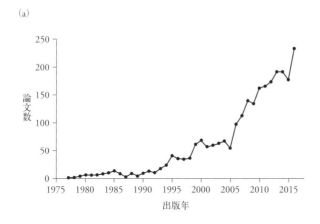

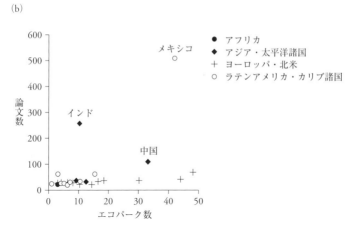

図 3-1　タイトル、抄録またはキーワードに"Biosphere Reserve"が含まれる英語論文・総説数の推移 (a) と国別の生物圏保存地域登録数（2017年8月末時点）と論文数（1977〜2016年間）の関係 (b)。文献情報はエルゼビア社の抄録・引用文献データベースScopusによる。

　生物圏保存地域に関する論文のうち、持続的な開発を主題とする社会科学分野の論文も出版されているが、全体に対する比率は8.7％に留まっている。また、タイトル、抄録またはキーワードに"気候変動"が含まれる論文は

314件で、"持続可能な開発のための教育（ESD）"についてはわずか8件であった。このことから、世界の生物圏保存地域では、MABの4戦略のひとつである生物多様性の保全に関する研究が活発に行われていることがわかる。ただし、生物を対象とする保全系の研究と人文社会学系、教育系の研究では、研究手法が全く異なり、気候変動研究は十分なデータを得られる期間が長期に及ぶため、論文数の違いをもってそれぞれの研究の活動状況を評価することは適切ではない。保全系の研究は、論文として比較的出版されやすく、そのことが論文数として反映されているということである。

　生物圏保存地域に関する論文は、分野別で偏りが認められたが、国別でも大きく偏っている（図3-1）。論文のタイトル、抄録またはキーワードに記載されている国名を集計してみると、メキシコについて記載がある論文が群を抜いており（507件、23.9%）、次いでインド（259件）、中国（109件）、スペイン（67件）、アルゼンチン（62件）、グアテマラ（62件）、ロシア（40件）、カナダ（37件）、アメリカ（36件）、ベトナム（36件）の順であった。論文のタイトル、抄録またはキーワードに記載されている国名は、例えば外来種の原産国を示している場合があり、必ずしもその地域の生物圏保存地域で行われた研究ではないものも含まれるが、全体的な傾向は推し量ることはできる。メキシコでは、世界的に多くの割合を占める保全関係の研究だけでなく、生物圏保存地域の登録促進や2015〜2025年のMAB戦略のひとつである「生物圏と調和した持続可能で健全・平等な地域経済の育成」に関する研究も多く行われている。例えば、生物圏保存地域の登録に向けた、保護地域を指定する大統領令の取得に関する研究（Ortega-Rubio et al. 1999; Ortega-Rubio 2000）や地域経済の発展と資源管理、生物多様性保全、生物圏保存地域の管理のあり方についての研究（Ortega-Rubio et al. 1998; Durand and Vázquez 2011; Velez 2014）、生態系サービスへの支払い（payment for environmental services: PES）に関する研究（Balderas Torres et al. 2013）などが行われている。

　メキシコに関する論文数が多い要因のひとつとして、メキシコは登録されている生物圏保存地域数が多いこと（登録数42、世界第3位、2017年8月時点）が挙げられる。しかし、世界的には生物圏保存地域登録数の多い国で、論文

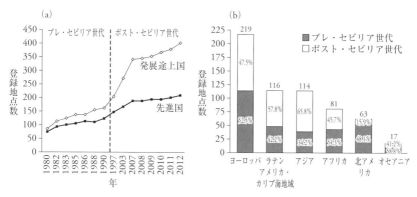

図 3-2 地域別の登録地点数の推移 (a) と 2012 年の地域別・世代別の登録地点数 (b)（Coetzer et al. 2014 を改変）

数が多いという関係性は認められない（図 3-1）。特に、ヨーロッパ・北米地域では、登録数と論文数の関係性はほとんど認められない。生物圏保存地域（BR）登録数あたりの論文数では、インドが最も多く（25.9 論文 /BR）、グアテマラ（20.7 論文 /BR）、メキシコ（12.1 論文 /BR）と続く。2 つ目の要因として、地域の生物多様性が高く、固有種も数多く生息していることが挙げられるが、やはり世界的に生物多様性や固有種の多い地域で必ずしも論文数が多いという顕著な関係はない。また、自然資源の過剰利用の観点から、森林面積の減少率が高い地域で論文数が多いという顕著な関係もみられない。一方、生物圏保存地域の登録数や自然環境の違いではなく、国によって生物圏保存地域を利用して自然環境の保全と豊かな人間生活の両立を実現したいという意欲や生物圏保存地域の知名度に差があることが考えられる。Coetzer et al.（2014）は、生物圏保存地域の登録数の変化を先進国と発展途上国（新興国を含む）で比較し、1996 年以降発展途上国の登録地点数が先進国に比べて急激に増加していることを明らかにしている（図 3-2）。これは、セビリア戦略で持続的な地域経済の育成を目指すことが明確にされたことによって、生物圏保存地域のコンセプトが発展途上国でより受け入れられたためと考えられている（Coetzer et al. 2014）。先進国では、セビリア戦略以前に登録された地

域が多いことから（図3-2、Coetzer et al. 2014）、持続的開発よりも保全に重点が置かれていることが考えられる。また既存の保護区を生物圏保存地域として登録した事例も多いことから（Ishwaran 2012）、論文では生物圏保存地域の名称よりも国立公園や保護区の名称が使われていることが考えられる。国内でも、例えば屋久島では幅広い研究が行われているが、それらの論文では世界自然遺産や国立公園が使われている。その他の要因として、生物圏保存地域の登録を推進してきた研究機関（メキシコ北西部生物学研究センター、CIBNOR）と大学（メキシコ国立自治大学、UNAM）の存在が挙げられる。メキシコでは、非営利団体の支援のもと同センターが生物圏保存地域の登録に向けた活動（Ortega-Rubio et al. 1999; Ortega-Rubio 2000）や生物多様性の保全と持続的な資源利用、経済的発展に関する研究（Ortega-Rubio 1998）を行ってきたようである。また、生物圏保存地域での生物多様性の調査や研究については、同大学の研究者を中心に行われてきた（論文数約 200 件）。日本国内にも生物圏保存地域（ユネスコエコパーク）の登録や活動を支援する組織は存在するが、研究を支援する体制は十分とはいえない。今後、国内でもユネスコエコパークでの研究活動を支援する体制を構築することが、研究利用の増加の鍵となると思われる。

3-3　持続可能な地域経済の育成に向けた活動

　自然環境の保全と豊かな人間生活を両立するためには、生物圏と調和した持続可能で健全・平等な地域経済の育成が必要不可欠である。持続可能な地域経済の育成に向けて生物圏保存地域で行われている経済的活動のひとつとして、ドイツのレーン生物圏保存地域やスイスのエントレブッフ（Entlebuch）生物圏保存地域で行われているブランド開発と認証制度の利用がある（図3-3）。

　ドイツのレーン地域は、有機肥料・無農薬によって管理された牧草地や小規模農家が所有する小麦、大麦、ライ麦、ジャガイモ、タマネギや甜菜など

図 3-3　レーン生物保存地域（左上）とエントレブッフ生物圏保存地域で生産されているブランド製品（右上）及びエントレブッフ生物圏保存地域の「本物（Echt）エントレブッフ」ラベル（左下）

の畑地や、リンゴ、洋梨やウメなどの果樹園が広がる（第8章参照）。放牧地では地方品種のレーン羊（Rhön sheep）が飼育されている（Kremer 2008）。レーン地域で見られる農村景観は、長年にわたる伝統的農法により維持されてきた（Pokorny 2006）。しかし、生産効率が低いことから1980年代以降貿易自由化を推し進めるEU（欧州連合、当時の欧州共同体）によって、より大規模な農業経営への集約化が政策として推し進められた。集約化に伴って余剰となった若年労働者は、都市へと流出し、伝統的な農業により維持されてきた文化的農村景観が急速に失われた。かつて数十万頭飼育されていた羊も1970年代にはほぼ全滅まで追い込まれた（Kremer 2008）。1991年にレーン地域が生物圏保存地域に登録されると、地域住民の間で伝統文化が再認識されるようになり、その価値を生かした経済活動が行われるようになった

(Pokorny 2006)。伝統的なリンゴ栽培とレーン羊の復活がそのひとつである。レーン生物圏保存地域では、絶滅に追い込まれたレーン羊を復活させるため、16年以上にわたりレーン羊に関するキャンペーンを企画し、消費者向けの料理イベントや羊飼い体験などを実施した。レーン羊を取り扱う小売店も増え、その頭数は4000頭にまで回復している (Kremer 2008)。今日ではレーン羊は地域のマスコットとしてこれまで以上に愛されているとともに、宣伝活動のマスコットキャラクターとしても活用されている。リンゴ栽培では、同所的に200種類以上の品種を植えて伝染病や害虫の蔓延リスクを回避する農法が伝統的に行われてきた (Pokorny 2006)。大規模な農業経営への集約化によって伝統的リンゴ栽培は一時衰退したものの、農薬を大量に使用して病害虫の予防を行わなければならない大規模果樹栽培に疑問を感じた一部のリンゴ農家が、無農薬かつ有機栽培による伝統的なリンゴ栽培を復活させるために独自の流通システムを構築した。さらに、小規模経営のリンゴ農家が協力して、無農薬かつ有機栽培の生産物に対して付加価値をつける独自のグループ認証制度を創設し、リンゴジュースを生産する地元飲料メーカーに対して、無農薬・有機栽培のリンゴを安定的に供給するシステムを構築した（田中 2011)。この取り組みは成功し、有機栽培のリンゴはレーン地方を代表する農産物へと成長した。今ではアップルビール、アップルシャンパン、アップルサイダー、アップルチップ、酢、マスタード、ジャムなどグループ認証を受けたリンゴ製品は多岐にわたっている（図3-3)。

レーン生物圏保存地域での活動は、世界的にも広く知られているが、その他の事例としてスイスのエントレブッフ生物圏保存地域で行われているブランド開発の事例 (The UNESCO Biosphere Entlebuch 2007; Coetzer et al. 2014) を紹介する。エントレブッフ生物圏保存地域は、スイス中央部のアルプス山脈のふもと（標高2350m）に位置する。周囲を山岳・高原と湿原地帯に囲まれた農村地帯で、人口は1万7000人である。地域の労働人口 (8000人) の構成は、一次産業が約34%、二次産業が26%、三次産業が40%である。豊かな自然環境に恵まれたエントレブッフでは、1987年に地域の半分に相当する面積が自然保護区に指定された。保護区の指定に際し、一部では保護区の設定に

よる地域経済への悪影響が懸念されていた。その後、MAB 計画の理念と目標及び生物圏保存地域についての情報が導入されると、住民の間でも保護区を取り下げるよりも、生物圏保存地域のもとで保護と利用の両立を目指す動きが広がった。2000 年に地域住民 94％の投票の結果、生物圏保存地域への申請が了承され、2001 年に登録された。エントレブッフ生物圏保存地域では、2001 年から登録地域内で生産された農産物（ミルク、チーズ、ソーセージやハムなど）のうち、質の高いものに対してエントレブッフ生物圏保存地域で生産されたことを証明する「本物（Echt）エントレブッフ」認証活動を行っている。認証を受けた生産物は年々増加し、2014 年時点では、60 社 300 に達している。2013 年からは、生産者が共同で設立した、バイオスフェア市場で認証を受けた生産物の販売を開始したほか、スイス国内の小売りチェーン店でも「本物エントレブッフ」認証を受けた製品が販売されるようになった。図 3-3 の左下に掲載されている画像は、「本物（Echt）エントレブッフ」のラベルである。地域の 300 店舗以上のレストランでも、エントレブッフ生物圏保存地域の生産物が利用されていることがわかるように、生物圏保存地域の承認を受けた「食卓の友の会」(Gastropartner) ラベルを使用している。登録地域内での一連の活動による経済効果は、認証制度開始後の 13 年間で総額 580 万 US ドルに上ると推計されている（Knaus et al. 2017）。これは、生物圏保存地域の年間の運営費の 2 倍、登録地域内での農林業収益の 4％、地域全体の収益の約 1％に相当する額である。エントレブッフ生物圏保存地域での活動は、生物圏保存地域での活動の成功例として、スイス国内でも高く評価されている。

持続可能な地域経済の育成に向けた活動として、農産物のブランド化の他に観光利用も盛んに行われている。レーン生物圏保存地域やエントレブッフ生物圏保存地域では、農業生産活動だけではなく、観光分野でもさまざまな活動を行っている。レーン生物圏保存地域では生物圏保存地域登録直後の 1991 年に約 47 万人であった訪問者数が 1997 年に約 35 万人に減少したものの、2010 年には約 62 万人まで増加した。レーン生物圏保存地域に滞在した観光客で最も多い目的は自然探訪（55％）であり、次いで健康（32％）で

第 1 部　ユネスコエコパークの制度と理念

あった。

　過去数十年間、世界的に都市部では人口が増加傾向にあり、それに伴って中間所得層も増加傾向にある（Job et al. 2017）。Job et al. (2017) は、都市部での中間所得層の増加は今後も持続することから、観光旅行者数は世界規模で増加すると予測している。実際に日本でも外国人観光客は年々増加傾向にあり、その目的地は大都市圏だけではなく地方にも広がっている（日本政府観光局 2017）。Job et al. (2017) は、観光旅行者、特に海外旅行者の大半は都市部に居住する人が占めることから、今後は世界自然遺産や生物圏保存地域、その他の国立公園、生物保護区などでの自然体験を求める観光の需要が増加するだろうと予測している。世界最大規模の旅行口コミサイトのトリップアドバイザー[2]で、"biosphere reserve" に関する情報を検索すると、メキシコのユカタン半島のシアンカアン（Sian Ka'an）生物圏保存地域とリア・セレストゥン（Ria Celestun）生物圏保存地域、グアテマラのマヤ（Maya）生物圏保存地域、ベラルーシのベレジンスキー（Berezinskiy）生物圏保存地域など、さまざまな生物圏保存地域の情報が掲載されている。掲載されているアトラクションやツアーなどの情報は、合計 5000 件以上にのぼる（TripAdvisor n.d.）。掲載されている情報の中には、"biosphere reserve" の用語が正しく使われていない（国立公園や生物保護区に biosphere reserve を用いている）場合があり、正式な生物圏保存地域ではない地域の情報も含まれているものの、生物圏保存地域が観光の目的地のひとつとして選択されていることが明らかである。

　観光による地域経済の育成の事例として、ヨルダンのムジブ生物圏保存地域を紹介する。ムジブ生物圏保存地域は、死海に面したヨルダン渓谷の南方の中央高地に位置する（Curry 2012）。周辺には砂漠やステップ、塩湿地が広がる。生物圏保存地域には、2011 年に登録された。ムジブ生物圏保存地域は、渓谷トレッキングの景勝地として日本人旅行者にも有名な観光地で、トリップアドバイザーにも多くの口コミが掲載されている（TripAdvisor n.d.）。地域内には 5 つのトレッキングルートが設けられており、渓谷内の散策・キャニ

---

[2]　トリップアドバイザー: https://www.tripadvisor.jp/

オニングや絶滅が危惧されるヌビアヤギ (*Capra ibex nubiana*)、旧約聖書に登場する「ロトの妻の塩柱」などを見ることができる。生物圏保存地域を管理するヨルダン王立自然保護協会 (RSCN) は、地域住民が細々ではあるが持続可能で自然環境に配慮した方法で収入を得られるように、生物圏保存地域に隣接するファクア (Fagu'a) の街において小規模なビジネスを行うことができる機会を提供し、また収入源の多様化を図ることで地域住民の経済的自立を支援するさまざまなワークショップを開催している (Curry 2012)。ワークショップでは、旅行者向けの手芸工芸品開発事業（銀細工、岩石のサンドブラスト加工）、薬用植物の梱包などが行われている。この活動によって生産された商品は、すべて生物圏保存地域内のネイチャーショップで販売されている。この活動により地域住民の数千人が恩恵を受けているという。

　持続可能な地域経済の育成に向けた活動として、紹介した事例以外にもさまざまな活動が世界各地で行われているものの、すべての事例で成功を収めているわけではない。生物圏保存地域における活動について、必ずしもうまくいっていない事例をいくつか紹介しよう。

　塩城 (Yancheng) 生物圏保存地域は、中国江蘇省塩城市の黄海沿岸 584km に及ぶ塩性湿地地帯に位置する中国最大の生物保護区で、1993 年に生物圏保存地域に登録された。塩城生物圏保存地域は、中国におけるタンチョウ (*Grus japonensis*) の一大越冬地で、その他にも 300 種を超える鳥類の生息地となっている (Lu et al. 2007, Ma et al. 2009)。生物圏保存地域内の土地利用は、ヨシ (*Pharagmites australis*) やスゲ類、*Suaeda salsa* (ヒユ科の塩生植物) の優占する塩性湿地、チガヤ (*Imperata cylindrica*) の優占する乾性草原の他、水田、麦畑、綿畑、植林である。生物圏保存地域の総面積は 46 万 9000 ha で、そのうち核心地域、緩衝地域の面積割合は約 5% と 10% で、登録地域の大部分 (85%) を移行地域が占めている。核心地域は、国家自然保護区の管理下にあるが、緩衝地域と移行地域は地方自治体に管理されている。緩衝地域には約 200 万人が居住している。

　塩城地域では、1995 年ごろまでは大きな開発は行われてこなかった (Ma et al. 2009)。しかし、自治体は塩性湿地帯の開発事業を開始し、塩性湿地を

魚の養殖池、カヤや紙の原料を収穫するための葦原、ゴカイ（*Perinereis sp.*）や貝類、カタツムリなどを収穫するための土地に転換するようになった。塩性湿地開発事業はもともと、緩衝地域と移行地域で行われていたが、生物圏保存地域での収益を上げるため、議論の末、1995年から核心地域の一部でも土地の転換が行われるようになった（Ma et al. 2009）。この開発事業には、生物圏保存地域の管理者は直接関与せず、請負業者に土地を賃貸することにより行われた。開発による葦原や養殖池の造成は、地域住民や生物圏保存地域の管理者に経済的利益をもたらしただけではなく、タンチョウやその他の水鳥の好適な生育環境を作り出した。この開発事業により、核心地域では1995年から2000年にかけて約40％の土地が開発されたが、核心地域に飛来するタンチョウの個体数は約1.5倍に増加した（Ma et al. 2009）。農地周辺をタンチョウが頻繁に利用している事例は、北海道でも確認されている（Kobayashi et al. 2018; Masatomi and Masatomi 2018）。

　生物圏保存地域の塩性湿地における開発事業は、核心地域の本来の機能を逸脱し、制限事項にも抵触しているといえる。この開発により、生息地が減少したあるいは失った生物種は少なからず存在すると思われるが、タンチョウや水鳥にとっては、プラスの効果が大きかったようである（Ma et al. 1998）。ちなみに北海道でも、タンチョウの分布地域では、湿地・草地性鳥類の多様性が高いことが知られている（Higa et al. 2016; Yamaura et al. 2018）。開発事業はその後も継続され、2003年までに核心地域の42％、緩衝地域と移行地域では面積の約85％が改変されたが、タンチョウの個体数増加は長続きしなかった。タンチョウの個体数は2000年以降減少に転じ、2003年には核心地域と緩衝地域では1994年と同程度の個体数まで、移行地域では1994年の半数程度まで減少した（Ma et al. 2008）。タンチョウの分布は、核心地域に新たに造成された人工湿地の周辺でのみ確認されている。タンチョウの個体数減少の要因について詳細は明らかではないものの、自然湿地がタンチョウの生育に重要であった可能性（例えば営巣環境として）と人工湿地の採餌環境としての機能が低下した可能性が指摘されている（Ma et al. 2008）。

　必ずしもうまくいっていない例をもうひとつ紹介する。長白山（Changbaishan)

生物圏保存地域は、中国吉林省と北朝鮮両江道の国境にそびえる長白山 / 白頭山（標高 2691 m）の中国側に位置する。1979 年に生物圏保存地域に登録された。山頂には火山活動によって形成されたカルデラ湖が広がる。周辺の植生は、標高とともに落葉樹林からチョウセンゴヨウ（*Pinus koraiensis*）の混じる針広混交林、針葉樹林、カバノキの矮性低木林、高山ツンドラへと移り変わる。生物圏保存地域内には約 1800 種の維管束植物が分布し、シベリアトラ（アムールトラ *Panthera tigris altaica*）の生育も確認されている。

長白山は、中国国内でも有名な観光地で、旅行者数も年々増加しており、1980 年代には年間 3 万人であったが 2007 年には年間 10 万人に達している（Zhao et al. 2011）。旅行者数の急激な増加は、周囲の自然環境にも大きな影響を及ぼしている（Tang et al. 2009; Zhao et al. 2011）。長白山生物圏保存地域では、樹木の伐採が核心地域だけではなく緩衝地域と移行地域でも厳しく規制されている（Tang et al. 2009）。しかし、長白山生物圏保存地域に隣接する地域では、旅行者数の増大にともない森林面積が急速に減少している（Tang et al. 2009; Zhao et al. 2011）。伐採された材木は、観光需要を賄うための宿泊所の建設に用いられるほか、開発された農地では、食物需要も賄っている（Zhao et al. 2011）。旅行者の増加に伴う周辺地域での森林伐採は、周辺地域全体の生物多様性に大きな影響を及ぼしている（Zhao et al. 2011）だけではなく、長白山生物圏保存地域内外の住民の経済格差を増大させている（Yuan et al. 2008）。

3-4 持続可能な社会の実現に向けた教育

持続可能な社会の実現に向けた教育は、生物多様性の保全と持続可能な地域経済の育成と並んで、生物圏保存地域で行われている重要な活動のひとつである。持続可能な開発のための教育（ESD）は、2015 年から 2025 年までの MAB 戦略にも掲げられている。ここでは、ブラジル、メキシコ、カンボジアを例に環境教育の取り組みについて紹介する。

第 1 部　ユネスコエコパークの制度と理念

　南米のブラジルからアルゼンチンにかけての大西洋沿岸には大西洋岸森林（Atlantic forest）と呼ばれる南北に長い森林地帯が存在する。ブラジルでは、各地で急速な森林伐採が進行し、社会問題となっている。人口の約 84％が都市に集中するブラジルでは、大都市近郊でも森林伐採が進行している（de la Vega-Leinert et al. 2012）。世界第四位の大都市であるサンパウロの郊外では、過去 10 年間で 53.4 km^2 に相当する森林が伐採された。この森林伐採は、特に貧困層が多く居住する地域で進行しており、生物多様性の保全と健全な社会経済の育成が大きな課題となっている。これらの地域では人口増加率も高く、違法に伐採された土地には新たなスラム地区が形成されている。法的な規制も行われているが十分に機能していない（de la Vega-Leinert et al. 2012）。
　サンパウロ郊外の大西洋岸森林に位置するサンパウロ市グリーンベルト（São Paulo City Green Belt）生物圏保存地域では、地域住民の社会的自立を促し違法な森林伐採を抑制するため、「環境と社会を結ぶ若者プログラム」（YP-ESI）という活動を行っている。このプログラムは、若者を対象とした環境配慮型の職業訓練（Eco-job Traning）と、資源のリサイクルを促進する環境配慮型の職業市場（Eco-job Market）を実施している（比嘉ら 2012、Schultz and Lundholm 2010, de la Vega-Leinert et al. 2012）。
　このプログラムは、サンパウロ市グリーンベルト生物圏保存地域が、2003 年に生物圏保存地域に登録される以前の 1996 年からユネスコの助言を受けて開始された。トレーニングカリキュラムは 2 年間におよび、研修項目は環境志向の観光、環境教育、生態学的な視点での農業、廃棄物の管理など、さまざまな環境問題を解決するために最低限必要な知識が得られるように設定されている。最初の 10 週は一般的な授業（ワークショップ）として、まずサンパウロ市グリーンベルト生物圏保存地域の自然環境や、問題となっている事象に関する基本的な講習を受け、その上で各々の興味のある分野の応用的な内容を学び、専門性を身につける。応用的なプログラムで十分に訓練された若者は、次世代の若者、さらには地域住民のためのトレーナーになり、トレーナーたちの何人かは、このプロジェクトをコーディネートする役職に就いている。このプログラムは、スラム地区に居住する若者たちの能力開発と

就業・自立支援にも貢献している。プログラム開始から14年間で1400人の受講生が卒業し、そのうち700人がエコツーリズムのガイド、植林用の苗木生産、有機栽培農家、手工芸品の職人、企業の環境モニタリング、有機堆肥の生産、保護地域の管理、などさまざまな環境関連分野で活躍している（de la Vega-Leinert et al. 2012）。

　シエラゴルダ（Sierra Gorda）生物圏保存地域は、メキシコ中東部の山岳地域に位置する。1997年にメキシコの保護区に指定され、2001年に生物圏保存地域に登録された。登録地域内には、世界文化遺産（フランシスコ会伝道所群）とラムサール条約湿地（ハルパン・デ・セラ Jalpan de Serra）がある。2つの生物区系（新北亜区、新熱帯区）の境界に位置するため、メキシコの中でも生態系および生物の多様性が高い地域のひとつである（Pedraza 2011）。1980年代からシエラゴルダ生態グループ（Grupo Ecológico Sierra Gorda）を中心に自然保護活動が行われている。

　シエラゴルダ生物圏保存地域は、メキシコの保護区の中で最も人口の多い地域で、登録地域内に約10万人が居住している（Pedraza 2011）。登録地域の97％は小規模な民有地であるため、天然資源の管理と保全は地域の土地所有者の参加なしには実現することができない。シエラゴルダ生物圏保存地域では、貧困に起因する自然の過剰利用を防止し、自然環境の保全と地域住民の経済的自立を両立するため、行政（自然保護区国内委員会 National Commission of Natural Protected Areas）と市民団体（Bosque Sustentable A.C.、Groupo Ecologico Sierra Gorda I.A.P.）、教育・研修機関シエラゴルダ・アースセンター（Centro Tierra Sierra Gorda）により、持続可能な開発と環境教育、保全活動を複合的に行っている（Bouamrane 2007）。2001年から2006年までの間に、4万5551人に対して教育・研修が行われた。環境教育の例として、シエラゴルダ生物圏保存地域の学校では、子どもたちが植樹活動を行うための保護教育地域（protected school areas）が設けられている。子どもたちは植樹活動を行うだけではなく、子どもの森のその後の生長を在学期間を通してモニタリングしている。これらの活動は現在でも継続されており、月平均1万6000人の生徒と保護者に教育・研修が行われている。2006年には環境教育・

研修活動を行うアースセンターが開設された (Bouamrane 2007, Pedraza 2011)。ここでは、地域の小学校教員を対象として環境教育に関するトレーニング活動を行っている。全カリキュラムの修了者は、地域環境教育の免許状を取得することができる。教育・研修は、対面指導だけではなく大学のサポートによりオンライン上 (e-learning) でも開催されている (Pedraza 2011)。2007年からは「持続可能な将来に関する学習と指導」というオンライン研修が開催されている。この研修は、シエラゴルダ生物圏保存地域以外にも解放されており、メキシコの29の保護区から1500人の参加があり、35の講義やワークショップが開催された (Pedraza 2011)。

トンレサップ生物圏保存地域は、カンボジアのプノンペンの北西、メコン川流域のトンレサップ湖に位置する (UNESCO n.d.-b)。トンレサップ生物圏保存地域は、1997年に登録されたカンボジア初の生物圏保存地域である。トンレサップ湖は、東南アジア最大の湖で、雨季になると降雨とそれに伴うメコン川の氾濫により、湖の面積が約5倍に増大する。年間の水位変動によって、トンレサップ湖周辺には豊かな自然環境が作り出され、スマトラカワウソ (*Lutra sumatrana*) やマレーヒレアシ (*Heliopais personata*)、オオハゲコウ (*Leptoptilos dubius*) など、多くの生物が生息している。トンレサップ生物圏保存地域では、225種の鳥類が確認されておりそのうち17種は世界的に絶滅が危惧されている。近隣 (ボエン・チマ) には、ラムサール条約の登録湿地 (Boeng Chhmar and Associated River System and Floodplain、1999年登録) が存在する。トンレサップ生物圏保存地域内には、約140万人が居住しており、そのうち約1200世帯は水上で生活している。主な経済活動は、漁業、養殖と稲作である。

トンレサップ生物圏保存地域では、2000年より非営利団体Osmoseにより環境教育が行われている (Kunthea 2013、図3-4)。発足当初は、十分な教材がなかったものの、子どもたちに動物の絵を描かせたり、環境資源に関するゲームで遊ばせたりすることによって、環境保全の重要性を教えていた。当初は10から15人の子どもを対象に週1回授業が開催され、指導する教員はボランティアで参加していた。2001年からは、水上家屋 (ボートハウス)

図 3-4　トレンサップ湖で行われている環境教育
（出典：OSMOSE, http://www.osmosetonlesap.net）

で授業を行うようになり、教員にも給料が支給されるようになった。授業内容は、室内での環境資源に関するゲームや、教育省から提供された教科書による講義の他、実際に野外で生物を観察する実習も行われている（図 3-4）。

　参加している子どもや地域住民、教員でさえも、当初は「環境」という言葉の意味を理解していなかった。地域住民は、Osmose が行っている教育活動を十分には理解しておらず、環境教育は使えないものと考えていたため、子どもを積極的に参加させようとはしなかった。しかし現在では、環境に負荷のかかる違法行為について理解を深めており、子どもたちは家族や友人にごみの処理には責任を持つことを伝えるようになった。また、乾季にはごみを集める活動を行っている。

　Osmose の開催する授業にはこれまでにのべ 1200 人の子どもが参加した。Osmose では現在、公立学校と協力して環境教育の普及に取り組んでいる。また、環境教育だけではなく、地域住民の経済的自立に向けて、エコツーリズムのほか、ホテイアオイ（*Eichhornia crassipes*）を用いた家具・工芸品の製作訓練などの活動も行われている。

3-5 | 活発な活動が行われている地域とそうではない地域

　本章では、これまで研究利用、持続可能な地域経済の育成、環境教育に関する事例を紹介してきた。ここでは生物圏保存地域全体での活動状況を紹介しよう。生物圏保存地域は登録された時期によってプレ・セビリア世代とポスト・セビリア世代に区分される（図3-2）。プレ・セビリア世代とは、セビリア戦略（Seville Strategy）及び生物圏保存地域世界ネットワーク定款が出版された1996年以前に登録された生物圏保存地域である。プレ・セビリア世代のそれは、既存の国立公園、自然保護区などをそのまま生物圏保存地域として登録した地点が多く、地域内での活動も保全に主体がおかれていた（Ishwaran 2012）。他方、ポスト・セビリア世代は、生物圏保存地域登録申請の際から、生物多様性の保全・研究だけではなく、自然と調和した豊かな人間生活の実現、すなわち緩衝地域と移行地域での持続可能な地域経済の育成と探求が求められた。このことから、プレ・セビリア世代とポスト・セビリア世代では活動状況が異なる可能性がある。日本の生物圏保存地域のうち、志賀高原、白山、大台ケ原・大峯山・大杉谷（当初は大台ケ原・大峰山）、屋久島・口永良部島（当初は屋久島）の4地域がプレ・セビリア世代に登録されたユネスコエコパーク（生物圏保存地域）である。いずれの地域も保護に重点が置かれ、ユネスコエコパークとしての積極的な利用は行われてこなかった。これら4つのユネスコエコパークは、2014年〜2016年に移行地域が設定された。

　Cuong et al.（2017）は、ユネスコのMAB計画または生物圏保存地域に関係する研究者（25名）と、ユネスコMAB計画本部に勤務する、またはMAB計画の5つの地域ネットワーク（AfricaMAB、IberoMAB、EuroMAB、AsiaMAB、ArabMAB）を代表する各国のMAB国内委員会の上級管理職（30名）を対象に、世界中の全生物圏保存地域のうち自然環境の保全と豊かな人間生活を両立するための活動が実践されている地域と、活動が活発ではない、またはあまり成功していない地域についてのアンケート調査を行った（表3-1）。活動が活

表3-1 自然環境の保全と豊かな人間生活を両立するための活動が実践されている地域と、活動が活発ではないまたはあまり成功していない地域。複数から推薦があった地域のみを示す。(Cuong et al. 2017 を改変)

名称	国	世代	推薦数	地域区分の変更要求に対する反応
活動が活発な地域				
Rhon	ドイツ	プレ	8	
North Devon (Braunton Burrows)	UK	プレ	4	2002年に地域区分見直し
Noosa	オーストラリア	ポスト	3	
Jeju	韓国	ポスト	3	
Sierra Gorda	メキシコ	ポスト	3	
Schaalsee	ドイツ	ポスト	2	
綾	日本	ポスト	2	
K2C	南アフリカ	ポスト	2	
Entlebuch	スイス	ポスト	2	
Spreewald	ドイツ	プレ	2	
Dana	ヨルダン	プレ	2	2006年に地域区分見直し
Camargue region	フランス	プレ	2	
活発ではない地域				
Wilson's Promontory	オーストラリア	プレ	3	緩衝地域と移行地域が未設定
Kosciuzko	オーストラリア	プレ	2	緩衝地域と移行地域が未設定
Torres del Paine NP	チリ	プレ	2	緩衝地域と移行地域が未設定
Golden gate	アメリカ	プレ	2	緩衝地域と移行地域が未設定
Mount Kenya NP	ケニア	プレ	2	緩衝地域と移行地域が未設定
Ranong	タイ	ポスト	2	地域区分が明確ではない

発な生物圏保存地域として推薦された28か国の60の生物圏保存地域のうち、23の生物圏保存地域はプレ・セビリア世代、37の生物圏保存地域はポスト・セビリア世代で、約2/3をポスト・セビリア世代が占めていることを

報告している。活発な活動が認められている生物圏保存地域には、これまでに紹介したレーン生物圏保存地域やシエラゴルダ生物圏保存地域、エントレブッフ生物圏保存地域、トンレサップ生物圏保存地域のほか、日本からは綾ユネスコエコパークと屋久島ユネスコエコパークが推薦されている。推薦リストの上位5か国はカナダ、ドイツ、ベトナム、メキシコ、スペイン・南アフリカが占めている。一方で、活動が活発ではない生物圏保存地域には、20か国30地域が挙げられ、このうち約2/3はプレ・セビリア世代であることを報告している。リストの国別の生物圏保存地域数は、オーストラリアとドイツが上位を占めており、レーン生物圏保存地域は人手不足を理由にあまり成功していない例としても挙げられている。この調査から、活動が活発な生物圏保存地域は、全体としてポスト・セビリア世代が多い傾向にあるものの、プレ・セビリア世代であっても自然と調和した豊かな人間生活の実現に関する活動が行われていることがわかる。活動が活発な地域の1位に挙げられているレーン生物圏保存地域も、プレ・セビリア世代である。活発な活動が行われているプレ・セビリア世代の生物圏保存地域では、緩衝地域と移行地域がもともと設定されている地域が多く、設定されていなかった場合でも再設定されている。一方で、活動が活発ではないまたはあまり成功していないプレ・セビリア世代の生物圏保存地域では、現在でも緩衝地域と移行地域が設定されていない場合が多い。最も活動が活発ではないとされたオーストラリアのウィルソンズ・プロモントリー（Wilson's Promontory）生物圏保存地域は、観光地としても有名であるが、多様性の高い国立公園地域のみが核心地域として登録されている（Cuong et al. 2017）。また、タイのラノーン（Ranong）生物圏保存地域は、ポスト・セビリア世代であるものの、緩衝地域と移行地域の明確な地域区分が行われていない。また、ポスト・セビリア世代で地域区分が行われていても、活発な活動が行われていない地域もある。

Schultz and Lundholm（2010）は、全世界の生物圏保存地域を対象に、環境教育に関する取り組みについてのアンケート調査を行った。回答が寄せられた142の生物圏保存地域のうち、全体の53%にあたる79の生物圏保存地域は持続的社会の実現に向けた教育の場として機能していると捉えていた。地

域別の比較では先進国と発展途上国で明確な差は認められず、プレ・セビリア世代とポスト・セビリア世代間でも差はなかったとしている。このことから、生物圏保存地域への登録の時期と活動状況とは明確な関係性がないことがわかる。

活発な活動が行われている地域とそうではない地域にはどのような違いがあるのだろうか。Cuong et al. (2017) は、地域間の活動状況と影響を及ぼすと考えられる 11 要因の関係性について検討を行っている。11 要因とは、(1) 地域団体、市民、利害関係者、NGO などの参加・協力体制、(2) 生物圏保存地域の管理・管理体制、(3) MAB 計画と生物圏保存地域についての理解度、(4) 地域区分、(5) 地域経済の育成に関する取り組みの状況、(6) 地域の状況についての学習に関する取り組み、(7) 金銭的及び人的資源の状況、(8) 地域経済の状況、(9) 管理計画や管理指針、実際の取り組み、(10) 具体的なモニタリングや評価の頻度や状況、(11) 大学や研究機関との研究分野での協力関係である。このうち、(3) MAB 計画と生物圏保存地域についての理解度と (4) 地域区分は、生物圏保存地域に登録される以前に検討あるいは培っておくべき事項であり、登録された後はこれらが生物圏保存地域での活動の成否に影響を及ぼすことはないとしている (Cuong et al. 2017)。一方で、登録された後にも重要な要因として、(1) 地域団体、市民、利害関係者、NGO などの参加・協力体制、(2) 生物圏保存地域の管理・管理体制、(7) 金銭的及び人的資源の状況、(9) 管理計画や管理指針、実際の取り組み、を挙げている。

緩衝地域と移行地域を設定するためには、その範囲に含まれる利害関係者の協力、特に MAB 計画と生物圏保存地域の役割についての理解が必要である。ポスト・セビリア世代では生物圏保存地域への申請が行われた段階で、(3) MAB 計画と生物圏保存地域についての理解度、(4) 地域区分はほぼ達成されているので、これらの状況が成否に影響を及ぼすことはない (Cuong et al. 2017)。地域団体や市民、利害関係者の参加は、地域での生物多様性の保全や地域経済の育成に直結する。特に、森林伐採などの抑制、土地利用の管理には、土地所有者と利害関係者との交渉や協力が不可欠である。地域団体

や市民、利害関係者の参加は、(2) 生物圏保存地域の管理・運営体制にもプラスの効果をもたらす。近年では、住民の参加を促すため、ソーシャルメディア (Facebook、Twitter、LinkedIn、YouTube) などを活用して MAB・生物圏保存地域ブランドの広報や市場開拓を行っている地域もある (Coetzer et al. 2014)。シエラゴルダ生物圏保存地域でも、シエラゴルダ生態グループが運営するウェブサイト (http://sierragorda.net) 上ではさまざまな広報活動が行われており、Facebook (https://www.facebook.com/sierragorda) でも情報が発信されている。

　生物圏保存地域での活動の成否に影響を及ぼすその他の要因として (7) 金銭的及び人的資源の状況が挙げられている (Cuong et al. 2017)。活発に活動を行っているレーン生物圏保存地域でさえも、人的資源が不足していることを理由に、先行きが不安視されている。資金の不足は、発展途上国で特に顕著であり、活動の妨げとなっている。一方で、先進国であっても、オーストラリアなどでは資金不足が生物圏保存地域での活動の妨げとなっている。

　このように、持続可能な社会のモデルを目指す生物圏保存地域だが、経済的自立が不完全であるか、特に次世代の人材が足りないところは少なからずある。持続可能な社会のモデルを目指しているのだから、外部資金を増やせばよい、恒久化すればよいというものではない。だからこそ、経済的自立の手段を各地の成功事例から学ぶことが重要である。

引用文献

Balderas Torres, A., MacMillan, D.C., Skutsch, M., Lovett, J.C. (2013) Payments for ecosystem services and rural development: Landowners' preferences and potential participation in western Mexico. Ecosystem Services, 6: 72–81.

Bouamrane M (ed.) (2007) Dialogue in biosphere reserves: references, practices and experiences. Biosphere Reserves-Technical Notes 2. UNESCO.

Coetzer, L.L., Witkowski, E.T.F., Erasmus, B.F.N. (2014) Reviewing Biosphere Reserves globally: effective conservation action or bureaucratic label? Biological Review, 89: 82–104.

Cuong, C.V., Dart, P., Hockings, M. (2017) Biosphere reserve: Attributes for success. Journal of Environmental Management. 188: 9–17.

Curry, R. (2012) Striving for a better tomorrow in Mujib. A world of science. 10 (2), April-June: 20–23.

de la Vega-Leinert, A.C., Nolasco, M.A., Stoll-Kleemann, S. (2012) UNESCO biosphere eserves in an urbanized world. Environment, 54: 26-37.

Durand, L., Vázquez, L.B. (2011) Biodiversity conservation discourses. A case study on scientists and government authorities in Sierra de Huautla Biosphere Reserve, Mexico. Land Use Policy, 28: 76-82.

比嘉基紀・若松伸彦・池田史枝（2012）ユネスコエコパーク（生物圏保存地域）の世界での活用事例．日本生態学会誌，62：365-373.

Higa, M., Yamaura, Y., Senzaki, M., Koizumi, I., Takenaka, T., Masatomi, Y., Momose, K. (2016) Scale dependency of two endangered charismatic species as biodiversity surrogates. Biodiversity and Conservation, 25: 1829-1841.

Ishwaran, N. (2012) Science in intergovernmental environmental relations: 40 years of UNESCO's Man and the Biosphere (MAB) Programme and its future. Environmental Development, 1: 91-101.

Knaus, F., Bonnelame, L. K., Siegrist, D. (2017) The Economic Impact of Labeled Regional Products: The Experience of the UNESCO Biosphere Reserve Entlebuch. Mountain Research and Development, 37: 121-130.

Kobayashi Y., Masatomi Y., Nakamura F. (2018) Abandoned Farmlands as a Potential New Habitat for Red-crowned Cranes. In: Nakamura F. (eds) Biodiversity Conservation Using Umbrella Species. Ecological Research Monographs. Springer.

Kremer, M. (2008) Rhön's gastronomical ambassadors. A world of science 6 (1), January-March: 20-23.

Kunthea, K. (2013) Environmental educationin action: a story from the Tonle Sap Biosphere Reserve in Cambodia. Education for Sustainable Development Success Stories. UNESCO.

Job, H., Becken, S., Lane, B. (2017) Protected Areas in a neoliberal world and the role of tourism in supporting conservation and sustainable development: an assessment of strategic planning, zoning, impact monitoring, and tourism management at natural World Heritage Sites. Journal of Sustainable Tourism, 25: 1697-1718.

Lu, H., Campbell, D., Chen, J., Qin, P., Ren, H. (2007) Conservation and economic viability of nature reserves: An emergy evaluation of the Yancheng Biosphere Reserve. Biological Conservation, 139: 415-438.

Ma, Z., Li, B., Li, W., Han, N., Chen, J., Watkinson, A.R. (2009) Conflicts between biodiversity conservation and development in a biosphere reserve. Journal of Applied Ecology, 46: 527-535.

Ma, Z., Li, W., Wang, Z., Tang, H. (1998) Habitat change and protection of the red crown crane in Yancheng Biosphere reserve, China. AMBIO. 27: 461-464.

Masatomi H., Masatomi Y. (2018) Ecology of the Red-crowned Crane and Conservation Activities in Japan. In: Nakamura F. (eds) Biodiversity Conservation Using Umbrella Species. Ecological

Research Monographs. Springer.
Ortega-Rubio, A., Castellanos-Vera, A., Lluch-Cota, D. (1998) Sustainable development in a Mexican Biosphere Reserve: Salt production in Vizcaino, Baja California (Mexico). Natural Areas Journal, 18: 63–72.
Ortega-Rubio, A., Romero-Schmidt, H., Arguelles-Mendez, C., Castellanos-Vera, A. (1999) Scientific research centers and biodiversity conservation in two Mexican biosphere reserves. Natural Areas Journal, 19: 279–284.
Ortega-Rubio, A. (2000) The obtaining of biosphere reserve decrees in Mexico: Analysis of three cases. International Journal of Sustainable Development and World Ecology, 7: 217–227.
Pedraza, R. (2011) Education and Training for Conservation: the Case of the Sierra Gorda Biosphere Reserve, Mexico. In. Austrian MAB Committee (ed.). Biosphere Reserves in the Mountains of the World. Excellence in the Clouds? Austrian Academy of Sciences Press, Vienna. 100–103.
Pokorny, D. (2006) Sustainable development beyond administrative boundaries—Case study: Rhon biosphere reserve,Germany. Environmental Security and Sustainable Land Use—with special reference to Central Asia. H. Vogtmannand N. Dobretsov, Springer: 199–212.
Salem, B., Schneider, A. (2006) Using the sun to quench their thirst. A world of science. 4 (3), July-September: 17–18.
Schultz, L., Lundholm, C. (2010) Learning for resilience? exploring learning opportunities in biosphere reserves. Environmental Education Research, 16: 645–663.
田中俊徳 (2011) Creating the Values—ユネスコ MAB 計画の発展可能性—. Japan InfoMAB, 36: 3–7.
Tang, L., Shao, G., Piao, Z., Dai, L., Jenkins, M.A., Wang, S., Wu, G., Wu, J., Zhao, J. (2010) Forest degradation deepens around and within protected areas in East Asia. Biological Conservation, 143: 1295–1298.
The UNESCO Biosphere Entlebuch (2007) "The UNESCO Biosphere Entlebuch Switzerland", Entlebuch Biosphere Management, Schupfheim, Switzerland Tripadvisor (n.d.a) "Mujib Nature Reserve", https://www.tripadvisor.jp/Attraction_Review-g293987-d324372-Reviews-Mujib_Nature_Reserve-Dead_Sea_Region.html（2018 年 1 月 11 日閲覧）
TripAdvisor (n.d.b) https://www.tripadvisor.com/（2018 年 1 月 11 日閲覧）
UNESCO (n.d.-a) "Biosphere Reserves in Practice" http://www.unesco.org/new/en/natural-sciences/environment/ecological-sciences/biosphere-reserves/biosphere-reserves-in-practice/（2017 年 11 月 30 日閲覧）
UNESCO (n.d.-b) "Tonle Sap", http://www.unesco.org/new/en/natural-sciences/environment/ecological-sciences/biosphere-reserves/asia-and-the-pacific/cambodia/tonle-sap/（2018 年 2 月 10 日閲覧）

UNESCO (1996) Biosphere Reserves: the Seville Strategy and the Statutory Framework of the World Network. UNESCO.
UNESCO (2008) Madrid Action Plan for Biosphere Reserves (2008-2013). UNESCO.
UNESCO (2017) A New Roadmap for the Man and the Biosphere (MAB) Programme and its World Network of Biosphere Reserves: MAB Strategy (2015-2025), Lima Action Plan (2016-2025) and Lima Declaration. UNESCO.
Velez, M., Adlerstein, S., Wondolleck, J. (2014) Fishers' perceptions, facilitating factors and challenges of community-based no-take zones in the Sian Ka'an Biosphere Reserve, Quintana Roo, Mexico. Marine Policy, 45: 171-181.
Yamaura Y., Higa M., Senzaki M., Koizumi I. (2018) Can Charismatic Megafauna Be Surrogate Species for Biodiversity Conservation? Mechanisms and a Test Using Citizen Data and a Hierarchical Community Model. In: Nakamura F. (eds) Biodiversity Conservation Using Umbrella Species. Ecological Research Monographs. Springer.
Yuan, J., Dai, L., Wang, Q. (2008) State-led ecotourism development and nature conservation: a case study of the Changbai Mountain Biosphere Reserve, China. Ecology and Society 13: 55.
Zhao, J., Li, Y., Wang, D., Xu, D. (2011) Tourism-induced deforestation outside Changbai Mountain Biosphere Reserve, northeast China. Annals of Forest Science, 68: 935-941.

◉ 現場からの報告1 ◉

レッドベリー・レイク（カナダ）
── 住民による手づくりの生物圏保存地域 ──

北村健二

1.「手づくり」の生物圏保存地域とは？

　生物圏保存地域（BR）が目指すもののひとつに地域の持続可能性があり、その重要な主体は地域住民である。しかし、日本を含め多くの国や地域では、生物圏保存地域の登録申請や、登録後の運営の大部分を行政や研究者が担うのが一般的である。地域住民が自ら生物圏保存地域登録を目指し、申請のための書類作成や手続きを行い、登録後の運営も直接主導する例は少ない。本稿では、その希少な例のひとつとして、カナダのレッドベリー・レイク生物圏保存地域を紹介する。行政でも外部の研究者でもなく、住民たち自身が登録申請からその後の運営まで完全に主導してきたという意味で、「手づくり」と表現している。

　2017年12月現在、カナダには18か所の生物圏保存地域があり、レッドベリー・レイクはそのひとつである（図1）。レッドベリー・レイクはその名のとおり湖であり、カナダ中西部のサスカチュワン州の中央部に位置する。サスカチュワンを含むカナダ中西部は草原地帯（Prairies）と呼ばれ、乾燥した気候を特徴としている。レッドベリー・レイク周辺では、ポプラなどの森林と草原が混在した植生がみられる。

2. レッドベリー・レイクとその周辺地域

　レッドベリー・レイクは、サスカチュワン州最大の都市サスカトゥーンから北北西方向に直線距離で100 kmほど離れたところに位置する。サスカトゥーンとレッドベリー・レイクの間を結ぶ公共交通機関はなく、移動

現場からの報告1　レッドベリー・レイク（カナダ）

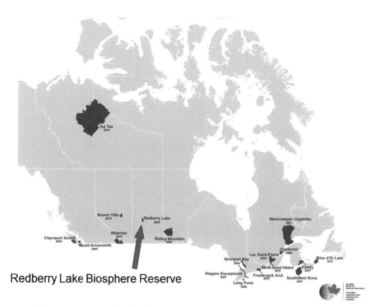

図1　カナダの生物圏保存地域18か所とレッドベリー・レイク位置
（出所：Canadian Biosphere Reserve Association n.d. を改変）

手段は自動車に限られる。

　起伏の少ない平野のなかの低い部分に水が溜まってできた湖がレッドベリー・レイクである。したがって、いくつかの経路から水が湖に流入するが、外に流れ出る経路はない。閉じた流域の底にある湖と表現することもできる。レッドベリー・レイクが塩湖であることもひとつの大きな特徴である。レッドベリーという名称は、赤い実をつけるバッファロー・ベリーが湖畔に繁茂していることから来ている（図2）。

　レッドベリー・レイク周辺の地域には元々先住民の集落が点在していたが、20世紀初頭にヨーロッパからの入植が進み、1930年頃に人口が最大となった。周辺11自治体を合計した人口の推移をみると、1931年の統計では約1万6000人だったが、大恐慌や大規模な砂嵐の発生などがあり、

図2 レッドベリー・レイクの湖畔に実るバッファロー・ベリー（著者撮影）

その後は一貫して減少し続いている。現在の人口は4000人未満で、最盛期だった1931年と比べて4分の1以下になっている。20世紀初頭の入植は主としてウクライナなどヨーロッパ出身者によるもので、現在でも住民の多くがヨーロッパ系移民の子孫である。

　レッドベリー・レイク周辺地域の主要産業は農業であり、穀物、野菜、乳製品、牛肉、豚肉などが生産されている。この地域の航空写真を見ると、規則的なモザイク模様の地表面が目に入る。一瞬、写真の解像度の粗さを疑うが、そうではない。サスカチュワン州を含むカナダ西部の土地は、19世紀後半に1マイル（約1.6 km）四方に測量・区分された。この各区画をさらに4つの均等な正方形に再分割した小区画を「クオーター（Quarter）」と呼ぶ。「4分の1」を意味するこのクオーターの面積は160エーカー（約64 ha）で、これが入植の際の基本的な土地の単位となった。入植者に課された土地代は安価であったが、そこに居住し農業を営むことが条件とされた（Provincial Archives of Saskatchewan n.d.）。入植が始まってから1世紀以上経過した現在でも、このクオーターという単位での土地の所有や利用の慣

行は根強く残っており、それがモザイク状の地表面を生み出す要因となっている。

生物圏保存地域を考えるうえで自然環境も重要な要素である。レッドベリー・レイクは、その固有の自然環境により、1世紀以上前から各種の保護地域として登録されている。まず、1925年に、カナダ連邦政府により渡り鳥保護区（Migratory Bird Sanctuary）に指定された。1998年には国際NGOであるバードライフ・インターナショナル（BirdLife International）により重要鳥類地域（Important Bird Area）に指定された。

3. 地域課題と、それに対する住民の動き

レッドベリー・レイク地域には多くの課題がある。まず、地域の主要産業である農業において、大規模化・機械化の進行により、小規模の農業は競争力を失ってきている。また、後継者不足の問題もあり、廃業する農家が増えている。廃業農家の土地を近隣の農家が買い取って集約化・大規模化がさらに加速するという側面もある。

人口流出も大きな課題である（Mendis 2004）。レッドベリー・レイク地域には大学がなく、高等教育を受けるために若い世代の住民が転出せざるを得ない。総合的な医療機関が地域内にないことも人口流出の一因となっている。

このような課題に対して、住民たちは段階的に行動を起こした。そのひとつの契機となったのが、1980年代に浮上したリゾート開発計画であった。湖畔のコテージ建設が計画の中心で、地域住民には計画に反対する意見もあった。そのようななか、正式に計画が承認される以前に一部の工事が開始されたことから、住民たちが反発し、地域の持続可能性について真剣に考えることとなった。

前述の、渡り鳥に関する2種類の保護地域指定は政府や外部組織が主導するものであったが、リゾート開発問題をきっかけとする1980年代後半からの取り組みは地域住民が主導するものであった。具体的な動きとして、レッドベリー・ペリカン・プロジェクトが地域住民の主導により1989年

図3 レッドベリー・レイクのペリカン。生物圏保存地域のロゴマークにも象徴として描かれている（著者撮影）

に開始された。これは、アメリカシロペリカン（*Pelecanus erythrorhynchos*）の生息地保護を主目的として掲げるプロジェクトだったが、同時に、地域の多様な主体が協働するプラットフォームが形成されるきっかけともなった（図3）。実際、このプラットフォームにおいて、野鳥保護にとどまらず、持続可能な地域づくりが目指されることとなったのである。なお、レッドベリー・レイク生物圏保存地域が登録されたのち、そのロゴマークに用いられるなど、ペリカンがこの地域における環境アイコン（佐藤 2008）として重要な役割を果たしてきたということができる。

ただし、生物圏保存地域という制度や概念そのものは、元々地域内にあったわけではなく、外部から持ち込まれたものである。1996年から97年にかけて生物学のフィールドワークのためレッドベリー・レイク地域に滞在した外部の研究者が、ペリカン・プロジェクトの中心にいた住民のA氏と重ねた会話が、外部から地域への伝達の場面となった。住民たちが、自

然環境だけでなく社会経済的にも持続可能な地域のありかたを模索していることを研究者は聞いた。そして、その取り組みはまさにユネスコの生物圏保存地域の概念と合致すると研究者は住民に述べたのである。A氏によると、その会話がなければ、生物圏保存地域について自分たちが真剣に考えることはなかったかもしれない、とのことである。

A氏ら住民たちは生物圏保存地域について調べ、慎重に検討した。その結果、この制度を活用することが地域にとって有益となるだろうという結論に至り、登録を目指す方針が固まった。住民たちは自ら申請に係る書類を整え、登録に向けて手続きを行った。そして、核心地域 56 km^2、緩衝地帯 63 km^2、移行地域 1003 km^2、合計 1122 km^2 の面積を持つレッドベリー・レイク生物圏保存地域の登録が 2000 年に実現した。核心地域は、鳥類を中心とした貴重な生物の保護に資する範囲として、レッドベリー・レイクの湖面全体と湖のなかにある 4 つの島から構成される。緩衝地帯はレッドベリー・レイクを囲む湖畔で、サスカチュワン州立のレッドベリー・レイク地域公園を含んでいる。移行地域は、核心地域と緩衝地帯の外側に広がり、その外縁は、レッドベリー・レイク周辺の閉鎖的流域の境界線と一致する (図 4)。

4. 注目されない生物圏保存地域

レッドベリー・レイクとともに 2000 年に登録されたカナダの生物圏保存地域にクレイオクォット・サウンドがある。いわば「同期生」ともいえる両者だが、その性質には大きな違いがある。クレイオクォット・サウンド生物圏保存地域は、西海岸のブリティッシュ・コロンビア州にあり、登録前から自然保護や先住民の権利をめぐる論争において国内外から大きな注目を集めていた場所であった (Mendis 2004)。それに対し、レッドベリー・レイク生物圏保存地域は、国際的にはもちろん、カナダ国内においてさえ話題にのぼることが少ない場所であった。

登録から 17 年経過してもなお、両地域の間には注目度において大きな差がある。Google を利用して "Redberry Lake Biosphere Reserve" をインター

第1部　ユネスコエコパークの制度と理念

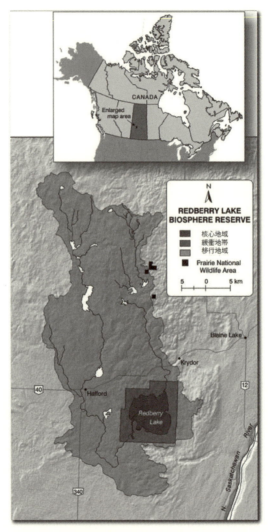

図4　レッドベリー・レイク生物圏保存地域。湖が核心地域、それを囲む緩衝地帯、さらに外側に広がる移行地域の3種のゾーニングが適用されている
（出所：Reed 2007, Map cartography by Keith Bigelow）

ネット検索したところ（2017年12月実施）、約5690件が該当した。一方、同日に同条件で"Clayoquot Sound Biosphere Reserve"を検索すると約2万7700件が該当した。比較すると、前者の件数は後者の2割強に過ぎない。学術論文についても、Google Scholarを用いて同様の検索を実施した。すると、"Redberry Lake Biosphere Reserve"は約113件、"Clayoquot Sound Biosphere Reserve"は約511件であり、Googleと同じく前者が後者の2割強に留まった。

　インターネット検索がすべてではないが、社会における関心度を比較するためのひとつの参考情報になり得るだろう。レッドベリー・レイク生物圏保存地域への社会の関心度が、クレイオクォット生物圏保存地域と比べてかなり低いことは否定できない。生物圏保存地域に登録されたにもかかわらず、レッドベリー・レイク地域の知名度はあまり向上せず、各レベルの政策における優先度も高まらなかったことは、住民主導の運営が必然的に続かざるを得ない要因となっている。

　そのような手づくりの運営に依存してきたレッドベリー・レイク生物圏保存地域は、客観的にどのような評価を受けているのであろうか。各生物圏保存地域には10年ごとの定期報告が義務付けられている。レッドベリー・レイク生物圏保存地域の1回目の定期報告は2011年に作成された。これは、レッドベリー・レイク生物圏保存地域自体が外部有識者に依頼して評価結果をまとめたものである。それによると、環境保全、持続可能な開発、学術研究・教育への支援という3つの目的のすべてにおいて、レッドベリー・レイク生物圏保存地域が着実に活動を展開していることが確認された。とりわけ、環境に配慮した農業を振興していることが、レッドベリー・レイク生物圏保存地域の特徴として高い評価を受けた（Whitelaw and Schmutz 2011）。後述のとおり、地域内の農家でもある役員がこの取り組みに果たした貢献が大きい。

5. 行政の役割

　各レベルの政策における優先度の低さは、行政のかかわりかたにおいて

どのように表れているのだろうか。住民たちの手づくりといっても、行政機関の参加は当然必須である。生物圏保存地域の登録申請にあたり周辺自治体は事前に同意し、登録後も、運営の意思決定機関である理事会に理事として複数の席をもちながら参加している。しかし、これらの協力は自発的なものでなく、自治体による生物圏保存地域運営への実質的な貢献はこれまで限定的である。

　レッドベリー・レイク生物圏保存地域を核とする周辺11自治体を対象範囲として、地域の持続可能性計画を策定しようという協議が始まり、地元出身のコンサルタントが中心となって議論を重ねた。この計画は2014年に州政府によって承認され、正式な行政文書となった。しかし、湖自体を含む自治体レッドベリー村政府（Rural Municipality）がこの計画への不参加を決めるという事態が発生した。生物圏保存地域の概念やその意義が浸透し、地域づくりの政策に活用されるには、世代交代を含め、行政側の変化も求められる状況にある。

　自治体の上位にあるのが州であり、カナダではProvinceと呼ばれている。各州の長は首相（Premier）と呼ばれ、アメリカ合衆国の州（State）の知事（Governor）と同様に、外交と軍事を除いては国家に匹敵する権限を持っている。したがって、日本の都道府県との単純な比較はできないほど大きな影響力をもっていることに留意すべきである。

　レッドベリー・レイクはサスカチュワン州にある唯一の生物圏保存地域である。その州政府による生物圏保存地域への貢献は、これまでのところきわめて少ない。実は州の保護地域制度として、レッドベリー・レイク地域公園（Regional Park）がある。生物圏保存地域の指定より30年以上も前の1969年に設立された公園で、5月から9月まで5か月間のみ開園されている（Regional Parks of Saskatchewan n.d.; Tourism Saskatchewan n.d.）。公園内には9ホールのゴルフ場、ミニゴルフ場、球技場、オートキャンプ場、シャワールーム、食堂などの施設が湖畔にある。ミニゴルフや食堂は、テナント営業の方式をとっている。オートキャンプ場は148区画あり、大型のキャンピングカーの駐車が可能である。夏季に長期滞在する利用者もいる。

現場からの報告1　レッドベリー・レイク（カナダ）

図5　レッドベリー・レイク生物圏保存地域の研究教育センター（著者撮影）

　レッドベリー・レイク地域公園は、生物圏保存地域の緩衝地域にもなっている。しかし、オートキャンプやゴルフなどのサービス提供と生物圏保存地域の活動との間の関連性は低い。例えば、レッドベリー・レイク生物圏保存地域の研究教育センター（Research and Education Centre）という施設があり、その建物は地域公園内にある（図5）。この施設は、訪問者向けの展示やイベントの会場として重要な機能を果たすほか、運営のための事務所にもなっている。しかし、この施設に行くには地域公園の入り口を通過しなくてはならず、スタッフが通勤や移動に使う車両の駐車料金を一般利用客と同様に支払う必要があるなど、地域公園内にあることの直接的な利点がほとんどない状況である。

　カナダ連邦政府のかかわり方は変遷している。2012年には、生物圏保存地域への連邦政府からの予算が突如打ち切られ、多くの生物圏保存地域は存続の危機を迎えた（Reed et al. 2015）。連邦政府による財政支援の打ち切りは、個別の生物圏保存地域の運営はもちろん、カナダ全土にある生物圏保存地域間の連携も困難にするものであった。こうした状況のなか、連

携の母体であるカナダ生物圏保存地域協会（Canadian Biosphere Reserve Association; CBRA）は、カナダの生物圏保存地域政策に学術面から貢献してきた研究者らと協働しながら、個別事例を共有して学び合うプロジェクトを2011年に着手した。ワークショップを中心とした学び合いのための連携事業が実施され、その成果として、各生物圏保存地域で蓄積されてきた活動実績と教訓を冊子にまとめた。レッドベリー・レイクからは、気候変動に適応するための土地や公共インフラの強靭性に関する調査の事例が共有された（Agriculture and Agri-Food Canada and Redberry Lake Biosphere Reserve 2013; Godmaire et al. 2013）。これらのカナダ国内の生物圏保存地域間の連携事業の成果は、ヨーロッパ・北米地域のMAB会合（EuroMAB）という国際会議の場で発表された（リード・アバーンティ2018）。

6. 環境に関する課題

　このように、行政からの貢献が限定的であるなかで、レッドベリー・レイク生物圏保存地域は活動実績を着実に蓄積してきたが、その一方で、引き続き取り組むべき課題も多く残されている。自然環境については、1世紀余りにわたる農地開発と化学肥料の投入などにより、元来の草原を中心とした景観や生態系が大きく改変されてきた歴史がある。今後、環境配慮型の農業やその他の土地利用をいかに推進するかが課題となっている。

　また、近年、事前の想定が困難である極端な気象現象の発生が見られている。とりわけ、降水量の変動が激しい。21世紀に入って夏季に降水量が少ない干ばつの年が多く続いたかと思えば、2010年代に入ると降水量が非常に多い年があり、地域内の多数の場所で影響が発生したこともある（図6）。レッドベリー・レイクが閉じた流域の底にあり、外に水が流れ出る経路がないということは、降水量の影響がこの湖とその周辺に集中することを意味する。

　湖の生態系に関する問題も発生している。特に、カワホトトギスガイ（Zebra mussel）という侵略的外来種の貝が、在来の生態系を破壊する危険性をもっている。外来種の移入が人間の故意によるものでないとはいえ、

図6 降水量の多い年は道路の冠水などの影響がみられる。この写真の撮影時（2014年8月28日）には水位が少し下がっているが、窪地部分では日常的に冠水が生じていたため、警告の標識が設置されている（著者撮影）

手遅れになるまえに対策が必要である。また、故意でないゆえに対策も難しいという側面もある。レッドベリー・レイク生物圏保存地域では、この問題についての周知と、船舶所有者に対して移入を防ぐよう普及啓発に努めている（Prairie Waters Working Group n.d.）。

7. 再び立ち上がった地域住民

前述のとおり、地域の主要産業である農業における持続可能性は大きな課題である。レッドベリー・レイク生物圏保存地域の役員であるB氏は地域内で農業を営んでおり、このB氏が地域における農業技術顧問の役割を果たしている。個別農家の相談をB氏が受けることにより、生態系への負荷を低減した農法の推進が図られている。各農家にとっても、この指導を受けることで各種補助金を得る機会が増えるという利点がある。

独自の発想で持続可能な農業を志す住民の例はいくつか生まれつつある。ある牧場では、可能な限り在来種を中心とした植生の牧草地を維持管

理しているほか、できるだけストレスのかからない方法で牛を飼育し、牛肉生産を行っている。この農家は地域活動の担い手にもなっている。

　また、2013年にカナダ西部のブリティッシュ・コロンビア州から移住した若い家族が、地域内で有機農業を始めた。事前予約した人たちに箱詰めした数種類の野菜を定期的に販売する地域支援型農業（Community-Supported Agriculture）と呼ばれる形態を採用している。大規模化・機械化の進む域内の農業の傾向のなかで、あえて独自性を出し、地域の持続可能な農業のひとつの道筋を開拓すべく奮闘している。

　もうひとつの興味深い例として、州立のレッドベリー・レイク地域公園の中にある食堂を挙げることができる。この食堂には、毎年、州政府がテナントを募集して、5月から10月の開園期に選定されたテナントが営業する形をとっている。2014年に他州出身の若手料理人が受託し、地元の食材を可能な限り使った料理を提供している。この料理人と友人のチームは翌2015年も受託し、地元の生産者との連携を深めていた。料理人は筆者に対して、「生物圏保存地域の概念に賛同し、自分たちの仕事でもフットプリント（環境負荷）をできるだけ減らしたい」と述べた。これは、エコロジカル・フットプリントの概念を述べたもので、生産や輸送にかかる環境負荷を低減するため、可能な限り地元産品を使って質の高い食事の提供を目指すことを意味している。

　教育に目を向けると、生物圏保存地域内の主要な町であるハフォード町にあるハフォード中央学校は幼稚園から高校まで一貫教育を提供している場であり、ユネスコスクールでもある。科学教育の一環として生物圏保存地域を活用した授業を取り入れている。このような教育を推進する教員C氏は生物圏保存地域の役員にもなっており、学校教育と生物圏保存地域との間のつなぎ役となっている。C氏自身が地域住民であり、地域づくりと教育に向けた本人の熱意がこの相互連携の推進力となっている。

　行政の参画が弱いことは前述のとおりだが、地域の持続可能性に関しては、個々の自治体の取り組みだけでは限界があるため、レッドベリー・レイク生物圏保存地域を核とする11自治体を対象とした持続可能性計画が

2014年に策定されたことは注目に値する（Redberry Lake Biosphere Reserve (RLBR) District Sustainability Plan 2014）。

　以上のように持続可能な地域づくりに資する活動の例はあるが、これまでのところ個々の小規模な事例にとどまり、生物圏保存地域との連携も限定的である。今後、レッドベリー・レイク生物圏保存地域の名のもとにどのように産業や商品をパッケージ化していくかが課題となっている。

8. 生物圏保存地域の運営に関する展開

　連邦政府からの補助金の打ち切りは生物圏保存地域の運営に大きな打撃を与えた。レッドベリー・レイク生物圏保存地域の運営母体は非営利のレッドベリー・レイク生物圏保存地域協議会であり、資金源は限られている。そのため、無償の労働に依存した運営をせざるをえない状況が続いた。この状況を打破するため、住民たちは再び行動を起こすこととした。

　レッドベリー・レイク生物圏保存地域の運営体制の見直しは2014年から始まり、主要活動テーマごとにワーキング・グループを設置する提案が出た。各ワーキング・グループにおいて、そのテーマに精通した地域内外の専門家が主導する形となった。例えば、前述のカワホトトギスガイなど外来種の移入とその対策に関する普及啓発は、水問題のワーキング・グループが中心となって進められている（Prairie Waters Working Group n.d.）。

　もうひとつの見直しとして、財源確保のために営利活動を実施できる体制も整備した。生物圏保存地域の役員であるA氏やB氏が中心となり、コンサルタントとして起業した。事業の一環として、2015年から、廃業した養豚場の跡地と建物を利用して、農業において大量に発生するプラスティックごみのリサイクル工場の建設に着手した。これは、生物圏保存地域の直接の活動ではないものの、レッドベリー・レイク生物圏保存地域の運営に携わる役員の知見や能力を生かして収益を生んでいくことで、生物圏保存地域の運営の自律性を高めようとするものでもある。

　大学との協働も進んでいる。サスカチュワン大学の大学院では、環境持続可能性研究科が2008年に設立され、2011年からはレッドベリー・レイ

ク生物圏保存地域において野外調査の技法を修士課程の学生が学ぶ短期集中型の授業が提供されている。この授業では、年を重ねるごとに改善が加えられ、当初は自然科学と社会科学で別々だった授業をひとつに融合した。さらに、地域内の数軒の農家に生物圏保存地域側が呼びかけて参加してもらい、各農家あたり数名の学生がチームを組む形の演習を採用した。この演習では、農家ごとの農地管理計画を策定し、持続可能な農業のための提言をまとめ、最終報告会で対象農家や地域の関係者とともに結果を共有することとした。この授業以外にも、サスカチュワン大学の修士課程の研究でレッドベリー・レイク生物圏保存地域を対象地とし、論文にまとめた例がこれまで10件以上ある。

　筆者ら日本の研究者も、総合地球環境学研究所の研究プロジェクト「地域環境知形成による新たなコモンズの創生と持続可能な管理」（ILEKプロジェクト、はじめに参照）の一環として、この運営体制再編の検討に参加してきた。その際、レッドベリー・レイク生物圏保存地域側から筆者を通じて要望が寄せられ、生物圏保存地域とILEKプロジェクトの間で協働に関する覚書（Memorandum of Understanding）を締結した。ILEKプロジェクトが終了する2017年3月までこの協働は続き、生物圏保存地域を題材としたドキュメンタリー映像作品制作への参加（2014〜16年）や、地域の多様な主体を一堂に集めたコミュニティ・コネクションズという会合での招待講演（2015年10月）、サスカチュワン川流域という、より広域の参加者を募っての水問題に関するワークショップの共催（2016年5月）など、具体的な場面での協働が実現した（図7）。そして、すべての過程において地元側が主体性をもって取り組み、外部資源としての日本人研究チームを良い意味で使いこなす形となった。

＊＊＊

　国際的にも国内的にも注目を集めない地域であっても、住民たち自身が明確な目的意識をもち、生物圏保存地域という制度を活用して地域の持続可能性を追求することは決して不可能ではない。本稿の事例はそれを証明

現場からの報告1　レッドベリー・レイク（カナダ）

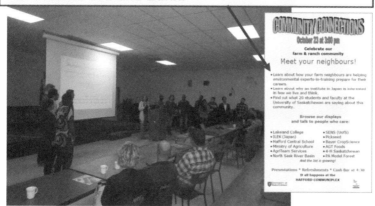

図7　コミュニティ・コネクションズ会合。開催案内には「私たちの暮らしや考え方に対してなぜ日本の研究機関が興味を持つのか習おう」という呼びかけも含まれている。
（著者撮影、2015年10月。ポスター出所：サスカチュワン大学・レッドベリー・レイクBR協議会）

するものである。日本や他の諸外国で多くみられるような行政主導型の生物圏保存地域とは明らかに対照的な性質をもっており、日本にとっても非常に参考になる教訓が多くある。

行政主導型と住民主導型のどちらが優れているか、という単純な優劣を述べるのが本稿の目的ではない。レッドベリー・レイクの場合、行政主導型は可能な選択肢になかった。個々の地域の置かれている状況を生かし、それに合った運営体制を作っていけばよい。その際に、このような特徴的な事例を参考にできるかもしれない。地域にある自然環境や社会的資源（人材、研究・教育機関、企業、行政機関、非営利組織など）を生かして持続可能な地域づくりを目指す際に、生物圏保存地域という制度も地域住民にとって有効な資源となりうる。

生物圏保存地域のような国際制度は、地域が使命として参加するものではない。持続可能な社会を作る上で有効ならば使えばよい。本稿をみれば、必要に駆られたときに地元がさまざまな手段を探し出し、生かそうとしているのがうかがえる。その際、地域から全世界まで多様な規模・階層や性質をもつ知識をお互いに結びつけ、課題解決に役立つような形に変える（翻訳する）主体の役割が重要である（佐藤 2018）。本稿に紹介する A、B、C という人物を含む数名の地元住民と外部研究者が、持続可能な社会づくりの上で重要な役割を果たしている。彼らが地元と国際制度、政府の対応の橋渡しをする翻訳者（トランスレーター）の役割を果たし、地元が使える選択肢を増やし、生かすことができた。ユネスコ MAB 計画において国際的に活躍する研究者がレッドベリー・レイク生物圏保存地域の近くにいることも、地元によい結果をもたらしているかもしれない。

このように、事例ごとの事情はさまざまだが、その特徴を生かす柔軟な創意工夫が重要である。そして、事例研究を重ね、他地域の参考となる知識を蓄積していくことが、ユネスコ MAB 計画自体の成果と発展に繋がるであろう。

引用文献

Agriculture and Agri-Food Canada and Redberry Lake Biosphere Reserve (2013) Land and Inftastructure Resiliency Assessment (LIRA) Project: Redberry Lake Region Pilot Study Summary Report. http://www.redberrylake.ca/whatwedo/Regional%20Planning%20Reports/Redberry%20Lake%20Region-LIRA%20Pilot%20Study_Summary%20Report.pdf

Canadian Biosphere Reserve Association (n.d.) http://www.biospherecanada.ca/where-ou/

Godmaire, H., Reed, M. G. and Potvin, D. and Canadian Biosphere Reserves (2013) Learning from Each Other: Proven Good Practices in Canadian Biosphere Reserves. Canadian Commission for UNESCO, Ottawa, Canada.

Mendis, S. (2004) Assessing Community Capacity for Ecosystem Management: Clayoquot Sound and Redberry Lake Biosphere Reserves. Unpublished master's thesis, Department of Geography, University of Saskatchewan, Saskatoon.

モーリーン・リード，パイビ・アバーンティ（翻訳：北村健二）（2018）協働が駆動

する社会的学習 ―― カナダの生物圏保存地域．『地域環境学 ―― トランスディシプリナリー・サイエンスへの挑戦』（佐藤哲・菊地直樹編）第9章 pp. 170-187．東京大学出版会．

Prairie Waters Working Group (n.d.) Aquatic Invasive Species. http://www.prairiewaters.ca/aquatic-invasive-species/

Provincial Archives of Saskatchewan (n.d.) Homesteading. https://saskarchives.com/collections/land-records/history-and-background-administration-land-saskatchewan/homesteading

Redberry Lake Biosphere Reserve (RLBR) District Sustainability Plan (2014) http://www.prairiewildconsulting.ca/docs/Redberry%20Lake%20Biosphere%20Reserve%20District%20Sustainability%20Plan%20August%2026%202014%20no%20appendix.pdf

Reed, M. G. (2007) Uneven Environmental Management: A Canadian Perspective. Environmental Management, 39(1): 30-49.

Reed, M.G., Godmaire, H., Guertin, M-A., Potvin, D. and Abernethy, P. (2015) Engaged Scholarship: Reflections from a Multi-Talented, National Partnership Seeking to Strengthen Capacity for Sustainability. Engaged Scholar Journal 1(1): 167-183.

Regional Parks of Saskatchewan (n.d.) Redberry Lake Regional Park. https://saskregionalparks.ca/park/redberry-lake/

佐藤哲（2008）環境アイコンとしての野生生物と地域社会 ―― アイコン化のプロセスと生態系サービスに関する科学の役割．環境社会学研究．14：70-85．

佐藤哲（2018）意思決定とアクションを支える科学．『地域環境学 ―― トランスディシプリナリー・サイエンスへの挑戦』（佐藤哲・菊地直樹編）pp. 1-15．東京大学出版会．

Tourism Saskatchewan (n.d.) Redberry Lake Regional Park. http://www.tourismsaskatchewan.com/things-to-do/camping/102009/redberry-lake-regional-park

Whitelaw, G. and Schmutz, J. K. (2011) Redberry Lake Biosphere Reserve Periodic Review. http://www.redberrylake.ca/whoweare/Reports%20and%20Reviews/2011%2009%2029%20Redberry%20Lake%20BR%20Periodic%20Review.pdf

第2部

ユネスコエコパークの運動論

第4章　日本におけるMAB計画の復活

松田裕之

第 2 部　ユネスコエコパークの運動論

　この章では日本の MAB 活動の停滞と復活の歴史を論じる。初期の MAB 計画にはそうそうたる生態学者が係わってきた。けれども、日本の生物圏保存地域が名ばかりの登録地になってしまったなどのために、やがて日本の MAB 活動は停滞し、ほとんど休眠状態に陥った。それが 2012 年の綾のユネスコエコパーク登録などを契機に復活してくることになる。その後、ユネスコエコパークの国内ネットワークが再編されてきた。この過程で、各時代の科学者がどうかかわり、どんな困難に直面してきたかの歴史を記す。

4-1　日本 MAB 計画委員会の誕生

(1) 日本 MAB 国内委員会の「休眠」

　日本のユネスコ MAB 計画の活動は文部科学省の日本ユネスコ国内委員会（Japanese National Commission for UNESCO、以下「ユネスコ国内委員会」）自然科学小委員会が方針を定める。ユネスコ国内委員会には MAB 計画分科会（MAB National Committee、以下「MAB 国内委員会」）があり、主査と 2 名の国内委員、それに 9 名程度の調査委員で構成され、事務局は文部科学省国際統括官付が担当する。ユネスコ国内委員会と MAB 国内委員会は他国にもあるが、本書では、特に国名を書かないときは日本のそれらを指すものとする。さらに、日本には「日本 MAB 計画委員会」がある。MAB 計画に関しては、ユネスコ国内委員会と MAB 国内委員会はほぼ一体のものと考えてよいが、多くの加盟国にある MAB 国内委員会と日本独自の任意団体である MAB 計画委員会という 2 つの組織があることに留意してほしい。ユネスコ国内委員会、MAB 国内委員会、日本独自の MAB 計画委員会は、MAB 活動を担う組織として本書にたびたび登場する。

　MAB 国内委員会の主査は、田中信行氏（東北大学）、水科篤郎氏（京都大学）、田丸謙二氏（東京理科大学）、沼田眞氏（淑徳大学）、高井康雄氏（東京大学、東京農業大学）、有賀祐勝氏（東京水産大学、東京農業大学）、岩槻邦男氏（放送大

第 4 章　日本における MAB 計画の復活

学)、鈴木邦雄氏（横浜国立大学）、磯田博子氏（筑波大学）と引き継がれてきた。他方、MAB 計画委員会の世話人は MAB 国内委員会主査だった高井氏に始まり、小倉紀雄氏（東京農工大学）、有賀氏、岩槻氏、鈴木氏を経て 2009 年から松田に引き継がれた。ニュースレター誌である *Japan InfoMAB* の編集は創刊号以来小倉が編集部筆頭者であった。その小倉氏から後に横浜国立大学学長、自然復元学会会長となった鈴木氏に引き継がれたのは 1997 年 9 月の第 21 号からであり、その後、2008 年 8 月の第 33 号からは同じ横浜国大の酒井暁子氏が事務局長を務め、今日に至っている。酒井氏は 2018 年 12 月現在、農林水産省の世界農業遺産等専門家会議委員および日本ユネスコ協会連盟の未来遺産委員も務めており、これらの制度との比較検討も可能な立場にある。

　第 1 章で述べたように、もともと MAB 計画は IBP（国際生物学事業計画）の後継事業と位置づけられており、日本生態学会、日本植物学会、日本自然保護協会の会長を歴任した沼田眞氏がおそらく 1980 年以前から担い、植物群落の光合成速度理論で世界に知られる門司正三氏がそれを手伝っていた（池谷・有賀 2015）。1987 年の *Japan InfoMAB* 創刊号から第 4 号までの執筆陣には沼田氏、門司氏のほか、元国際生態学会会長にして世界中の植樹活動に取り組んでいる宮脇昭氏、メソコズム（人工生態系）研究者の栗原康氏、後に中央環境審議会会長となる鈴木基之氏など、そうそうたる顔ぶれが並んでいた。当時の生物学者、環境学者の間で MAB 計画が重視されていたことがうかがわれる。

　1970 年代から 80 年代にかけて、東アジアの MAB 活動は日本が中心であったという（池谷・有賀 2015）。その後、中国はたくさんの生物圏保存地域を登録し、MAB 計画国際調整理事会議長を崔清一（C-I Choi）氏が務めるなど韓国も熱心に活動し始めた。東アジア生物圏保存地域ネットワーク（EABRN）会議は、1994 年に中国で 2 回、95 年に韓国、そして 96 年に屋久島で開催したのち、モンゴルで 97、03、07、13 年の 4 回、中国は 94 年に 2 回と 99 年、09 年の計 4 回、韓国は 95、01、11 年の 3 回、ロシアが 01 年に開催し、18 年にカザフスタンで開催した。ちなみにロシアは欧州北米の MAB ネットワー

クでも活動している。日本での開催回数が中韓だけでなく、モンゴルと比べても少ないことがわかる。

　日本が初期の生物圏保存地域活動で唯一役目を果たしたのは、1996年10月の第4回EABRN会議を鹿児島と屋久島で開催したことくらいである。EABRNは韓国政府が資金提供した日韓中露、それにモンゴル、北朝鮮、最近ではカザフスタンを加えたネットワークである。屋久島開催のとき、日本政府からは文部省の国際学術課長ほか1名が参加している。初日は鹿児島市内で、参加者は2日目から4日目午前まで屋久島に滞在していた（山口1997）。屋久島が世界遺産に登録されたのは1993年、EABRN会議を屋久島で開催したのは、屋久島に環境文化センターができたばかりの頃であった。

　日本のMAB計画活動は1980年代後半から停滞し、やがて休眠状態に陥った。それにはいくつか理由が考えられる。第一に、国内で登録された4か所の生物圏保存地域が名ばかりで（第2章参照）、活動実態がなかったことが挙げられる。当時のMAB計画に係る研究者は日本政府が資金提供するECOTONEなどの海外事業を担い（第1章参照）、その報告書に貢献していたが、それがユネスコエコパークの国内の認知度に貢献しなかった。第二に、MAB計画自体がIBPのように多くの研究者を動員する活動ではなく、後継事業として尻すぼみであった。海外のMAB計画では生物圏保存地域を中心とした活動に軸足を移していたため、日本だけが拠点のない活動となってしまった。第三に、生物圏保存地域が長野五輪を含む開発事業の反対運動の根拠とされたため（第1章参照）、政府とMAB計画を担う研究者の乖離が生じていた可能性がある。第四に1999年にMAB国内委員会主査が有賀氏から岩槻氏に交代したことも、大きな転機となったようだ。岩槻氏はそれまでMAB国内委員会や計画委員会の委員ではなかった。MAB国内委員会主査は文部省（当時）がユネスコ国内委員から選ぶことになっている。事実上の休眠期間であった2008年頃には、文部科学省のユネスコ担当官から、MAB活動は研究者の自主的な活動のような発言もしばしば聞かれたほどである。最後に、世界遺産やラムサール登録地のような条約に基づく活動でないので、政府として継続する義務がなかったことも大きかっただろう。日本の場合、

法的枠組みがないと予算措置が取りにくいが、そもそも法的枠組みを作ることに反対したのは日本政府だったという（池谷・有賀 2015）。

そのようなわけで、日本の MAB 計画は政府による支援も滞りがちになり、1987 年の *Japan InfoMAB* 創刊当時は、任意団体である MAB 計画委員会がないと「ユネスコに提出する書類の作成もできない状況」だったという（池谷・有賀 2015）。当時の MAB 計画は、学術活動が中心だった。第 1 章で紹介したように、林野庁の森林生態系保護地域は生物圏保存地域の当時の地域区分を参考にしたものである。当時の沼田眞氏などはそれほど大きな発言力のある学界の権威であった。文部科学省の支援が満足に得られなくなった後も、ユネスコ MAB 計画の国際行事であるシンポジウム等に参加し、彼らは自ら国際発信を続けていた。それが日本 MAB 計画委員会を名乗るようになった。生物圏保存地域カタログのような対外的な報告書は MAB 計画委員会で原案を作成し、MAB 国内委員会の承認を経てユネスコ国内委員会からユネスコ本部に提出していた。*Japan InfoMAB* も同様で、2015 年発行の第 41 号まで、編集は MAB 計画委員会、発行はユネスコ国内委員会であった。創刊号の編集委員は、後に日本陸水学会会長となる小倉紀雄氏、日本藻類学会会長となる有賀祐勝氏、日本分析化学会会長となる原口紘炁氏の 3 名であった。

当時の編集委員が主として水域関係者だったのは、日本政府が信託基金提供していた ECOTONE という事業と関係があると思われる（池谷・有賀 2015）。しかし、当時日本で登録されていた 4 つの生物圏保存地域はいずれも陸域であった。なお 2010 年に刊行された『World Atlas of Mangroves』(Spalding et al. 2010) は国際熱帯木材機関 (ITTO)、琉球大学内に事務局を置く国際マングローブ生態系協会、ユネスコ MAB 計画などの共同成果物である。

ユネスコ活動は外交問題である。2001 年 1 月にロシア MAB 研究者 V・M・ネローノフ (V. M. Neronov) 氏を招いたユネスコ MAB-IUCN（国際自然保護連合）ワークショップ「国後島、択捉島、歯舞群島、色丹島の自然保護協力」が東京で開催され、共同決議書が採択された（有賀 2001）。ネローノフ氏は、北方四島を日露共同の新規生物圏保存地域にと訴えたという（池谷・有賀

2015)。ユネスコは国境をまたいだ登録を奨励している。この行事には文部科学省やユネスコ事務局の韓群力（Han Qunli）氏も参加した（有賀 2001）。しかし日本としては、日本領土である北方四島を新規の生物圏保存地域として日露で共同提案することはありえない。このような日露の MAB 関係の研究者の北方領土を巡る取り組みは、おそらく日本政府にとってはかなりデリケートな問題だったことだろう。

ちなみに、知床は日本の単独申請で 2005 年に世界自然遺産になった。世界遺産の際にも、審査した IUCN の評価書には、知床と近隣諸島の生態系の類似性が指摘され、将来は近隣諸島に拡張して「世界平和公園」にすることを検討するよう提案された（松田ら 2018）。日露隣接地域生態系保全協力ワークショップが、日露両政府の合意に基づいて 2009 年から開催されている。

総じて、MAB 計画を担う法的枠組みが日本において欠けていたこと、北方領土との関係や自然保護運動との関係など、政府にとって微妙な問題が重なったこと、国内拠点であるはずの生物圏保存地域が有名無実であったこと、担い手となる研究者独自の国際学術活動を永続させる担保がなかったことなどの複合的な要因により、日本の MAB 活動は停滞していったと考えられる。

(2) 休眠中の諸活動

2005 年から 2009 年 5 月まで MAB 国内委員会は一度も開催されない状態に陥り、2008 年頃は任期切れの委員の後任が未定、すなわち調査委員が空席となった。その間も、MAB 計画委員会が日本の MAB 計画を支えてきた。文部科学省にとって MAB 活動は任意団体が勝手に進める活動であり、支援もせず、責任もとらない状態にあった。2008 年 10 月 21 日にユネスコ本部から MAB 計画事務局の M・C・ゴット氏が来日したとき、その場には関係省庁も同席したが、「MAB 拡大計画委員会」と称する会合を開催して彼と議論する場を設けた。同年 12 月 3 日にもユネスコ本部から N・イシュワラン（Ishwaran）MAB 計画事務局長、ベトナム MAB 国内委員会の N・H・トリ（Tri）

第4章　日本におけるMAB計画の復活

氏、JICA事業の関係で参加したマレーシア国サバ州観光局のN・リアウ（Liaw）氏などの海外のMAB関係者および関係省庁を含めた拡大MAB計画委員会を開催した。ユネスコの行事は外交活動の一環であると考えられるが、これらの際の議事メモは任意団体であるMAB計画委員会が担当した。

　ところで、生物圏保存地域には10年ごとの定期報告が求められている。この義務は活動実態が少なくても変わらない。1980年登録の4つの生物圏保存地域は、地元は登録の自覚がなく、研究者が科学研究費補助金を得て現地の生物相調査を行い、かろうじて1999年と2007年の2回「日本のUNESCO/MAB生物圏保存地域カタログ」を英文で発行し（Japanese National Committee for MAB 1999, Iwatsuki et al. 2007）、これを本来は10年ごとに行う定期報告としてユネスコ本部に提出した。1999年には日本MAB国内委員会として発行したが、2007年の文書は文部省科学研究費による調査成果物として刊行されている。後者は、MAB国内委員会のお墨付きのもとで（endorsed）岩槻氏らMAB計画委員会が刊行したと書かれており、文部科学省とMAB計画委員会の微妙な関係がうかがえる。もうひとつ、2009年に東アジア生物圏保存地域ネットワークの諸活動の一環として既存の4つの生物圏保存地域を日英対訳でまとめた「EABRN Biosphere Reserve Atlas Japan（EABRN図説生物圏保存地域日本）」を刊行した。これも、地元自治体でなく、MAB国内委員会でもなく、MAB計画委員会が作成した。本来、定期報告は地元の管理主体がまとめ、日本政府を通じてユネスコに提出すべきものである。新規登録の申請書及び1980年登録の4地域の拡張申請書時に地元自治体がユネスコエコパークを担うようになったため、今後は定期報告書も地元自治体主導で作ることになるだろう。

　MAB国内委員会休眠中には、計画委員会の活動は英文で図4-1のように説明されていた。現在の計画委員会の活動実態とは異なり、国際共同研究の立案が重視されていたことがわかる。当時のニュースレター誌は日本語だけでなく英語で発行される号もあった。現在のMAB計画委員会も国際行事については英文サイトで紹介している（日本MAB計画委員会 n.d.）。代わりに2010年以後のMAB計画委員会で重要となった活動は、各地のユネスコエ

第 2 部　ユネスコエコパークの運動論

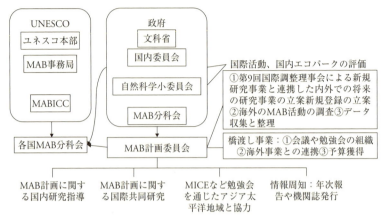

図 4-1　日本における 1988 年時点での MAB 計画の組織の全貌と諸活動 (*Japan InfoMAB 1988* を訳したもの)

コパークと日本ユネスコエコパークネットワーク (JBRN) への支援であり、MAB 国内委員会が 2017 年に MAB 計画国際調整理事会 (ICC) において報告した国別報告でも、JBRN の活動が詳しく紹介されている (Government of Japan 2017)。

　それでも、MAB 拡大計画委員会のような国際対応を余儀なくされる中で、文部科学省の対応も少しずつ変わっていった。2010 年 3 月 17 日に日本生態学会大会が東京大学で開催されたとき、MAB を課題とした企画シンポジウム「利用と保全の調和を図る国際制度としてのユネスコ MAB（人間と生物圏）計画の活用」が開催され、パリ本部から韓氏がアジアにおける MAB 計画の発展について、韓国 MAB から洪善基 (Hong Sun-Kee) 氏が 2009 年に新規登録された新安多島海 (Shinan-Dadohae) 生物圏保存地域の取り組みについて、それぞれ紹介した。環境省からは世界遺産と MAB の二重登録地である屋久島における両制度の関係について、文部科学省からは MAB 計画と持続可能な開発のための教育 (ESD) の関係について講演があった。100 名を超える聴衆が参加した。

第4章　日本におけるMAB計画の復活

(3) 世界のMAB計画の変貌と日本MAB消滅の危機

　その間に、世界のMAB活動は大きく変貌した。第1章で述べた通り、1995年のセビリア戦略により、保存より持続的利用と参加型アプローチへの比重が高まった。既存の生物圏保存地域も含めてこれを徹底するために、2008年から2013年までのマドリッド行動計画（第2章参照）が始まった。マドリッド行動計画は、2013年までにすべての生物圏保存地域がセビリア戦略に沿う中身に変わることが求められている。第1章で述べたように、生物圏保存地域の登録自体が名ばかりのものになっていた日本は、この世界の動きに全く対応できなかった。

　2010年10月に任意団体である計画委員会がJ-BRnet（日本ユネスコエコパークネットワーク）を組織したとき、J-BRnetはインターネット上の情報交換の場に過ぎなかった。しかし、綾ユネスコエコパークの登録過程で、新規登録の手続き方法が未確立だったこともあり、また既存のユネスコエコパークに対してマドリッド行動計画にどう対処するかについて連絡する必要があったために、MAB国内委員会事務局も既存の登録地を含む連絡手段の必要性を感じていた。2013年に只見町の呼びかけで実際に顔を合わせるネットワーク会議が企画されたとき、ユネスコ国内委員会も主催団体に名を連ねた。

　けれども、既存のユネスコエコパークを再建するための期限は逼迫していた。それが露呈したのは、2011年2月にジャカルタで催されたSeaBRNet会合であった。日本にも招待状が届き、当時鹿児島大学特任准教授でMAB計画委員の岡野隆宏氏（現、環境省）が参加した。その場で日本の4つの生物圏保存地域がいずれもセビリア戦略を満たしていないと名指しで批判されたという。2012年7月パリでのMAB計画国際調整理事会では、日本からは32年ぶりに綾ユネスコエコパークの新規登録を実現したものの、既存の4つの生物圏保存地域に移行地域を設けるなどの改革はすぐにはできないので、期限を延期してほしいと述べた。しかし、2008年から2011年まで日本は何をしていたのかといわれんばかりの議論になり、結局、拡張申請を行う申請の期限が2015年まで（2016年のMAB国際調整理事会で審査されるまで）という

第 2 部　ユネスコエコパークの運動論

ことになった。

　白山ユネスコエコパークのある福井県勝山市で 2012 年に環境自治体会議が開催されることになり、松田がパネル討論司会者として招待された。勝山市は白山ユネスコエコパークの緩衝地域を含んでいる。しかし、その前年の打ち合わせに松田が勝山市を訪れたとき、市役所の方々はそのことを知らなかったようだった。2011 年 12 月 3 日付の福井新聞では白山が生物圏保存地域に登録されていることを地元自治体が知らず、ユネスコ本部では「抹消の危機」にあり、地元勝山市ではその活用を図ろうとしていると報道された。

4-2　日本の MAB 計画の復活

(1) 新たなユネスコエコパーク活用の動き

　このように日本の MAB 国内委員会が休眠状態に陥った最中、地方から、生物圏保存地域に登録しようという自発的な動きが現れた。宮崎県の綾、それに続いて山梨県長野県静岡県にまたがる南アルプスと福島県の只見である。これらの地域は、世界自然遺産も検討されていた。2003 年 5 月 26 日の環境省主催の世界遺産候補地に関する検討会では、既に 1993 年に登録されていた屋久島と白神を除いて検討された 19 の地域のうち、知床、小笠原、琉球諸島が最終候補地とされ、これらの地域は最終候補地として残らなかった（環境省 2003）。それぞれの地域は、自然資産を生かしながら経済的自立を目指しており、もともとの地域の取り組みとユネスコエコパークの理念に共通点が多いと考えられた。

　ちなみに、2017 年までの 9 つのユネスコエコパーク登録地は、すべて上記の 19 の世界遺産候補地の一部または全部を核心地域に含んでいる。2018 年の MAB 国内委員会で推薦された甲武信は、もし登録されれば、上記 19 候補地にない初めての例となる。ただし、甲武信も、上記検討会が第 2 回資料 4 で検討した「既に一定の要件を満たした地域一覧」に「50 km^2 以上の

連続した特別保護地区・第一種特別地域」をもつ国立公園としてリストされている（環境省 2003）。

　ユネスコエコパークが重視され始めた要因のひとつに、国内での世界自然遺産の新規登録が今後ますます厳しくなるため、世界遺産を目指す代わりにユネスコエコパークを目指す需要が増えると予測されたことが挙げられる。2009 年 5 月 13 日に開催された日本 MAB 計画委員会議事要旨に、その認識が記されている。

　1980 年に登録された 4 つの生物圏保存地域においても、生物圏保存地域登録地であることが地元でもほとんど忘れ去られていたが、唯一、志賀高原では「MAB 計画」が民間レベルで意識され、2010 年は志賀高原命名から 80 周年であると同時に生物圏保存地域に指定されてから 30 周年であることが、7 月末の「ECO ツアー in 志賀高原」という観光ツアーの宣伝で使われていた。聞くところによると、地元市民が環境省の国立公園担当者の上杉哲郎氏に、志賀高原の世界遺産の可能性を問い合わせた際に、既に生物圏保存地域に登録されていることを教えてもらったのが契機だったらしい。

　拡張申請の準備についても、これら 4 地域の中でいち早く進めていたのは志賀高原だった。屋久島は世界遺産に登録されており、日本では社会的認知度が低いユネスコエコパークにすぐには興味を示さなかった。大台ケ原・大峰山ユネスコエコパークと白山ユネスコエコパークは、多くの市町村からなるユネスコエコパークであり、ともに一部市町村に世界文化遺産地域を抱えていた。志賀高原では、MAB 計画委員会の動きを待ち望んでいたようである。2011 年 11 月に志賀高原でユネスコパートナーシップ事業シンポジウム「志賀高原ユネスコエコパークにおける環境教育の可能性」を開催したときに、私たち計画委員会は、地元の方から「やっと MAB（の担い手）に会えた」と言われた。彼らにとって、志賀高原生物圏保存地域は活動実態がなく、MAB 計画は連絡さえ取れない幻のような存在だったのだろう。

　2012 年に宮崎県の綾が日本で 5 番目の生物圏保存地域に登録された過程は、第 2 章で述べた文部省と環境庁で推薦した 1980 年登録の 4 つの生物圏保存地域とはかなり異なる。ただし、上記のように日本の MAB 計画活動が

ほとんど休止していたため、新たな登録申請手続きの進め方が整っていなかった。その手続きが確立する前に、綾の実際の申請作業が進められ、いわば、綾が国内手続きを決める先例となった。その時の基本姿勢は、ユネスコエコパーク登録のために地元で何か新たな活動を始めるのではなく、今まで綾が既に行ってきたことで、申請書の書式に合うものを記述するということだった。これは知床世界自然遺産の海域管理計画の原則である「すでに建っている家の設計図を描く」(松田ら 2017) に通じる。MAB 計画は、保全と利用の調和を図るモデル地域であることを認証するものである。ユネスコエコパークに登録するために新たな取り組みをするという趣旨のものではなく、普段、地元自身の意志として必要と思ってやっていることに基づいて筋書きを立てることが登録に繋がる。

南アルプスと只見が新規登録に関心を示し始めたのは 2009 年頃である。先にも述べたが、ユネスコは生物圏保存地域核心地域の保護担保を国内制度に求めている。だから、既に指定されている国内での保護区の立場以上の保存を求められることはない。生物圏保存地域推薦地の登録の可否を勧告する生物圏保存地域国際諮問委員会 (IACBR) が登録勧告を出さないことはあり得るが、その場合は生物圏保存地域になれないだけである。地元は生物圏保存地域になるために活動しているのではない。地元の主体的な取り組みを世界に知らしめ、似たような取り組みをしている世界との交流を図るために生物圏保存地域を目指すのである。外部との交流を図る制度には、世界遺産やジオパーク、「日本で最も美しい村」連合をはじめ、他にもいろいろある。この中から自分たちの取り組みと最もあうネットワークに加盟するという途もある。

(2) 日本が MAB 計画国際調整理事会理事国に復帰

文部科学省の取り組みとしては、2010 年 10 月に名古屋で開催された生物多様性条約第 10 回締約国会議 (CBD-COP10) が大きな転機となった。このとき、文部科学省が「持続発展教育 (ESD) とユネスコ人間と生物圏 (MAB)

第 4 章　日本における MAB 計画の復活

計画における我が国の取組に関するシンポジウム」を CBD-COP10 の副行事として主催し、ユネスコ本部や韓国 MAB から講演者を招待した（第 2 章参照）。綾ユネスコエコパークの国内推薦の直後、2011 年 11 月のユネスコ総会において、日本は MAB 計画国際調整理事会の理事国に復帰した。マドリッド行動計画により 1980 年に登録された 4 つの生物圏保存地域に対し、文部科学省も拡張して登録を維持するか否かの問い合わせをする必要に迫られたこともあり、また綾に続く新規登録の動きがでて、日本の MAB 活動が休眠から目覚めてきた。日本 MAB 国内委員会主査を務めた岩槻氏は、世界自然遺産など、日本の自然保護区問題の第一人者である。2010 年 3 月 27 日には、南アルプスの世界自然遺産を目指す南アルプス世界自然遺産登録推進協議会が飯田市で開催された。ここには、松浦晃一郎元ユネスコ事務局長と岩槻氏などが招かれ、地元 10 市町村で結成した「南アルプス世界自然遺産登録推進協議会」による「世界遺産フォーラム南アルプス in 飯田」が開催された（五十嵐ら 2011）。このフォーラムの際に、岩槻氏が地元にユネスコエコパーク登録を勧め、この助言を受けて南アルプスの申請が行われ、南アルプスは 2014 年にユネスコエコパークに登録された。志賀高原ユネスコエコパークに対する環境省上杉氏の助言と同様、世界遺産を目指す地域で、地元から招かれた別の会合の場でユネスコエコパークを勧められたことを、地元も尊重したのだと思われる。

　2011 年 9 月 28 日の MAB 国内委員会では、綾をユネスコエコパークに推薦するとともに、今後の生物圏保存地域審査基準が決定された。文字通り推薦手続きと審査基準が同時並行で進み、推薦手続きの進め方については未定であった。地元が独自にまとめた申請書に対して MAB 計画委員会と MAB 国内委員会が意見を述べる形で、申請書は英訳も含めてすべて綾町の手で完成された。そして、2012 年 6 月、綾は日本で 5 番目のユネスコエコパークに登録された。綾ユネスコエコパークの認定を決める 7 月 11 日の MAB 計画国際調整理事会に提出された国際諮問委員会（IACBR）からの推薦書には、通常の評価に加え、日本から 32 年ぶりの申請があったことを歓迎すると書かれている。

第2部　ユネスコエコパークの運動論

　それとともに、林野庁と環境省が積極的に綾のユネスコエコパーク登録に協力したことが大きかった。2012年に綾ユネスコエコパークが登録されて以後、MAB計画国際調整理事会で日本から新規登録のユネスコエコパークが承認されると、文部科学省、環境省、林野庁が同時にプレスリリースを出している。

　1980年に登録された他の3つの地域でも、いったん登録したものを自ら取り下げるのは、登録の経緯に主体的に絡んでなかったとはいえ、日本人の気質には合わなかったようである。やがて、これらのユネスコエコパークでも、せっかく登録されている生物圏保存地域を活用しようと考える自治体が現れた。特に、大台ケ原・大峰山ユネスコエコパークは大台町の大杉谷地域を含んでいるが、大台ケ原・大峯山・大杉谷ユネスコエコパークと改名してこのユネスコエコパークの窓口となることは、三重県大台町の知名度を上げる効果があっただろう（第7章参照）。ちなみに、1980年最初に登録された当時は「大峰山」と表記していたが、2013年3月16日に大台ケ原・大峰山ユネスコエコパーク保全活用推進協議会設立準備会の場で「大峯山」と表記を変えるよう希望が出され、2014年4月に改名が承認された。これは英語表記に影響がないため、国内措置だけで決められるという判断である。

(3) 只見が呼び掛けた日本ユネスコエコパークネットワーク

　只見ユネスコエコパークは2014年に登録された。第5章で論じるように、只見ユネスコエコパークの日本ユネスコエコパークネットワーク活動への貢献はきわめて大きい。白山と同様、世界有数の豪雪地帯である。核心地域及び緩衝地域の山地には、雪崩によって斜面の表土が剥ぎ取られ岩盤が露出した雪食地形があり、その上にはブナをはじめとする落葉広葉樹林のほか、針葉樹林、低木林及び草地等により構成される広大なモザイク植生が、原生的な状態で存在する（日本ユネスコ国内委員会2013）。2006年に「ブナと生きるまち雪と暮らすまち・奥会津只見の挑戦・真の地域価値観の創造」を理念とする第6次只見町振興計画を策定し、ブナ林という自然資産を生かした持続

第 4 章　日本における MAB 計画の復活

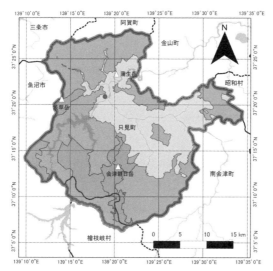

図 4-2　只見ユネスコエコパークの地域区分。中央南に核心地域、その北東の「只見町」と書いた部分が移行地域、それ以外が緩衝地域である。(只見ユネスコエコパーク申請書より)

可能な街づくりを目指している。2007 年に「只見町ブナセンター」を設置し、同年 7 月に「自然首都・只見」を宣言し、行政と住民の協働によるまちづくりを行ってきた。移行地域では、積雪地帯の伝統的な生活文化が継承され、山菜・キノコ類の採集、薪材の生産など森林資源の持続可能な利用も行われている。

　只見ユネスコエコパークの地域区分の特徴は、典型的な生物圏保存地域の核心、緩衝、移行地域の同心円構造と少し異なり、3.5 km^2 の核心地域だけでなく、231 km^2 の盆地状の移行地域も 513 km^2 の緩衝地域の山岳地域に囲まれている点である(図 4-2)。核心地域を緩衝地域で囲うために一部檜枝岐村を含んでいる。申請時には緩衝地域を A と B に分け、越後三山・只見国定公園の「特別保護地区」を調査研究、モニタリングのみが可能な緩衝地域 A とし、核心地域、緩衝地域 A 以外の国有林、核心地域に隣接する町有林と財産区有林を緩衝地域 B とした。緩衝地域 B は、生態系の価値を損ねな

い形での活動を奨励し、地元住民による伝統的な山菜キノコ類の採取慣行が可能な地域である。推薦時にIACBRから緩衝地域を細分しないよう勧告され、まとめて緩衝地域として登録が認められた経緯があるが、実際の運用では、AとBは区別して管理されているようである。

只見ユネスコエコパークのもうひとつの特徴は、緩衝地域に1960年竣工の国内第2の水力発電出力をもつ田子倉ダムがあることである。このダムは、首都圏に電力を供給する主要な発電所のひとつとして、日本の1960年代の高度成長を支えてきた。ダム建設に際し水没した田子倉集落についてはブナセンターに紹介されている。

只見町は、只見の自然をよりどころにしてきた住民の生活と伝統文化を自然首都の価値の根拠として掲げ、その科学的根拠を探るために毎年助成事業を行い、そこで明示された価値を地域で共有し、よりどころとする自然環境を保護し、地域資源を持続的に利用し、伝統文化を継承発展することを目指している（鈴木2016）。只見町は、「自然首都・只見」という標語を掲げて情報を発信している。ブランド強化のために外部者による利用を増やし、それらの枠組みとしてユネスコエコパークを活用する意図であろう。

只見は、早くからユネスコエコパーク管理計画を策定し、公開している。MAB計画の理念を日本で最もよく体現した地域のひとつといえるだろう。2012年に綾ユネスコエコパークが登録された後も、申請手続きの進め方は未定だった。2014年登録の只見と南アルプスのときには、2年前に申請概要書が提出され、MAB国内委員会の代わりにMAB計画委員会が2012年12月に申請者の発表を聞いて意見を述べる機会を設け、その後2013年9月のMAB国内委員会による推薦に至った。MAB計画活動の日本のユネスコ活動の中での位置づけは依然として低かった。他のユネスコ活動では、日本のユネスコ本部での存在感が高いのに比べ、MAB計画は計画委員会という無名の任意団体の国内活動に限られていた。例えばユネスコ政府間海洋科学委員会（IOC）では日本人が副議長を務めるなど、国際社会で多大の貢献をしていた。

(4) 計画委員の勧めで綾に続いたみなかみユネスコエコパーク

　みなかみユネスコエコパークは、祖母・傾・大崩ユネスコエコパークとともに 2017 年に登録された。群馬県みなかみ町全域と魚沼市、南魚沼市、湯沢町（いずれも新潟県）の一部を含む。首都圏約 3000 万人の約 8 割の生命と暮らしを支える利根川の最上流域に位置し、只見ユネスコエコパークなどと同様、世界でも有数の豪雪地帯である。核心地域 91 km^2 と緩衝地域 604 km^2 は、上信越高原国立公園や利根川源流部自然環境保全地域、利根川源流部・燧ヶ岳周辺森林生態系保護地域や緑の回廊三国線等に指定されている。移行地域 218 km^2 では、豊富に湧出する温泉や雄大な自然を資源とした観光産業が営まれている。只見ユネスコエコパークと同様、核心地域も移行地域も緩衝地域に囲まれているように見える（図4-3）。

　みなかみ町がユネスコエコパークを検討し始めたのは、2011 年の「国際照葉樹林サミット in 綾」でのユネスコエコパークの取り組みを見た MAB 計画委員の土屋俊幸氏が、みなかみ町関係者に勧めたのがきっかけという。みなかみ町は、2004 年月夜野町、水上町、新治村の 3 町村が合併する際に「谷川連峰・水と森林防人宣言」を行い、みなかみ町の理念とした。その後、2008 年には「みなかみ・水・『環境力宣言』～水と森林をまもる・いかす・ひろめる力～」を宣言し、水源の町として人と自然が共生する町づくりを行うこととした。この動きは、ユネスコエコパークの理念とも合致する（小池ら 2015）。2014 年のまちづくりビジョン策定委員会が、ユネスコエコパークを柱とする町づくりを目指すことを提案し、町が受けエコパーク推進室を設置したことで、みなかみ町全体でユネスコエコパーク登録を目指すことになった。

　みなかみユネスコエコパークには綾ユネスコエコパークと同様、国有林における官民協働による森林再生を目指す「赤谷プロジェクト」がある。みなかみ町の国有林「赤谷の森」を舞台として、関東森林管理局、地域住民で組織する「赤谷プロジェクト地域協議会」、林野庁関東森林管理局と日本自然保護協会が協定を結び、1990 年代前半に大規模なダムとスキー場の計画が

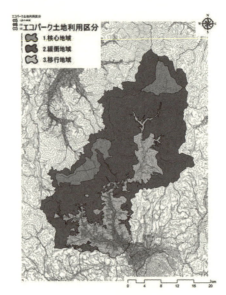

図4-3　みなかみユネスコエコパークの地域区分（左）と保護担保措置

あったこの地の生物多様性の復元と持続的な地域社会づくりをめざす協働プロジェクトである。赤谷プロジェクトでは、赤谷の森に生息している1つがいのイヌワシを森林の生物多様性の豊かさの指標として、その繁殖状況や狩りをする場所などについて調査している。イヌワシは日本の環境省レッドリストでは絶滅危惧IB類に掲載され、開放的な草原などで小型哺乳類などを餌とする。日本の林業の衰退とともに人工林が伐採されず活用されなくなったためイヌワシの狩り場が減り、イヌワシは減り続けているとされる。そこで、赤谷プロジェクトでは2015年に2haのスギ人工林を皆伐し、ノウサギなどのイヌワシの餌となる動物が生息できる環境を創出し、イヌワシの繁殖成功率を上げることを試みている（出島・山崎2016）。赤谷のイヌワシは2010年から15年まで6年連続で失敗していたが、2016、17年に2年続けて子育てに成功したという。

また、谷川岳では自然への配慮と観光振興、環境教育への活用を目的とし

た谷川岳エコツーリズムが展開されている。エコツーリズム基本方針に則した「谷川岳エコツーリズム推進全体構想」は 2012 年に策定され、国立公園内では初めて（国内では 3 番目）となるエコツーリズム推進法に基づく認定地域となった。2017 年に登録された際の国際諮問委員会からのコメントでは、緩衝地域である谷川岳周辺では、山岳クライミング、スキーの人気が高いが、その一方で、脆弱な自然環境を最大限に考慮し、その歴史や文化を活用したエコツーリズムが実施されているとし、みなかみユネスコエコパークが自然に配慮したツーリズムスポットであるとして評価している。

　赤谷プロジェクトと谷川岳エコツーリズム推進協議会の取り組みが、みなかみユネスコエコパークの 2 つの核心地域周辺の活動の核となっている。他方、みなかみ町役場は NPO 法人「持続可能な環境共生林業を実現する自伐型林業推進協会（自伐協）」と連携し、2016 年度から、山林所有者や地域の人自らが長期的な視点で山の手入れをする自伐型林業に取り組んでいる。小規模機械・低投資で始められるため、多くの方が参入しやすく、観光業や農業との兼業も可能という趣旨である（市毛 2017）。みなかみ町が森林の活用に力を入れようとしていることは、伐採された木材をいろいろな形で活用しようとする取り組みからもみてとれる。木育はその一環であり、東京おもちゃ美術館と共同して「ウッドスタート宣言」を行い、みなかみ町で生まれた子どもたちにみなかみの材で作られた木のおもちゃをプレゼントする取り組みが 2016 年から始まっている。おもちゃの中には、みなかみ町が日本の発祥となっているカスタネットも含まれている。最盛期には赤と青の色でおなじみのカスタネットが年間約 200 万個製造されていたそうだが、少子化や材の入手が困難になったことから一時生産を中止していた。カスタネット製造再開には赤谷プロジェクトのメンバーの努力により、最後の職人である富澤健一氏がみなかみ町の広葉樹を使って製造を再開した経緯がある。これらの創意工夫やイノベーションが、ユネスコエコパーク活動にも位置付けられ、理念を共有して取り組まれている。

　このような経緯があって日本の MAB 活動はふたたび活発になり、ようやく 2015 年に志賀高原で EABRN 会議を開催することができた（第 5 章参照）。

第 2 部　ユネスコエコパークの運動論

図 4-4　七尾市の居酒屋で 2016 年 10 月 27 日に開催された第 1 回アジア生物文化多様性会議に際しての白山ユネスコエコパーク主宰の懇親会の様子。前列左からフラヴィア・シュレーゲル事務局長補、松浦晃一郎ユネスコ元事務局長、田中俊徳計画委員。後列左から若松伸彦計画委員、白山ユネスコエコパークの中村真介氏と大西龍一氏（松田撮影）。

長年 MAB 活動をしていた韓国の曺度純（Cho Do-Soon）教授からは、「今までで最高の EABRN 会議だった」と最大級の賛辞を得たという。日本の変貌ぶりは、世界の MAB 関係者だけでなく、ユネスコ本部も注目しているようであり、2016 年 11 月にはユネスコ事務局長補のシュレーゲル氏から松田に直々に個人書簡が届いた。おかげで、ユネスコ日本代表部との風通しも飛躍的に良くなった。

4-3 日本のMAB計画の未来と計画委員会の役割

(1) JICAと国際連合大学の貢献

　国際協力機構（JICA）や国際連合大学サステイナビリティ高等研究所いしかわ・かなざわオペレーティング・ユニット（以下、「国連大学OUIK」）など、MAB国内委員会にもMAB計画委員会にも属さぬ研究者も、ユネスコMAB計画に対して重要な貢献を行っている。

　JICAは海外の生物圏保存地域の活動支援や新規登録の支援も手掛けている。また、海外の登録地の研究者等を日本の計画委員会やユネスコエコパークに招聘している。さらに、日系南米人研修において横浜国立大学が生物圏保存地域についての研究課題をJICAに申請したところ、2013年から16年にかけて4名の研修員が応募し、採用された。

　海外の生物圏保存地域に対するJICAの支援事業の中に、JICA、マレーシア大学サバ校とサバ州が主催する「第三国生物多様性と生態系保全のための持続可能な開発事業（SDBEC）」がある。JICAが招聘した自然環境研究センターの米田正明氏等がクロッカー山地生物圏保存地域申請書の準備にもかかわり、2014年に登録を果たした。この地域では、本来居住区を置かない趣旨である核心地域に先住民が居住している。タンザニアのセレンゲティ国立公園のように、先住民を核心地域から強制的に移住させて保護区とする例もあるが（岩井2017）、クロッカー山地は先住民による共同体利用地域（Community Use Zone）という概念を提案して、審査を通過した（国際協力機構地球環境部2012）。登録後も、JICAはクロッカー山地生物圏保存地域の活動を支援しつつ、サバ州の関係者を日本に招待して、MAB計画の講義や現地訪問を企画した。JICAの支援事業は恒久的なものではなく、自立した活動ができるよう支援するものであるが、登録だけで終わらせていない点に注目したい。JICAは、そのほかにもイランやベトナムの生物圏保存地域活動も支援している。

(2) 日本の MAB 計画の今後

上記のように、MAB 計画委員会という日本独自の組織は、MAB 国内委員会が休眠していたためにできたものであり、MAB 国内委員会との役割分担が意図されていたものではない。しかし、政府としての活動が停滞した時期に研究者独自の活動が維持されてきたことは、結果として大きな復活のための力になったといえるかもしれない。

2009 年から MAB 国内委員会は定期的に開催されるようになり、文部科学省のウェブサイトも整備されている。ユネスコエコパーク申請手続きも整い、2012 年の綾をはじめとして、MAB 国内委員会の審査と推薦のもと、順調に登録地が増えている。MAB 国内委員会は十分に機能し始めた。しかし、審査機関と助言機関を分けるという意味で、MAB 計画委員会は、その後も各地のユネスコエコパークの会合等に共催団体や招待講演者等として貢献している。設立当初の役割とは異なるが、今後は、MAB 計画委員会の役割として以下の点が重要と考えられる。

ひとつは、MAB 国内委員会がユネスコエコパークの審査・評価機関、海外への政府窓口という役割を果たすのに対し、計画委員会はユネスコエコパーク活動の支援活動を行うこと。支援・助言と評価・審査を同じ機関が行うよりは、それぞれの役割が明確になる。これは、他国の MAB 活動や内外のジオパーク活動にも見られない特徴といえる。MAB 国内委員と MAB 計画委員の双方が、それぞれの立場から、国際制度や文部科学省と地元の取り組みの橋渡しをするトランスレーター（第 5 章参照）としての役割を果たすことが期待される。

第二に、各地のユネスコエコパークを支援する研究者のネットワークを束ねることが重要であろう。多くのユネスコエコパークでは、管理運営組織のほかに学術委員会のような組織を設けている。計画委員の多くは各ユネスコエコパークにかかわる研究者で構成されているが、各ユネスコエコパークにかかわる研究者は計画委員に参加している研究者以外にも、多様な分野の研究者がユネスコエコパークの研究に取り組んでいる。ユネスコエコパーク間

第4章　日本における MAB 計画の復活

の研究者の相互交流が重要である。計画委員は今までかなり生物系に偏っていたが、自然保護区制度、一次産業、観光、ESD の専門家なども必要である。現場にかかわるトランスディシプリナリー研究（終章参照）が求められる。

そして第三に、各ユネスコエコパークの活動を担う市民同士の連携も重要である。各ユネスコエコパークの運営を担う協議会の構成員はユネスコエコパークの性格によって異なっている。本章で紹介した綾や只見やみなかみのように、ほぼ単一の基礎自治体が担うユネスコエコパークでは、多様な市民も含めた協議会構成となっている。他方、第7章で論じるように、白山や南アルプスのように多くの市町村からなるユネスコエコパークでは、各自治体の代表で協議会が構成されている。いずれの場合も基礎自治体ごとの市民の活動が集約されるネットワークが重要であろう。MAB 計画が標榜する参加型アプローチとは、政府でなく基礎自治体が中心となることでもなく、民間も含めた多様な地域の主体が参画することである。JBRN はユネスコエコパーク単位であり、その代表は主たる自治体の首長が務めることが予想されるが、JBRN 大会には多様な担い手が参加し、交流する場となることが期待される。日本発祥の草の根組織である各地のユネスコ協会もその役割を果たしえるかもしれない。毎年開催されるユネスコ大会には多くの市民が参加している。

4-4 │ 今後の課題

(1) まだ推敲中の国内申請手続き

ここで、ユネスコエコパークの登録手続きについて、残された課題を述べる。国際的には、生物圏保存地域の登録は、加盟国政府が世界共通の申請書の書式に従った推薦書を準備して、毎年9月頃にユネスコ本部に推薦し、委員名が事前に公表されている IACBR が書面審査を行い、5月頃に勧告案を出した後、6月頃の MAB 計画国際調整理事会の場で登録（Approved）、見送

り（Deferred）、却下（Rejected）が決定される。申請書式は歴史的に変わり続けているが、この手続きの大きな流れは変わっていない。しかし、加盟国がどのように推薦地を決めているかは、国によっても異なるようである。日本では、1980年には文部省が環境庁と相談し、保護すべき場所を上意下達で決めていた（第2章参照）。2012年に綾ユネスコエコパークが登録される際には、上述の通り登録手続き自体が確定せず、試行錯誤の中で政府が推薦した。

セビリア戦略の後、政府主導でなく、地域主体の取り組みが重視されるようになったが、その申請手順は未確立だった。日本独自の登録基準は設けられたが（第2章表2-3）、地域区分に含まれる構成自治体の同意がいつの時点でどこまで必要かなどは、2012年以後も試行錯誤が続いている。2013年に改定したユネスコ国内委員会のパンフレットには、MAB国内委員会が推薦の可否の審査を行うことが明記された。登録する2年前の秋の委員会で自治体から申請書を審査し、修正点などの意見を述べ、前年春の委員会で推薦の可否の方針を決め、前年秋の委員会で自治体が準備した英文（または仏文）の申請書をもとに最終的な修正意見等を述べて推薦に至る。2014年登録の只見と南アルプスのときには、2年前には申請概要書が提出され、審査方針が未定のままMAB国内委員会の代わりに計画委員会が申請者の発表を聞いて意見を述べたこともあった。さらに構成自治体の合意が不十分なまま申請が出されることを防ぐために、2016年からは2年前の申請時に構成自治体の首長の同意書が求められるようになった。

また、2010年頃の議論では、環境省の検討会で選んだ世界自然遺産への推薦が検討される19地域が望ましいとされた。この検討会サイトは、2018年現在でも、MAB計画委員会のサイトに紹介されている。2014年登録までの9つのユネスコエコパークはすべて上記サイトの19地域に含まれていた。ただし、これに限るとは国内審査基準（第2章の表2-4）のどこにも書かれていない。ユネスコ本部の登録基準により、核心地域は各国の国内法による自然保護の法的担保が求められているが、MAB国内委員会により、国立公園、国定公園などの特別保護地区と第1種特別地域、林野庁の森林生態系保護地域の保存地区などがそれに該当すると定められた（日本ユネスコ国内委員会

2016)。登録申請は自治体が自主的に取り組んでいるもので、特に MAB 国内委員会や計画委員会から働きかけは行っていない。地元から相談に来る場合も、基礎自治体から相談されるだけではなく、祖母・傾・大崩ユネスコエコパークのように県から相談に来る場合も、民間人、科学者、ユネスコ協会などから相談に来る場合もある。登録申請する前に、計画委員会メンバーなどが地元に招かれて公開講演会や討論会が行われることも多々ある。

登録を非公式に検討している自治体関係者が、JBRN の会合にオブザーバとして参加する例もある。JBRN の前身である J-BRnet の時代には、計画委員会が声をかけた未登録地のメンバーがメンバーに含まれていた。JBRN に改組する際に、会員資格をどうするかが議論になった（第 6 章参照）。類似した先行例のひとつである日本ジオパークネットワーク（JGN）では、希望する地域のために準会員という制度があり、原則として入退会自由である。2015 年まで世界ジオパークはユネスコの支援事業であり、ユネスコ国内委員会の議を経ずに日本ジオパーク委員会（JGC）が世界ジオパークに推薦していた。また、世界ジオパークに推薦されるには、あらかじめ日本ジオパークに審査を受けて登録されている必要があった。そのため、JGN の準会員が既に世界ジオパークの候補地として日本政府や JGC に認知されているという誤解は生じない。しかし、ユネスコエコパークには国内独自の登録制度がない。そのため、ユネスコエコパークの未登録地域が自由に JBRN に加入し、準会員のような呼称を設けることには、ユネスコ国内委員会としても慎重になるのではないかと思われた。そこで、「研究会員」という呼称が発案され、原則として自由に入会できるようにした。

(2) ユネスコとジオパーク運動の関係

2015 年に世界ジオパークはユネスコ正式事業となり、名称もユネスコ世界ジオパークまたはユネスコグローバルジオパークという呼称を用いるよう周知徹底された。正式事業化の後は、ユネスコ世界ジオパークへの推薦は加盟国政府を通じて行われるようになったが、日本ジオパークは引き続き

JGC の独自事業であり、ユネスコの正式事業ではない。また、事実上、今まで通り JGC がユネスコ世界ジオパーク推薦地の審査を行うことができるだろう。

　しかし、ユネスコは外交問題であり、MAB 計画国際調整理事会の場で意見を述べる際には、政府代表としての立場を背負うことがある。換言すれば、政府の外交政策に矛盾する方針を JGC が維持できるとは限らない。2015 年に伊豆半島が世界ジオパークに推薦されたとき、似たような問題が起きかけたことがある。この地域ではイルカ追い込み漁が行われていたことがあり、それを理由に登録に反対する署名運動が起こった。ジオパークの審査では異論が出ている候補地の登録を留保する傾向がある。同年 6 月に現地視察に訪れた世界ジオパークネットワーク（GGN）の審査委員が署名運動に触れ、ユネスコ事務局長宛てに書簡を出すことを勧めた。申請していた伊豆半島ジオパーク協議会は当時のボコヴァ事務局長に書簡を送ったが、イルカ追い込み漁を今後しないなどというような返答をしなかったことがひとつの根拠となって、同年 10 月に登録が留保された。これは 2015 年 12 月のユネスコ総会で、世界ジオパークが正式事業になる直前の決定だった（17 頁参照）。

　正式事業になった後であれば、これは日本政府にとっての外交問題であり、ユネスコ総会でも異論が出た可能性がある。正式事業になる前なのに、GGN がユネスコ事務局長に書簡を送るように勧めたのは首をかしげる。おそらく、今後も、このような外交問題が起こり得るだろう。

　いずれにしても、JBRN は研究会員という呼称で、関心を持つ地域の任意加入に門戸を開いており、JBRN に加入する段階で MAB 国内委員会の審査を経る必要はない。日本ジオパークのような国内認証制度を独自に持つことも考えられる（第 6 章参照）。ここでは詳しく触れないが、国際連合食糧農業機関（FAO）が認定する世界農業遺産（GIAHS）では、農林水産省が国内推薦する。2017 年 3 月からは、世界農業遺産等専門家会議の審査を経て日本農業遺産の認定も行うようになった。2013 年 11 月に設立された国内認定地のネットワーク「世界農業遺産国内認定地域連絡会議」（J-GIAHS ネットワーク会議）もある。世界文化遺産では、文化庁が国内推薦しており、2015 年 4 月

から日本遺産の認定も行っている。ただし、ジオパークと異なり、日本農業遺産または日本遺産になることが、それぞれ世界農業遺産または世界文化遺産に推薦される要件ではない。

(3) ユネスコにおける日本の信頼

　最後に、ユネスコ（国際連合教育科学文化機関）自体の未来について述べる。2017年10月に米国トランプ大統領は、ついにユネスコからの脱退を宣言してしまった（第6章参照）。直接の原因は、パレスチナ自治区のヘブロン旧市街のユネスコ世界文化遺産登録である。そもそも、ユネスコが2011年にパレスチナの加盟を認めた時点で、米国は分担金拠出を停めていた。ユネスコから脱退しても、世界遺産条約から脱退しない限り、米国内の世界遺産は抹消されず、新規登録さえ可能である。他方、台湾はユネスコ及び国際連合の非加盟国であり、台湾には世界遺産も生物圏保存地域もなく、広義の非政府組織である国際自然保護連合（IUCN）が認定する国際保護区がある。

　MAB計画でも、紛争地域の登録が議論になったことがある。2013年に、韓国が北朝鮮との国境にある非武装地帯（DMZ）の登録を推薦してきた。このような場合は北朝鮮と共同で両国にまたがって地域を指定するのが望ましい。それならば問題なく登録できただろう。しかし、北朝鮮側が同調しなかったので、韓国は休戦ラインの韓国側だけを推薦した。国際諮問委員会（IACBR）は登録を勧告した。しかし、北朝鮮自身はそれを歓迎していないようであった。MAB計画国際調整理事会の場では、日本政府代表団は、ユネスコ大使自身が韓国の提案に賛同した。しかし、審査委員会と議長団の登録提案にもかかわらず、慎重な理事国が複数あった。北朝鮮からもその場で発言を求めつつ、やはり、北朝鮮側との調整を済ませたうえで登録すべきという条件が付いた。これは見送り再審査ではなく、北朝鮮側からの同意が得られれば認めるという措置であろう。しかし、その後もこの条件は満たされていない。このように、本来、ユネスコは紛争に敏感であり、一方に利するような裁定にはきわめて慎重である。逆に、世界遺産や生物圏保存地域の国境をまたぐ

地域の登録は、双方の共同提案であり、両国の友好促進につながるものとして積極的に推奨している。先の知床の例のように、国境紛争地域を含む場合でも、両国が同意すれば可能だろう。

　ユネスコにおける日本をとりまく雰囲気は、ワシントン条約や国際捕鯨委員会とは全く異なり、きわめて友好的である。米国不在の中で最大の分担金拠出国という意味ではなく、日本のユネスコ関係者が長年信頼を勝ち得てきたからだと思われる。ではなぜ日本が嫌がる第二次世界大戦の負の遺産が登録されるのか。当然、中国や韓国はそれをユネスコ社会に訴えたいという意図があるだろうが、審査する第3国の人々は、反日感情で判断しているのではないだろう。ドイツはユダヤ人強制収容所を今日に至るまで繰り返し反省している。おそらく、日本が戦時中の虐殺や慰安婦問題に関する登録に反対する理由が理解できないのだろう。

　私と日本政府は、2014年に他の理事国から大いに助けられたことがある。志賀高原ユネスコエコパークが拡張申請を出した際に、国際諮問委員会は承認するよう勧告を出し、公表していた。世界遺産と同様に、登録見送り勧告が本会議の場で登録に変わることはよくあるが、逆の例はほとんどない。我々は安心してスウェーデン国ヨンショービングでのMAB計画国際調整事会に臨んだ。当時日本代表団は文部科学省から1名、MAB国内委員会から調査委員の私の2名であり、やはり推薦中の南アルプスユネスコエコパーク担当のMAB計画委員の増澤武弘静岡大学教授がオブザーバとして参加していた。議事が進み、ひとつひとつの案件が承認されていた。ところが、志賀高原の番になると、議長団が突然「見送り」(Deferred)と提案してきた。私は耳を疑い、ふたりに聞き間違えていないか確認した。ふたりも愕然として首を縦にも横にも振らず、固まっていた。そのころ地元では、そんな事情は露も知らず万歳三唱の準備をして連絡を待っていたはずである。政府代表団の責任の重みをこれほど感じたことはない。この日は私の人生で、最も動揺した日になった。

　議長団の説明が終わり、私はマイクで「今、見送りと言いましたか」と問い返した。そうだと答えたので「本当か、国際諮問委員会 (IACBR) は承認

第4章　日本における MAB 計画の復活

勧告を出しているではないか」と聞き直した。それはあくまで勧告であり、議長団の判断で見送りを提案したという説明だった。見送り提案の理由を、実はまじめに聞いていなかったのだが、事前の国際諮問委員会勧告でも、志賀高原ユネスコエコパークの核心地域が緩衝地域または移行地域に囲まれていない部分があること、管理計画の提出が必要なことが指摘されてはいた。私は必死になって、確かに緩衝地域に完全には囲われていないが、その地域は国立公園の中であり、日本の国立公園制度によって完全に囲われていると説明した。

　今にして思えば、この論理より、私が心底驚いていたことが、加盟国の同情を喚起したのだと思う。事前に国際審査委員を務めた韓国政府代表をはじめ、ケニア、英国、マレーシア、ハンガリー、セントビンセント・グレナディーンから日本を支持する発言があいついだ。議長団提案を支持する発言はなかった。韓国からは、日本は MAB 活動が長年停滞し、ようやく活動が復活している段階であり、志賀高原は 1980 年に登録されて放置されている 4 つの生物圏保存地域の中で最初に拡張申請を出したことに配慮すべきだというような発言を頂いた。英国からは、このように落下傘部隊を送り込むような突然の提案は避けるべきだと支援を受けた。これらの意見を踏まえて議長団も提案を取り下げ、コンセンサスにより拡張登録は承認となった。

　日本が最大の拠出金を出していることを理由に議長団が配慮した形跡はないが、加盟国がこぞって支持してくれたことこそ、日本の最大の財産といえるかもしれない。皆が一斉に議長団に反論し、風向きが変わった頃に、私は Japan と書いた代表団の証である三角柱の紙の札を机から落とし、拾い上げたときに若干憤慨した様子を見せてしまった。あるアジア人がその翌日だったか、日本人が怒るところを珍しく見たと私に言った。

　ユネスコは、戦後の日本が国際社会に復帰するうえで重要な役割を果たした（第6章注1）。その一方で、日本がユネスコを支えているという側面がある。金銭面だけではない。多様な日本の人材がユネスコ運動を支え、松浦元事務局長を中心に無形文化遺産制度を創設したり、持続可能な開発のための教育（ESD）や持続可能性科学などユネスコが中心になって取り組む理念を提案し

たりしてきた。

　総じて、日本の MAB 計画にはまだまだ課題も多く、例えば日本のジオパーク活動に比べて存在感があるとは言えない。けれども、日本の MAB 活動は休眠していた活動が条件次第で復活することの実例であり、内外の自然保護区制度そのものの理念と実践の進化の歴史を理解することができ、その中にさまざまな原因を探ることはできるだろう。MAB 計画を使いこなすことは、持続可能な利用と自然保護の調和を図る保護区のあり方を進化させる道である。

引用文献

有賀祐勝（2001）北方四島の自然保護協力に関するワークショップ．Japan InfoMAB 28: 2-5. http://mab.main.jp/wp-content/uploads/2015/02/InfoMAB_28.pdf（2017 年 7 月 30 日閲覧）

出島誠一・山崎亨（2016）みなかみの豊かな森にくらすイヌワシ．みなかみ町編『みなかみ町の自然とくらし』群馬県みなかみ町役場．

Government of Japan (2017) National Report of Japan, UNESCO Man and the Biosphere Programme International Coordinating Cuncil 29th session Paris, 12 to 15 June 2017. http://www.unesco.org/new/fileadmin/MULTIMEDIA/HQ/SC/pdf/MAB_National_Report_Japan_MABICC29.pdf（2017 年 7 月 30 日閲覧）

市毛亮（2017）「森の恵みと学びの家」から．赤谷の森だより（林野庁），34: 2. http://www.rinya.maff.go.jp/kanto/kanto/akaya_fc/kouhoushi/kouhoushi.html（2018 年 2 月 25 日閲覧）

五十嵐敬喜・西村幸夫・岩槻邦男・松浦晃一郎編著（2011）『私たちの世界遺産 4 新しい世界遺産の登場　南アルプス［自然遺産］　九州・山口［近代化遺産］』公人の友社．

Iwatsuki, K., Suzuki, K., Japanese Coordinating Committee for MAB (2007) Catalogue of UNESCO MAB/Biosphere Reserves in Japan, version II. The Research Group on 'Biodiversity Estimation of the Biosphere Reserves in Japan' in collaboration with Japanese Coordinating Committee for MAB endorced by Japanese National Committee for MAB

池谷透・有賀祐勝（2015）日本の MAB 計画委員会の歴史．Japan InfoMAB No. 41: 9-13. http://mab.main.jp/wp-content/uploads/2015/10/InfoMAB_41.pdf（2018 年 3 月 1 日閲覧）

岩井雪乃（2017）『ぼくの村がゾウに襲われるわけ。―― 野生動物と共存するってどんなこと？』合同出版．

Japanese National Committee for MAB (1999) Catalogue of UNESCO MAB/Biosphere Reserves in Japan. Japanese Center for International Studies in Ecology.

小池俊弘・出島誠一・阿部利夫・朱宮丈晴（2015）利根川源流地域および谷川連峰におけ

る水と森林を育む取組 ―― 赤谷プロジェクトや谷川岳エコツーリズムによる減流域の保全. Japan Info MAB No. 41: 3-8.
国際協力機構地球環境部（2012）マレーシア国ボルネオ生物多様性・生態系保全プログラムプロジェクトフェーズ2　終了時評価調査報告書. open_jicareport.jica.go.jp/pdf/12182879.pdf（2018 年 3 月 1 日閲覧）
日本 MAB 計画委員会（n.d.）http://mab.main.jp/english/（2017 年 7 月 30 日閲覧）
日本ユネスコ国内委員会（2013）新規推薦地「只見」の概要. http://www.mext.go.jp/unesco/001/2013/1339279.htm（2018 年 6 月 26 日閲覧）
日本ユネスコ国内委員会（2016）ユネスコエコパーク（BR）の保護担保措置・ゾーニングに関する基本的な考え方. http://www.ecomart.or.jp/press/detail.asp?id=205544（2018 年 2 月 22 日閲覧）
山口征矢（1997）第 4 回東アジア生物圏保存地域研究協力会議（EABRN-4）. Japan InfoMAB, No. 20: 2-4. http://mab.main.jp/wp-content/uploads/2015/02/JapanInfoMAB_no20.pdf（2018 年 3 月 1 日閲覧）

第 5 章　日本ユネスコエコパーク
　　　　　ネットワークの誕生

中村真介

第2部　ユネスコエコパークの運動論

　既にいくつかの章で詳述されたように、生物圏保存地域の焦点はこの40年で自然保護と学術研究から持続可能な開発へと移り変わり、生態系サービスの活用とそれを支える地域住民の役割が重視されるようになった。それに合わせ、世界の生物圏保存地域が形成するネットワークもまた、その重点を移行してきた。

　日本のユネスコエコパークにこの変化が訪れたのは2010年頃のことだが、国際的な理念の変革が、日本の地域の現場に落とし込まれるまでには、数々の混迷とそれを乗り越えるための創意工夫やイノベーションがあった。その象徴的な例として日本ユネスコエコパークネットワークが挙げられる。日本全国のユネスコエコパークに携わる者同士が互いに学び合い、相互の活動の発展と向上に寄与するため、2010年に科学者の主導によって生み出されたこのネットワークは、そのわずか5年後には地域主導型のネットワーク組織へと大きな変革を遂げることとなった。

　ネットワークの組織論的な分析は第6章に譲り、本章では、白山ユネスコエコパークの実務担当者（2013年7月～2017年1月）としてこの変革を間近で観察し、かつ当事者としても深く携わってきた著者の立場から、日本ユネスコエコパークネットワーク誕生の経緯、世界との交流も含めたその後の展開を報告し、その過程からみえてきたネットワークの意義と課題を論じる。なお、本稿は、当事者のひとりでもあった著者の観察と考察に基づくものであり、全関係者の共通見解ではないことをお断りしておきたい。

5-1　生物圏保存地域のネットワークとは

(1) 世界の生物圏保存地域ネットワーク

　生物圏保存地域の登録地域をネットワークでつなぐという考え方は、決して日本独自のものではない。世界中で共通の活動に取り組んでいる者同士をネットワークでつなぎ、相互の学び合いを支援していくことは、ユネスコの

得意とするところであり、生物圏保存地域にもその仕組みは当初から内蔵されていた。これは、世界遺産などの類似する自然保護制度とは異なる、生物圏保存地域の大きな強みである。

　生物圏保存地域の登録基準などを定めた基本文書である生物圏保存地域世界ネットワーク定款（ユネスコ 1995）では、第 2 条第 1 項に「生物圏保存地域により、生物圏保存地域世界ネットワークという名称の世界的規模のネットワークが形成されている」と定められている。これは即ち、生物圏保存地域として登録を認められた地域は、自動的に生物圏保存地域世界ネットワーク（World Network of Biosphere Reserves; WNBR）の一員となることを意味している。そのネットワークの機能として、同定款には下記の 3 項目が挙げられている。

　　第 7 条―本ネットワークへの参加
　1. 加盟国は、科学的研究・観測など、世界レベル、地域レベル、地域間レベルにて本ネットワークの連携活動に参加し、又は促進する。
　2. 関連当局は、知的財産権を考慮に入れながら、研究結果、関連の刊行物その他のデータを公表し、本ネットワークが適切に機能するようにするとともに情報交換の便益が最大になるようにする。
　3. 加盟国、関連当局は、本ネットワーク内の他の生物圏保存地域と連携して、環境教育・研修、人材育成を推進する。

　生物圏保存地域の登録を含む MAB 計画は、ユネスコにおいて自然科学事業の 1 つとして位置づけられており、定款の規定からも読み取れるように、WNBR の重点は当初、生態系の保護に寄与する観測や学術研究、そのデータの共有などに置かれていた。そのため、WNBR には、定期的に会合を開くとか、代表者をどうするとか、組織としての意思決定をどこで決めるなど、そのような発想は皆無に等しかった。あくまで、生物圏保存地域に登録された地域同士が、気軽に情報交換し、共同研究などに取り組めるようにと"名付け"られたものが、WNBR であったといえるだろう。

　WNBR には、サブネットワークとして、東アジアやアラブなど地域別のネットワークや、山岳や島嶼など生態系別のネットワークも存在する

(UNESCO n.d.)。600を超える生物圏保存地域が集まるWNBRではあまりに規模が大きすぎるので、その中で共通項をもつ者同士が、もう少し規模の小さい（＝顔の見えやすい）サブネットワークを形成したものと考えればわかりやすいだろう。

　サブネットワークの運営は、それぞれの加盟者や事務局に委ねられており、その態様は千差万別である。例えば、日本も加盟する東アジア生物圏保存地域ネットワーク（East Asian Biosphere Reserve Network; EABRN）では、国を基礎的な加盟単位として、各国代表が運営委員会（Steering Committee）に参画し、事務局をもつユネスコ北京事務所とともに全体の運営を協議している。一方で、日本政府がユネスコへの信託基金を通じて活動支援している東南アジア生物圏保存地域ネットワーク（Southeast Asian Biosphere Reserve Network; SeaBRnet）は、日本・中国・韓国もよく会議に招かれるなど加盟者がやや曖昧で、その運営も、事務局をもつユネスコジャカルタ事務所に実質的に委ねられている。

(2) 生物圏保存地域にかかわるステークホルダー

　WNBRはじめ、世界の生物圏保存地域のネットワークには各国の生物圏保存地域関係者が集まっているが、一口に関係者といっても、集まっている人々の属性や立場は一様ではない。やや乱暴な括りではあるが、以下本章では生物圏保存地域関係者を、政府関係者、科学者、地域関係者の三者に大別する。

　政府関係者は、端的にいえば各国の中央政府の職員である。ユネスコは政府間組織であり、国を加盟単位として構成されているため、公式な連絡はすべて各国の中央政府を経由し、各国内におけるユネスコ活動も中央政府が説明責任を負うのが基本原則となっている。各ユネスコ加盟国は、ユネスコ本部のあるフランス・パリに政府代表部（Permanent Delegation；いわば在ユネスコ大使館のようなもの）を設けて日常的な連絡調整を行い、国内ではユネスコ国内委員会（National Commission for UNESCO）を設けて国内のユネスコ活動

第 5 章　日本ユネスコエコパークネットワークの誕生

を総括するのが一般的である。

　日本の場合、日本ユネスコ国内委員会は、「ユネスコ活動に関する法律」第 5 条に基づき 1952 年に設置され、文部科学省に事務局を置き同省職員が実務を担っている（文部科学省 n.d.-b）。生物圏保存地域にはこの他にも、ユネスコ日本政府代表部を所管する外務省など複数の省庁がかかわっているが、自然環境行政とのつながりから、国立公園等を所管する環境省と国有林を所管する林野庁との関係が特に深い。

　科学者は、一括りに表現することは難しいが、多くの場合大学や研究機関、国によっては政府機関に所属し、調査研究活動や科学的知識に基づいた助言などに取り組んでいる人々ということができるだろう。自然環境変動のデータを集めることに主眼を置く科学者もいれば、科学的知識を背景として地域社会の変革を支援する科学者もおり、その関心や活動は実にさまざまである。また、首都や大都市を拠点として、調査や行事のある時にだけ生物圏保存地域に赴く訪問型研究者もいれば、生物圏保存地域エリア内や近隣都市を拠点として、生物圏保存地域に常駐しているレジデント型研究者もいるなど、そのかかわり方もまた一様ではない。

　多くの国では、MAB 計画や生物圏保存地域にかかわりの深い科学者は、MAB の国内委員会（MAB National Committee）に属していることが多い。MAB の国内委員会は、各国のユネスコ国内委員会の認証を受けて当該国における MAB 計画の活動を総括する政府系の委員会で、各国から生物圏保存地域への登録を推薦する地域を選定するほか、自国内の生物圏保存地域の活動をさまざまな面から支援している。

　日本では、日本ユネスコ国内委員会自然科学小委員会人間と生物圏（MAB）計画分科会（Japanese National Committee for MAB、以後「MAB 国内委員会」）がこれに相当し、生態学者を中心とする科学者によって構成されている。しかし、MAB 国内委員会の主たる機能は、日本からの生物圏保存地域登録推薦地域の審査に留まっており、国内の生物圏保存地域の支援は実質的に日本 MAB 計画委員会（以後「計画委員会」）が担っているのが現状である。計画委員会は、MAB 国内委員会を補完するために、1980 年代に生物圏保存地域に

かかわりの深い科学者が立ち上げた任意団体であり（池谷・有賀 2015）、政府から独立した任意団体として活動している点で、世界でも珍しい組織であるといえるだろう（第4章参照）。

地域関係者は、科学者以上に、内部が多様な属性で満たされている。それをあえて一言でまとめようとすれば、生物圏保存地域に登録されている地域（以後「登録地域」）、または登録を目指している地域（以後「準備地域」）にかかわっている、多様なステークホルダーということができるだろうか。具体的には、地方自治体（以後「自治体」）、大学や研究機関、農業協同組合や商工会・観光協会などの産業団体、自治団体、保護地域の土地所有者・管理者、地域住民などを挙げることができるだろう。

日本では、MAB 国内委員会の定める生物圏保存地域審査基準（日本ユネスコ国内委員会 2018）において、「組織体制は、自治体等を中心とした構成とされており、土地の管理者や地域住民、農林漁業者、企業、学識経験者及び教育機関等、当該地域に関わる幅広い主体が参画していること」と定められている。この多様な地域関係者を巻き込んでいくため、日本のユネスコエコパークでは通常「ユネスコエコパーク協議会」と呼ばれる組織を設立することが一般的であり、これが各ユネスコエコパークの管理運営団体となっている。

上記の審査基準に「組織体制は、自治体等を中心とした構成」とあるように、日本のユネスコエコパークでは、自治体、特に基礎自治体である市町村の関与が欠かせないものとなっている。日本各地で過疎化や高齢化が深刻化し、自治体の消滅可能性までが取り沙汰される中、近年の自治体には、地域住民や多様な地域団体の間に立って利害を調整しながら、地域の将来像を設計していくコーディネータの役割が求められるようになってきている。その意味でも、ユネスコエコパークにおいて自治体の果たすべき役割は大きいといえるだろう。事実、ユネスコエコパーク協議会の事務局は自治体が担い、会長には自治体首長が就任し、活動資金も自治体が供出している場合が多い。なお、ユネスコエコパーク協議会の構成には大きなパターンとして2通りあるが、ユネスコエコパークエリアがおおむね1市町村で構成される場合にはその市町村内の多様な地域団体が構成員となり、エリアが複数の市町村で構

成される場合には、該当する複数の市町村が構成員となることが多い (Tanaka and Wakamatsu 2018)。

　世界の生物圏保存地域ネットワークは、これまで政府関係者と科学者を中心に運営されてきた。しかし、生物圏保存地域の重点が自然保護や学術研究から持続可能な開発へとシフトし、地域社会の積極的な参画を要する移行地域の設定が明文化されたことに伴い、近年では地域関係者の役割が重要視されるようになってきている。

(3) 日本における生物圏保存地域のネットワーク前史

　白山、大台ケ原・大峰山、志賀高原、屋久島の4地域が1980年に日本で初めて生物圏保存地域に登録されて以降、日本の生物圏保存地域には約30年にわたり"眠り"の時代が続いた（第4章参照）。MAB計画や生物圏保存地域といった言葉が一般に認知されないどころか、登録地域ですらその認識がないのが実情で、計画委員会を中心とする一部の科学者が細々と活動を続けていたのみであった。当然、WNBRとのかかわりも限られており、1996年に鹿児島・屋久島で第4回EABRN会議が開かれたことはあったものの、その波及効果は特に見られなかった。

　2011年に整備された生物圏保存地域審査基準（日本ユネスコ国内委員会2018）では、必ず満たすべき基準として「ユネスコBR世界ネットワークによる取組に協力が可能であること」（原文ママ）と明記されており、WNBRへの協力は、登録地域にとって義務となっている。しかし、長い間"眠って"いた日本の生物圏保存地域にとって、世界で600を超える生物圏保存地域といきなり交流しようということは現実的な発想ではなく、まずは日本国内で情報交換を進めようというところからネットワークが始まることは、自然な流れであった。

第 2 部　ユネスコエコパークの運動論

5-2 日本ユネスコエコパークネットワークの誕生

(1) メーリングリストの時代

　日本ユネスコエコパークネットワーク（当時は英語名称 Japan Biosphere Reserve Network、略称 J-BRnet）が設立されたのは、日本初の生物圏保存地域登録からちょうど 30 年を経た、2010 年のことである（日本 MAB 計画委員会 n.d.）。当時は、MAB 国内委員会が生物圏保存地域（Biosphere Reserves）を国内では「ユネスコエコパーク」と呼ぶことを決め（文部科学省 n.d.-a）、またユネスコエコパーク登録に向けて綾町が動き始めるなど、日本のユネスコエコパークが "目覚め" を間もなく迎えようとしている頃であった。

　当時の J-BRnet は、活発化してきたユネスコエコパーク関係者同士の情報共有をより効率的に進めるため、計画委員会によって立ち上げられたメーリングリストであった（酒井 2016）。日本のユネスコエコパーク関係者を 1 つにつなごうという発想自体は、今振り返ればエポックメイキングではあったものの、この当時はあくまでメール上の存在に過ぎず、組織と呼べる状態ではなかった。実際に顔を合わせる "リアル" な会合を開いたこともなく、またメーリングリスト自体も、すべての登録地域から関係者が平等に加入している状況にはなかった。

　2012 年には規約が制定され、組織としての体裁が若干整えられた。しかし、J-BRnet に参加する地域は計画委員会の判断に委ねられ、代表と事務局は計画委員会委員長と同事務局がそれぞれ併任し、運営は計画委員会及び J-BRnet 会員の合議により、規約は計画委員会の合議によって改正が可能であるなど、実権はすべて計画委員会に委ねられている状態であった。

　当時は白山、大台ケ原・大峰山、志賀高原、屋久島の 4 つの生物圏保存地域が、自分の地域が生物圏保存地域に登録されていたという事実を知らされて間もない頃で、これが一体どのような制度なのか、何をすることが求められているのか、さっぱりわからないというのが正直なところだった。そのよ

第 5 章　日本ユネスコエコパークネットワークの誕生

表 5-1　日本ユネスコエコパークネットワーク関連年表（2010 年-2016 年）

時期	内容	開催地
2010.09.30	日本ユネスコエコパークネットワーク（J-BRnet）設立	
2012.04.01	J-BRnet 規約施行	
2013.10.25-26	第 1 回 J-BRnet 会議〔参加者 36 名〕	只見
2014.09.19-20	ユネスコエコパーク全国サミット	志賀高原
2014.11.27-28	第 2 回 J-BRnet 会議〔参加者 61 名〕	白山
2015.02.17	J-BRnet 第 1 回ワーキンググループ（WG）会合	横浜（横浜国立大学）
2015.05.25	J-BRnet 第 2 回 WG 会合	東京（文部科学省）
2015.07.14	ユネスコエコパーク関係自治体同士の打ち合わせ	東京（日本自然保護協会）
2015.08.06	J-BRnet 第 3 回 WG 会合	東京（文部科学省）
2015.08.24	J-BRnet 第 4 回 WG 会合	東京（文部科学省）
2015.10.06-08	第 3 回日本ユネスコエコパークネットワーク大会〔参加者 70 名〕	志賀高原
2015.10.06	日本ユネスコエコパークネットワーク（JBRN）規約全面改正	
2015.10.06-09	第 14 回東アジア生物圏保存地域ネットワーク会議	志賀高原
2016.01.08	JBRN 第 1 回運営ワーキンググループ（WG）会合	東京（文部科学省）
2016.03.14-17	第 4 回生物圏保存地域世界大会	ペルー・リマ
2016.03.18-19	第 28 回 MAB 計画国際調整理事会	ペルー・リマ
2016.05.11	国際シンポジウム「世界ネットワークを通じた学びあいと生物文化多様性の保全－ユネスコエコパークの事例から考える－」	東京（国連大学本部）
2016.05.12	JBRN 第 2 回運営 WG 会合	東京（地球環境パートナーシッププラザ）
2016.06.02-04	国際ワークショップ「生物圏保存地域のためのリマ行動計画の実行における地方自治体の役割」	インドネシア・ワカトビ
2016.06.27	JBRN 第 3 回運営 WG 会合	東京（日本自然保護協会）
2016.07.21-24	2030 アジェンダに向けた、現場のユネスコとネットワークの連携の促進（第 3 回アジア太平洋生物圏保存地域ネットワーク戦略会合併催）	インドネシア・バリ
2016.07.25-26	第 4 回 JBRN 大会	東京（国連大学本部ほか）

うな状態の中、細々とではあるものの連綿と活動を続けてきた計画委員会がJ-BRnet の核を握ったのは、自然な流れといえるだろう。

(2) バーチャルからリアルへの転換

　この"バーチャル"な組織に転機が訪れたのは、2013 年 10 月のことである。その前年の 2012 年には綾が国内で 32 年ぶり 5 件目のユネスコエコパークに登録され、日本のユネスコエコパークの"目覚め"を決定づける大きな呼び水となった。続く 2013 年 9 月には、志賀高原ユネスコエコパークが拡張登録を、只見と南アルプスが新規登録を、それぞれ日本ユネスコ国内委員会を通じてユネスコに申請した。白山、大台ケ原・大峰山、屋久島の 3 ユネスコエコパークも拡張登録の申請準備を始めた頃であり、日本全国のユネスコエコパークが少しずつ動き始めていた。

　そのような中、当時まだ登録申請中であった只見のイニシアティブにより、2013 年 10 月に日本ユネスコエコパークネットワーク会議が開かれることとなった。開催に当たっては、只見町や総合地球環境学研究所「地域環境知形成による新たなコモンズの創生と持続可能な管理」プロジェクト（以後「ILEK プロジェクト」）が、地域関係者を中心に一部参加者の旅費を援助するなど、同会議の実現に大きく貢献した。

　議題や資料の準備は、日本ユネスコ国内委員会事務局の堀尾多香氏のイニシアティブで進められ、当日は各ユネスコエコパークの取り組み状況や世界での MAB 計画を巡る最新の動き、登録申請の手続きフローなどが共有された。特に 2 日目には、各ユネスコエコパークで共通して関心が高いと思われたテーマとして、ユネスコエコパークの運営体制と予算、外部資金獲得の工夫、自然環境や地域資源を活かした地域振興、地場産業との連携、ユネスコエコパークへの地域住民の関与、科学者との連携、国内ネットワークの必要性と海外との交流などについて、意見交換が進められた。

　この会議は、メーリングリストという"バーチャル"なネットワークに過ぎなかった J-BRnet にとって初めて実際に顔を合わせた"リアル"な会合で

あり、地域関係者、科学者、政府関係者ら日本全国のユネスコエコパーク関係者が初めて一堂に会した記念すべき会である。日本における MAB 計画及びユネスコエコパークの復活を印象付ける貴重な会となったが、その一方で、2 回目以降の会合について具体的な道筋がつけられなかったこともあり、その成果が"集まったことに意義がある"状態に留まっていた点は否めない。

(3) 定期的に顔を合わせるネットワークへ向けて

　2013 年 10 月の日本ユネスコエコパークネットワーク会議以降、2014 年 6 月には南アルプス、只見のユネスコエコパーク登録と志賀高原ユネスコエコパークの拡張登録が認められ、また 2014 年 9 月にはユネスコエコパーク全国サミットが志賀高原で開催されるなど、ユネスコエコパークを巡る動きはいくつか見られたが、J-BRnet の今後に関する議論は特に見られなかった。

　そうした中、2 回目の日本ユネスコエコパークネットワーク会議へ向けた動きが出始めたのは、2014 年初夏のことであった。前年の会議で灯した火を絶やしてはならないとの思いから、計画委員会の酒井暁子氏が各登録地域の自治体の実務担当者に個別に電話をかけ、J-BRnet の今後について意見を聴いたところ、みな、日本全国のユネスコエコパークが集まれる場を継続的に設けるべきとの見解で一致した。その結果、2014 年 11 月に白山で第 2 回日本ユネスコエコパークネットワーク会議を開催すること、そこでは日本ユネスコエコパークネットワーク会議の定例化への道を模索することが方向性として固まった。

　このときの議題や資料の準備は、酒井氏と、白山ユネスコエコパークの実務担当者であった著者を中心に進められた。事前準備の一環として、登録地域と準備地域には事前アンケートが実施され、各ユネスコエコパーク協議会の体制や J-BRnet に期待することが聴取された。その結果、回答した全 11 地域がネットワーク会合の定例化を希望する意向を有していることが確認された。また、ネットワークに期待する役割としては、「国内の他地域との情報交換（運営ノウハウの共有など）」が一番に、次いで「全国に向けたユネス

第 2 部　ユネスコエコパークの運動論

図 5-1　第 2 回日本ユネスコエコパークネットワーク会議の参加者。ネットワーク組織再編を巡る議論はここから始まった。(2014.11.28 撮影、白山ユネスコエコパーク協議会提供)

コエコパークのプロモーション」が挙げられた（第 2 回日本ユネスコエコパークネットワーク会議実行委員会 2014)。

　会議では、事前アンケートの結果や、計画委員会の田中俊徳氏より紹介された他の認証制度（世界遺産、ジオパーク等）におけるネットワークの事例（第 6 章参照）を参考に、J-BRnet の機能や組織体制が議論され、メーリングリストに留まっている現状から、実体をもった組織へ J-BRnet を再編する必要があるという点では一致した。しかし、どのような方向へ再編するかを巡っては結論を得ず、各登録地域の自治体の担当者・計画委員会の主要委員・関係省庁によって構成される暫定的なワーキンググループを設置して、議論を継続することとなった。また、次回の日本ユネスコエコパークネットワーク会議は 2015 年秋に開催し、その場で組織再編のために J-BRnet 規約の改正を行うこと、その会議の時期と開催地は、志賀高原ユネスコエコパークで開催予定の EABRN 会議に合わせることを第一候補とすることが合意された。こ

れにより、事実上 1 年以内に J-BRnet の組織再編を図るという方向性が固まったのである。

5-3 日本ユネスコエコパークネットワークの組織再編

(1) 組織再編における論点

ワーキンググループにおける組織再編の議論は、メール上での議論と"リアル"な会合での議論とを組み合わせながら 1 年弱にわたり展開された。

1 回目のワーキンググループ会合は、計画委員会の松田裕之委員長の呼びかけで 2015 年 2 月に開催され、J-BRnet の組織再編の具体的な形として、規約改正案が検討された。その主な論点は以下の通りである。

1. J-BRnet として取り組む事業は、1. 情報交換、2. 普及啓発、3. 要望活動、4. その他とする（その後、この文言にはいくらか修正が加えられた）
2. J-BRnet の会員構成は、ユネスコエコパークにかかわる各自治体ではなく、ユネスコエコパークという登録地を単位とする。また、準備地域は「オブザーバー」という位置づけで加入を認める（その後の議論で後者は変更され、準備地域は「研究会員」と位置づけられた）
3. J-BRnet の運営資金として、会員は年会費を負担する
4. J-BRnet の組織は、各ユネスコエコパークの代表者（多くの場合は自治体首長）の集まる総会を最高意思決定機関とし、その下に幹事会を設置する
5. J-BRnet の事務局を、会長が所属するユネスコエコパークに置くか、それとも当面の間はこれまで通り計画委員会の事務局に置くか、結論は出なかった（その後、前者が採用された）
6. 計画委員会と J-BRnet は切り離した上でそれぞれを独立組織とするが、規約に緊密に連携する旨を書き込む

このうち特に 1、2、3、4 については、白山ユネスコエコパークのインプッ

第 2 部　ユネスコエコパークの運動論

トもあり、同じくユネスコのかかわる認証地域であるジオパークのネットワークの事例が参照された。ジオパークネットワークは face to face の対話の機会を重ねることを基本としており、世界の会合とアジア太平洋の会合がそれぞれ 2 年に一度ずつ、日本の全国大会は年に一度、その他にも全国研修会を年に二〜三度と、高頻度でネットワークの会合を重ね、経験や事例だけでなく、取り組む人々の意識の共有も図っている。また、ネットワークに参画するステークホルダーも、世界の生物圏保存地域の場合と異なり、地域関係者と科学者を中心とし、かつ両者がおおむね対等な関係を築いて参画している。

　J-BRnet 再編の議論は、必ずしもジオパークネットワークと同じ方向を意識して進められた訳ではないが、登録地域や準備地域を単位とする会員資格の整備、自治体首長を中心とする総会を最高意思決定機関とする位置づけ、そして会費の設定など、気がついたときにはジオパークネットワークに近い形に落ち着いていた。これらの点は、誰がこの組織の主役となるのかを如実に物語っており、言うなれば、計画委員会を中心に科学者が手綱を握る形態から、自治体を中心に地域関係者が自立的に運営を担う形態への転換を示していた。

　しかし、実のところ、これらの議論をリードしたのは、どちらかというと計画委員会ら科学者の側であった。もちろん、地域関係者の意向を無視して話が進められた訳ではなかったものの、会議の進行役や規約改正案の準備者、発言者を見ても、どちらがリードしているかは明らかであった。組織再編後の J-BRnet の主体は地域の側であるとしつつも、その議論は科学者の側が主導してしまっていた点に、大きな矛盾があった。

　この矛盾は、2015 年 5 月の 2 回目のワーキンググループ会合でも大きく変わることはなかった。この会合では、日本ユネスコエコパークネットワークの総会を 2015 年 10 月に志賀高原ユネスコエコパークで開き、組織再編の最終決定を行う方向性が固まったことを受け、周辺行事の具体的なプログラムなどが検討された。また、組織再編後の J-BRnet の初代会長・事務局について志賀高原ユネスコエコパークへ打診され、後に志賀高原はこれを快諾

した。各登録地域における J-BRnet 組織再編への対応状況も共有されたが、J-BRnet の方向性が定まらないため、まだ首長レベルにまで報告できていないという登録地域も少なくなかった。

(2) 科学者主導から地域主導への転機

　組織再編を行う総会の日程が決まり、規約改正案の調整が進むなど、外堀は徐々に埋まっていったものの、肝心の登録地域の腹が据わりきれない状態のまま、時が流れていった。そうした中、総会に自治体首長の参加が検討されているにも拘らず各自治体内での議論の積み上げが不足していることに危機感を強めた、南アルプスユネスコエコパークの廣瀬和弘氏が、各登録地域の担当者ひとりひとりへ電話をかけたところ、全員が共感を示し、ワーキンググループとは別に、自治体の担当者だけで急遽集まる方向となった。

　2015 年 7 月に開かれたこの打ち合わせでは、綾ユネスコエコパークの石田達也氏の進行の下、2015 年 10 月に予定される総会への首長の参加状況や周辺行事のプログラム、会費負担への反応、会長職と事務局の持ち回り、会計年度、事業計画と予算、組織構成など、それまで進められていた組織再編の議論の枠組みだけでなくその細部に至るまで、それぞれの地域の内情も踏まえた議論が展開された。

　科学者や政府関係者も交えたワーキンググループの場では中々発言していなかった自治体担当者も、この日ばかりは活発に、そして率直に発言していた。これは自治体職員に一般的な傾向だが、通常「先生」と呼ばれる科学者がいる場や、より上位の行政機関がいる場では、積極的に発言しない傾向がある。ただ、それは必ずしも自治体職員に意欲がないということではなく、どの担当者もユネスコエコパークを活用して自分の地域を何とか盛り立てたいという意欲は元来強く持っている。それは、財政難で公務員の出張へ注がれる目線が厳しい中、首都圏で開かれる度重なるワーキンググループ会合に何とか参加できるよう、庁内の調整を付けているところからも窺える。一方で、ただでさえ少ない人員の中で J-BRnet により増えそうな業務、首長はじ

第 2 部　ユネスコエコパークの運動論

め上層部への説明の難しさ、複数の自治体を抱える登録地域における自治体間の会費負担交渉などへの懸念は、多くの担当者が漏らすところであった。

　しかし、少人数の、同じ立場の者同士による議論は、結果として多くの進展をもたらした。当面の会長職・事務局のローテーションについて仮の案が立ち、また、白紙状態であった年間の事業計画案と予算案についてもたたき台が作られた。そして、実務担当者から管理職、首長へと議論を積み上げていくボトムアップ式の意思決定プロセスも確認された。これまで、規約という形だけが先行し、細部の実務的な詰めが伴わないまま進んでいた J-BRnet 再編の議論は、ここにきてようやく現実味を帯びてきたのである。

　この日自治体同士で議論した内容は、2015 年 8 月上旬の 3 回目のワーキンググループ会合で、計画委員会や省庁などへ共有された。そこでのさらなる議論を経て、同月下旬には 4 回目（最終）のワーキンググループ会合が開かれた。このとき初めて、各登録地域から実務担当者だけでなく管理職（市町村課長級）が参加し、自治体首長出席のもと組織再編を決定する総会へ向け、最終調整を行った。なお、この 3 回目と 4 回目のワーキンググループ会合では、1 回目と 2 回目には計画委員会が行っていた資料準備や議事進行のほとんどを、石田氏や志賀高原ユネスコエコパークの酒井義之氏など、自治体側が担っていた。J-BRnet の主役の転換を、さりげなく物語っていた場面だといえるだろう。

(3) J-BRnet から JBRN へ

　そして迎えた 2015 年 10 月、志賀高原ユネスコエコパークで第 3 回日本ユネスコエコパークネットワーク大会が開催された。冒頭、計画委員会の酒井暁子副委員長からは、「わずか 3 年でここまで盛り上がったことは驚きであり、地域のみなさんにネットワークの主役をお譲りできるのは感慨深い。これで本来の科学者としての支援に徹することができる」旨の挨拶があった。この言葉に、この会の意義が凝縮されているといってもいいだろう。

　総会では、ネットワークを地域主導型組織へ再編することの趣意書、それ

第 5 章　日本ユネスコエコパークネットワークの誕生

図 5-2　第 3 回日本ユネスコエコパークネットワーク大会では、初めて、少人数で 1 つのテーブルを囲みながら、現場の抱える課題についてひとりひとりが主体的に議論に参加した。(2015.10.07 著者撮影)

に伴う規約改正案、役員選任案、事業計画案及び予算案が審議され、いずれも満場一致で可決された (この規約改正により、日本ユネスコエコパークネットワークの英語名称は Japanese Biosphere Reserves Network に、略称は JBRN に改められた (日本ユネスコエコパークネットワーク 2015)。以後「JBRN」)。

総会に続き、日本ユネスコ国内委員会、計画委員会、7 ユネスコエコパークの代表者による共同記者会見が開かれた。開催前は自治体首長の参加を危ぶむ声も挙がっていたが、ふたを開けてみれば、登録地域 7 地域中 6 地域から首長本人の出席を得ることができた (残る 1 地域は副町長が代理で出席)。

大会 2 日目には、自治体の担当者同士で現実に直面している課題を議論する、実務的なセッションが開かれた。全体会では、ユネスコエコパークを巡る国内外の近況が共有されるとともに、MAB 計画の理念が再確認された。続く分科会では 2 つのテーマに分かれ、ブランディング分科会 (関連する議論は第 8 章参照) ではユネスコエコパークを効果的に伝えるためのわかりや

すい説明が必要であるとの声が挙がり、また管理運営計画分科会（関連する議論は第7章参照）では住民参画を図るための具体的なステップについて検討された。3年目を数えたJBRNの会合において、大人数で互いにただ報告し合うだけでなく、少人数で1つのテーブルを囲みながら現場の抱える課題についてひとりひとりが主体的に議論に参加したのは、このときが初めてであったと思う。

5-4 地域主導型モデルの世界への発信

(1) 日本の自治体から東アジアへ

　志賀高原での第3回JBRN大会の意義は、地域主導への組織再編に留まるものではなかった。もう1つの大きな意義は、その地域主導型モデルを国外に向けて発信したことであった（飯田2016参照）。

　第3回JBRN大会は、1996年以来19年ぶりに日本で開催された第14回EABRN会議と併催されていた。1日目の晩餐会や2日目の現地見学会に加え、3日目のセッションは全日同時通訳付きで、EABRN会議とJBRN大会の合同で開催された。

　EABRN会議では通常、各国からの活動報告を行うセッションがあるが、この合同セッションではそれに加え、日本の各ユネスコエコパークからもそれぞれ活動報告を行う場が設けられた。日本の地域関係者が他国のMAB関係者に向けて直接発信したのは、このときが初めてだったのではないだろうか。主に科学者が出席していた他国のMAB関係者は、それぞれのユネスコエコパークの報告内容に非常に興味を寄せており、複数の自治体によるユネスコエコパークの運営、30年間の"眠り"の理由、世界遺産など他の認証との重複の影響、高齢化の影響や若者の呼び込みと巻き込みなど、多岐にわたるテーマで活発な質疑応答が交わされた。特に若者を地方に呼び戻す方策については、各国で共通する課題であり、多くの意見が交わされた。

第5章　日本ユネスコエコパークネットワークの誕生

図 5-3　第 14 回東アジア生物圏保存地域ネットワーク会議では、日本のユネスコエコパークの自治体担当者が、自らの言葉で他国の MAB 関係者へ向けて、自分の地域の特徴と活動を発信した。(2015.10.08 著者撮影)

　各ユネスコエコパークからの活動報告に続き、JBRN の組織再編の取り組みについても紹介されたが、地域主導によるユネスコエコパークの国内ネットワークを立ち上げたという日本の事例は、サクセスストーリーとしてきわめて好意的に受け止められ、その後の各国の活動報告において「日本のJBRN のように」といった引用が絶えないほど大きな印象を与えていた。

(2) 10 年に一度の世界大会

　この EABRN 会議では度々、2016 年 3 月にペルー・リマで開催される第 4 回生物圏保存地域世界大会(World Congress of Biosphere Reserves; WCBR)への対応が話題に挙げられていた。これは、全世界で 600 を超える生物圏保存地域が一堂に会するおよそ 10 年に一度の世界規模の大会で、事実上名前だけに留まる WNBR が実体を見せるほぼ唯一の場といっていい。

実は、このWCBRが開かれるという情報は、2015年6月にフランス・パリで開催された第27回MAB計画国際調整理事会で既に得られていた。この会議でユネスコMAB計画事務局長の韓群力（Han Qunli）氏は、「全世界から1200人の参加を目指しており、各生物圏保存地域から少なくとも1人は参加してほしい。これは地域のための大会だ」と述べ、大会の意義を各国に訴えていた。また、EABRN会議での各国の発言からも、その重要性は窺われた。

10年に一度という世界でのネットワーキングのタイミングが、JBRNの再編直後に訪れるというのは、ある意味で1つの巡り合わせだったのかもしれない。だが、開催地リマは地球の裏側。旅費の確保は大きな課題であった。さまざまな可能性が追求され、その結果、総合地球環境学研究所の佐藤哲氏の尽力により、国際的な枠組みをどのように地域が使いこなしていくかという観点からユネスコエコパークの活動を支援していた、ILEKプロジェクトの援助を受け、JBRNを代表して著者が派遣されることとなった。

大会では多数の分科会が開かれたが、EABRN分科会における各国の優良事例紹介では、JBRN内で事前に相談し、日本からは只見ユネスコエコパークの事例を発表した。山岳分科会では国連大学サステイナビリティ高等研究所いしかわ・かなざわオペレーティング・ユニット（以後「国連大学OUIK」）の飯田義彦氏が白山ユネスコエコパークについて発表したが、生態系のモニタリングや研究成果などの発表が多い中で、山岳地域の資源の活用や地域との協働に着目した発表は、異彩を放つものであった（現場からの報告3も参照）。また、科学ネットワーキング分科会では計画委員会の松田裕之氏が、政府関係者と地域関係者の間をつなぎながらユネスコエコパークを支援する、科学者による任意団体という、世界でも異例の存在である計画委員会の活動を報告した（第1章も参照）。これらの発表は、これまでMAB計画の主役を科学者や政府関係者が担い続けてきた世界的潮流に対し、一石を投じたものといえるだろう。

リマではもう1つ、象徴的な場面があった。WCBRに引き続き開催された第28回MAB計画国際調整理事会で、白山、大台ケ原・大峯山・大杉谷、

屋久島・口永良部島の 3 ユネスコエコパークの拡張登録が承認されたときのことである。承認後は当該国の政府代表が挨拶をして終わるのが通例のところ、このときは MAB 国内委員会の岩熊敏夫氏の挨拶に引き続き、3 ユネスコエコパークそれぞれの代表からも挨拶をした。これは、地域主導のユネスコエコパークのあり方を他国へ示す、象徴的な場面であった（詳細は中村 2017 参照）。

　WCBR で採択され、直後の MAB 計画国際調整理事会で承認された、「ユネスコ（UNESCO）人間と生物圏（MAB）計画及び生物圏保存地域世界ネットワークのためのリマ行動計画（2016-2025）」（リマ行動計画；ユネスコ 2016）では、MAB 計画 40 年の歴史の中で、これまでになく地域の主体的役割が重視されている。その意味で、日本の MAB 計画の取り組みは、世界の MAB 計画の新しい潮流を先取りしたものといえるのかもしれない。

5-5 国際的な評価と現場の抱える悩みとのギャップ

（1）ユネスコと自治体との対話

　リマの興奮も冷めやらぬ 2016 年 5 月、フランス・パリのユネスコ本部から MAB 計画担当者の N・R・ラコトアソ（Noëline Raondry Rakotoarisoa）氏が来日した。国連大学 OUIK 主催の国際シンポジウム「世界ネットワークを通じた学びあいと生物文化多様性の保全―ユネスコエコパークの事例から考える―」で基調講演したラコトアソ氏は、自治体の主導する JBRN を「ぜひこの経験を世界と共有してほしい」と称賛した上で、「なぜ、そしてどうやって、科学者から多様なステークホルダーへとシフトすることができたのか」と問いかけた。一方で、参加していた各ユネスコエコパークの自治体担当者からは、現場の抱えている課題として、申請のことで頭がいっぱいで申請後の展開が考えられていないこと、複数の自治体で構成される場合に自治体ごとに温度差があること、地域住民・行政・科学者の間の意識のギャップ、科

学的なデータの蓄積不足、やりたいことややるべきことはたくさんある一方でマンパワーが足りないこと、ネットワークは大切であると思う一方で維持するのが難しいとも感じていることなど、実に多様な課題が挙げられた。

両者の反応は実に興味深いところを突いており、世界の事例に精通しているラコトアソ氏の立場からは、自治体が主導しているだけでも十分特筆に値する取り組みだと考えているのに対し、地域住民と身近に接している自治体担当者の立場からは、そのような相対化には至らない一方で、自身が日々直面している課題を的確に捉えている。JBRN の地域主導型モデルは、世界の優良事例と称賛される一方で、その当事者は現状に全く満足していない。JBRN の抱える矛盾は、この頃既に顕在化し始めていた。

(2) 地域の声が届かなかった世界の MAB

ラコトアソ氏の来日から程ない頃、日本ユネスコ国内委員会事務局の仙台文子氏から JBRN 事務局に連絡が入った。ユネスコジャカルタ事務所が、日本政府がユネスコに出資している信託基金を活用して「生物圏保存地域のためのリマ行動計画の実行における地方自治体の役割 (The Role of Local Governments in Implementing the Lima Action Plan for Biosphere Reserves)」という国際ワークショップを計画しており、日本から事例報告できる人物の推薦を求められているが JBRN から誰か派遣できないか、との打診であった。従来であれば、MAB 国内委員会の中で科学者が選ばれるところであったろうが、JBRN に声がかかるようになったのは、大きな変化といえるだろう。また、旅費はユネスコが負担するとのことで、WCBR の際に資金難に直面した JBRN にとっては驚きの展開であった。

2016 年 6 月にインドネシアのワカトビ生物圏保存地域で開催された同ワークショップでは、自治体主導の JBRN の再編などが報告され、前述の韓氏と、ユネスコジャカルタ事務所長の S・カーン (Shahbaz Khan) 氏には、特に高く評価された。

韓氏とのやり取りの中で、著者からは、初めて MAB 計画国際調整理事会

に参加した時に政府関係者や科学者ばかりで地域関係者がいないことを問題意識として強く感じたことを伝えた。国連大学 OUIK の援助を受けて参加した 2015 年 6 月の第 27 回 MAB 計画国際調整理事会では、韓氏やラコトアソ氏、韓国やカザフスタンの MAB 関係者と出会い、その後の世界の MAB 関係者との交流の礎を築くことができた。しかし同時に、そこで目にしたのは、政府関係者や科学者で占められる MAB 計画国際調整理事会が、世界で 600 を超える生物圏保存地域の将来を左右しかねない決定を重ねていく場面であった。この、MAB 計画において地域関係者の参画が足りないという問題意識は、韓氏、カーン氏ともに共有するところであり、それがこのワークショップの底流を流れているように感じられた。

なお、この会での報告が好評を得て、2016 年 7 月には再びユネスコジャカルタ事務所より、「2030 アジェンダに向けた、現場のユネスコとネットワークの連携の促進（第 3 回アジア太平洋生物圏保存地域ネットワーク（APBRN）戦略会合併催）(Fostering Collaboration between UNESCO in the Field and Networks towards the 2030 Agenda. In conjunction with The 3rd Asia Pacific Biosphere Reserves Network (APBRN) Strategic Meeting)」に招待され、同様の内容を今度は APBRN 戦略会合の場で発信した。

(3) アジアの MAB と自治体との対話

このように、JBRN の再編とともに世界との距離感が急速に縮まる中、2016 年 7 月に第 4 回 JBRN 大会を迎えた。

この大会に先立ち、前回の第 3 回 JBRN 大会以降 3 回にわたり、JBRN 運営ワーキンググループ会合が重ねられていた。これは、先述した、JBRN の組織再編を議論した暫定的なワーキンググループとは異なり、全面改正後の JBRN 規約と幹事会での決定に基づき設置された恒常的なものである。登録地域・準備地域の実務担当者を構成員とし、JBRN の事業をボトムアップで企画・立案・調整・執行していくもので、その中では、第 3 回大会の総括、第 4 回大会のプログラムや事業計画の立案がされたほか、ロゴマークやウェ

ブページの制作も進められた。特にロゴマークについては、この第 4 回大会で正式に承認された。

　第 4 回大会では、白山ユネスコエコパークと国連大学 OUIK のイニシアティブにより、韓国・カザフスタン・インドネシアの MAB 関係者計 3 名が招待された。初日の国際シンポジウムでは、各国におけるリマ行動計画の実施状況が共有され、翌日の分科会では、計画委員会の朱宮丈晴氏と若松伸彦氏のコーディネートにより、管理運営（関連する議論は第 7 章参照）と普及啓発の 2 つのテーマでそれぞれ実務的な議論が繰り広げられた。3 か国の MAB 関係者は、分科会で各ユネスコエコパークの担当者と一緒になってテーブルを囲み、単独の自治体で取り組むと人的資源や資金が厳しいこと、複数の自治体で取り組むと意思形成に向けた調整が非常に困難であること、誰に何を伝えるかを意識した普及啓発が重要であり特に外部への発信が弱いことなど、日本のユネスコエコパークの現場が抱える生の声を直接耳にする機会を得た。また、分科会後の全体会では、アジアの MAB 関係者から、日本のユネスコエコパークは政府関係者との関係をもっと強化すべきではないか、との助言も送られた（詳細は飯田・中村編 2017 参照）。

　この機会は 3 か国の MAB 関係者にとって大きな刺激となったようで、現場の抱える悩み、日本のユネスコエコパークの抱える悩みが、実感をもって伝わったようであった。一方で、日本のユネスコエコパークとしては、前年に続き悩みの共有までは進められたものの、暗中模索の状態からどう抜け出すか、その道筋は中々見えなかった。

5-6 日本ユネスコエコパークネットワークの意義と課題

(1) 集まった先にあるもの

　このように、2010 年から 2016 年にかけてのわずか 6 年間だけでも大きな変貌を遂げてきた JBRN だが、メーリングリストという"バーチャル"なネッ

トワークから、"リアル"な会合を伴ったネットワークへと変わったその意義は、決して小さくない。

　電子メールやSNS、テレビ会議が当たり前の時代にあって、"バーチャル"から"リアル"へという流れは、時代の流れに逆行しているような感もある。だが、face to faceで話していれば、表情や手振り身振りなど、口から発せられる言葉以上のものが相手から伝わってくる。そうしたやり取りを重ね、同じ目標を共有できる間柄かどうかをよく確かめることで、ともに新たな価値を生み出す関係性を築くことができるのではないだろうか。

　実際に、第3回および第4回のJBRN大会では、胸襟を開いて、各地域の抱える悩みを率直に交換し合っている。その意味では、JBRN再編に際して各地域がネットワークに期待していた「国内の他地域との情報交換（運営ノウハウの共有など）」という役割は、達成されているといっていいだろう。

　一方で、ただ顔を合わせて悩みを共有すれば暗中模索から抜け出せるのかというと、必ずしもそうではない。ネットワーク活動において大切なのは、集まることに終始するのではなく、集まった後にどんな行動をとり、その結果何を生み出すことができるかである。そのカギは、何のためにネットワーク活動に取り組むのか、常に問い直すことではないだろうか。それはひいては、何のためにユネスコエコパークに取り組むのか、という根源的な問いに行き着く（第6章も参照）。

　実のところ、ユネスコエコパークというタイトルが欲しいがためにユネスコエコパークに取り組むケースがあることは、否定できない面がある。しかし、タイトルを得ることが目的である場合、タイトルを得た瞬間に目標を喪失して、思考は停止してしまう。ユネスコエコパークは一度限りの表彰ではなく、その取り組みの維持・向上が前提となるため、タイトルを得ただけで満足してしまうようでは、そのタイトルを維持することはできない。

　第1章でも述べられたように、ユネスコエコパークの強みは、ネットワークを通じた学び合いである。何のためにユネスコエコパークに取り組むのか、その根幹をしっかりと見据えることができれば、ネットワークのためのネットワークに拘泥することなく、ネットワークを地域のために"賢く"活用し、

ともに新たな価値を生み出すことができるのではないだろうか。

(2) 三位一体の協力関係

　JBRN の果たしたもう 1 つの大きな意義は、地域主導型モデルを世界に示したことである。これは日本における MAB 計画の歴史的変遷と軌を一にするが、科学者が主体となって MAB 計画を支えていた状態から、自治体を中心とする地域が主体となる状態への転換が、そのまま JBRN の変遷に反映されている。

　誕生当初の MAB 計画や生物圏保存地域は、保護地域間のネットワークという、科学的側面が比較的強いものであった。しかし、国際的な自然保護の潮流の変化が示すように、真の意味で自然環境の保全を図るためには、その地域の自然資源を活用してきた、そしてこれからも活用していく、地域住民の参画が不可欠である。その意味で、科学者から地域への主体の転換は、歴史の必然といえるだろう。

　しかし、だからといって地域主体が手放しに喜べる状態という訳ではない。これは、JBRN の再編時の議論でも度々挙げられた点だが、科学者の側には、地域が自立的に活動することで、科学的知見に基づいた抑制が利かなくなるという懸念があり、また地域の側には、国際的な枠組みで活動した経験がない中で、すべての責任が自分たちに振りかかってくることに対する不安がある。これらの懸念や不安は、計画委員会は科学者、JBRN は地域と、組織を棲み分けた今でも、決して解消された訳ではない。また、第 4 章で議論されているように、同じ科学者集団である、政府系団体の MAB 国内委員会と任意団体の計画委員会がどのように役割分担を図るのか、という課題もある。

　そして、アジアの MAB 関係者からの助言にもあったように、政府関係者との関係の再定義も必要であろう。MAB 計画が地域主体へ移行しているとはいえ、基本はあくまで政府間事業であり、国際的な説明責任は中央政府が負っている。また、持続可能な開発には地域関係者のイニシアティブが欠かせないのと同様、保全には環境省や林野庁のイニシアティブが欠かせない。

日本のユネスコエコパークの発展のためには、地域主導型という美名のもとにすべてを地域の責任に帰するのではなく、地域関係者、科学者、政府関係者の三者がそれぞれの役割を互いに理解し、空白領域をつくらずに補完し合えるような、三位一体の協力関係が不可欠である。JBRNの再編はその1つの過程に過ぎず、決して完成形ではない。三者が1つのテーブルを囲んで胸襟を開き、「自分たちにできないこと」ではなく、「自分たちにできること」を互いに述べ合う、そんな建設的な議論を重ねることができれば、日本のユネスコエコパークは、地域関係者、科学者、政府関係者が三位一体となって保全と利用の両立に取り組む、世界的なモデルを示すことができるのではないだろうか。

引用文献

飯田義彦（2016）白山ユネスコエコパークの経験を世界ネットワークで共有する.『白山ユネスコエコパーク —— ひとと自然が紡ぐ地域の未来へ』（飯田義彦・中村真介編）pp. 104-107. 国連大学サステイナビリティ高等研究所いしかわ・かなざわオペレーティング・ユニット.

飯田義彦・中村真介編（2017）『ユネスコ人間と生物圏（MAB）計画における実務者交流を促進するアジア型研修プラットフォームの創出事業　成果報告書』白山ユネスコエコパーク協議会.

池谷透・有賀祐勝（2015）日本のMAB計画委員会の歴史 —— 有賀祐勝さんへの聞き取り. Japan InfoMAB, 41：9-13.

文部科学省（n.d.-a）「生物圏保存地域（ユネスコエコパーク）」. http://www.mext.go.jp/unesco/005/1341691.htm（2018/02/17 閲覧）

文部科学省（n.d.-b）「日本ユネスコ国内委員会とは」. http://www.mext.go.jp/unesco/002/001.htm（2018/02/17 閲覧）。

中村真介（2017）第4回ユネスコエコパーク世界大会に参加して —— 日本と世界が接する時. Japan InfoMAB, 42: 12-16.

日本MAB計画委員会（n.d.）「日本ユネスコエコパークネットワークJBRN」. http://mab.main.jp/organization/organization_5/（2018/02/17 閲覧）

日本ユネスコエコパークネットワーク（2015）『日本ユネスコエコパークネットワーク平成27年度総会資料』.

日本ユネスコ国内委員会（2018）『生物圏保存地域審査基準』. http://www.mext.go.jp/component/a_menu/other/micro_detail/__icsFiles/afieldfile/2018/08/13/1341691_05.pdf

(2019/01/14 閲覧)
酒井暁子（2016）日本における MAB 計画とユネスコエコパーク．『白山ユネスコエコパーク ── ひとと自然が紡ぐ地域の未来へ』（飯田義彦・中村真介編）pp. 20-23．国連大学サステイナビリティ高等研究所いしかわ・かなざわオペレーティング・ユニット．

第 2 回日本ユネスコエコパークネットワーク会議実行委員会（2014）『第 2 回日本ユネスコエコパークネットワーク会議のための各地域事前アンケート』．

Tanaka, T. and Wakamatsu, N. (2018) Analysis of the Governance Structures in Japan's Biosphere Reserves: Perspectives from Bottom-Up and Multilevel Characteristics. Environmental Management, 61: 155-170.

ユネスコ（1995）『生物圏保存地域世界ネットワーク定款』（文部科学省 2012 年仮訳）．http://www.mext.go.jp/component/a_menu/other/micro_detail/__icsFiles/afieldfile/2013/11/28/1341691_04.pdf（2018/02/17 閲覧）

ユネスコ（2016）『ユネスコ（UNESCO）人間と生物圏（MAB）計画及び生物圏保存地域世界ネットワークのためのリマ行動計画（2016-2025）』（文部科学省仮訳）．http://www.mext.go.jp/component/a_menu/other/micro_detail/__icsFiles/afieldfile/2016/09/05/1341821_09.pdf（2018/02/17 閲覧）

UNESCO (n.d.) MAB Networks.http://www.unesco.org/new/en/natural-sciences/environment/ecological-sciences/man-and-biosphere-programme/networks/（2018/02/17 閲覧）

第6章　ネットワークを統御する：
共通利益と取引費用から考える日本ユネスコエコパークネットワーク

田中俊徳

第 2 部　ユネスコエコパークの運動論

　第 5 章で述べたように、電子メーリングリストとして発足した J-BRnet（JBRN の前身）が 2013 年から実際に集まる会合を持つようになり、ネットワーク機能をどのように作っていくかが議論されていた。よって、ネットワークについて論じた田中（2016）の執筆時（2014 年 3 月）と本章執筆時（2018 年 2 月）の間には、約 4 年の歳月が流れている。その間、ユネスコエコパークをめぐる状況は大きく変化した。2015 年 10 月にすべてのユネスコエコパークの賛同、参加により JBRN が設立され、2016 年 3 月の MAB 計画国際調整理事会（以下、MAB-ICC）までにすべての日本のユネスコエコパークがセビリア戦略に基づく移行地域を持つようになり、2017 年 8 月には、国際的な環境保護活動で知られるイオン環境財団と JBRN の間にパートナーシップ協定が締結されるなど、ネットワークとしての成果も出始めた。
　今後 JBRN としての活躍が一層期待される一方で、さまざまな課題も見えてきた。本章では、現在の課題に焦点を当て、ネットワークの理念を想起しつつ、取引費用と共通利益の観点から、JBRN の今後の方向性について論じる。

6-1　ネットワークの性質：共通利益と取引費用

　結論を先取りすれば、JBRN の成果と課題は、いわば、ユネスコや欧州連合（EU）のそれに通ずるものである。つまり、主権を持つ国や地域が、共に高らかな理念を掲げ、それに向かって、漸進的な協力を行い、世界遺産条約の締結（ユネスコ）やユーロの導入（EU）といった加盟国の共通利益に資する成果を挙げる一方、米国のユネスコ脱退や英国の EU 離脱に代表されるように、自国の利益と共通利益を天秤にかけ、それまで積み上げてきた多国間協力関係を停止（場合によっては破壊）するような状況が、「連合」や「ネットワーク」に類する組織に共通する課題だといえる。
　ユネスコや EU と JBRN を比較するのは次元が異なるように思われるかもしれないが、必ずしもそうではない。なぜなら、いずれも、一定の主権（ま

たは独立性）を有する成員が、自らの自由意志で参加するものが連合やネットワークであり、脱退や離脱の権利を常に有している点で、同一だからである。

　時に「国際法は法ではない」といわれる所以はここにあり、法的にも実際的にも拘束力を持つ国内法とは異なり、国際法は、警察に代表される法執行機関を持たないため、法的にも実際的にも拘束力を持ちえないことが多い。例えば、世界遺産条約は、「国際条約」という形式を採る国際法の一種であり、加盟国には一定の義務が課されてはいるが、加盟国政府が意図的に世界遺産の価値を損傷するような行為を行ったとしても、制裁としては、世界遺産委員会から「勧告」が発せられ、世界遺産リストから削除されるのが関の山である。かつて、ドイツのドレスデン市の交通渋滞を解消する名目で陸橋が建設され、世界文化遺産であった「ドレスデン・エルベ渓谷」が世界遺産リストから削除された例が典型である。世界遺産委員会からの勧告や世界遺産リストからの削除を除いて、ドイツ政府はいかなる制裁も受けてはいない。京都議定書（気候変動枠組み条約）のように一定の経済的な制裁を伴うものであっても、米国がそうしたように、議定書から離脱すれば、お咎めを受けることはないのである。国際法とは、悲観的に言えば、その程度のものでしかなく、あくまで、加盟国間の漸進的な協力の積み重ねを前提とした紳士協定に過ぎない。

　それでも、私たちが国際連合（国連）やEU、JBRNのような組織を形成しようと考えるのは、組織論で一般的に考えられているように、「組織することによって得られる利益が組織することによって失われる費用よりも大きい」ためである。組織することによって得られる利益とは何か。例えば、ユネスコ憲章の前文は、ユネスコを設立する趣旨を次のように述べている（重要なので、長くなるが全文を引用する）。

> 「戦争は人の心の中で生まれるものであるから、人の心の中に平和のとりでを築かなければならない。相互の風習と生活を知らないことは、人類の歴史を通じて世界の諸人民の間に疑惑と不信を起こした共通の原因であり、この疑

惑と不信の為に、諸人民の不一致があまりにもしばしば戦争となった。ここに終わりを告げた恐るべき大戦争は、人間の尊厳・平等・相互の尊重という民主主義の原理を否認し、これらの原理の代りに、無知と偏見を通じて人種の不平等という教養を広めることによって可能にされた戦争であった。文化の広い普及と正義・自由・平和のための人類の教育とは、人間の尊厳に欠くことのできないものであり、かつ、すべての国民が相互の援助及び相互の関心の精神を持って、果たさなければならない神聖な義務である。政府の政治的及び経済的取り決めのみに基づく平和は、世界の諸人民の、一致した、しかも永続する誠実な支持を確保できる平和ではない。よって、平和が失われないためには、人類の知的及び精神的連帯の上に築かれなければならない。これらの理由によって、この憲章の当事国は、すべての人に教育の十分で平和な機会が与えられ、客観的真理が拘束を受けずに研究され、かつ、思想と知識が自由に交換されるべきことを信じて、その国民の間における伝達の方法を用いることに一致し及び決意している。その結果、当事国は、世界の諸人民の教育、科学及び文化上の関係を通じて、国際連合の設立の目的であり、かつ、その憲章が宣言している国際平和と人類の共通の福祉という目的を促進するために、ここに国際連合教育科学文化機関を創設する。」

つまり、国際平和と人類共通の福祉という国連の目的を前提として、「文化の広い普及と正義・自由・平和のための人類の教育」を担う機関としてユネスコは創設されている。一義的には、この理念の実現こそが、ユネスコに加盟することで得られる利益である（現実には、より実際的な利益も存在するが、ここではさておく）。一方、トランプ大統領は、ユネスコを脱退する理由について「ユネスコの反イスラエル的偏向」を挙げている。確かに、ユネスコは、2011年にパレスチナを正式加盟国と認め[1]、2012年、2014年、2017年には、パレスチナの推薦する資産が世界遺産リストに危機遺産として登録された。パレスチナの承認が、「文化の広い普及と正義・自由・平和のため

---

[1]　日本が第二次世界大戦に敗戦し、主権を回復したのは、1952年である。日本を加盟国として認めた最初の国際機関はユネスコ（1951年）であり、これは、日本の国連加盟（1956年）より5年も前の出来事だった。日本はユネスコの理念に多大な恩恵を受けた国といえる。

の人類の教育」というユネスコの目的に合致するものである一方、米国は、パレスチナを国家として承認する国連機関には資金を出さない法律を有しているため、2011年以降、米国はユネスコに分担金を支払っていない。日本経済新聞など複数のメディアは、米国政府がユネスコを脱退した理由のひとつに、年間約90億円にのぼるユネスコ分担金を指摘している。実のところ、米国政府が90億円程度の支払いを理由に脱退することは考えられないが（外交予算としては大きな額ではない）、自らの政策に反する組織に資金を拠出することを忌避することは当然あり得る。トランプ大統領が、パリ協定離脱の際に、同協定が「他国に利益をもたらし、米国の労働者には不利益を強いる」と述べているように、トランプ大統領の姿勢は「国際協調は自国の利益を損ねる。だから脱退する」という点で一貫している。英国のEU離脱（Brexit）も文脈は異なるが、おおよそ同様のロジックである。

では、JBRNは、いかなる「共通利益」を実現しようとしているのか。また、その利益を実現するために、いかなるコストを支払わねばならないのか。JBRNの設立趣意書は、次のように謳う。

> 「このネットワークは、日本国内におけるユネスコエコパーク活動の地域間連携を促進し、一つの地域では対処できないような課題への対応、社会への働きかけなどを行い、ユネスコエコパークの理念に基づいた人間と生物圏とのより良い関係を築いていくことを旨とする」

ユネスコにしろEUにしろ、複数の国家なり地域が一つの組織を構築する理由は、JBRN趣意書がいみじくも指摘するように、「一つの地域では対処できない」課題が存在するためである。世界平和が一国の努力では実現不可能なように、JBRNもまた、一地域では対応できない課題に対応し、社会に働きかけを行うことで、MAB計画の理念を実現することを謳っている。このように、個人や単独では実現できない利益を民法や組織論など個人や組織を対象とする分野では「集合的利益」（collective benefit）と呼び、国際政治学や国際法など国際的な文脈では「共通利益」（common benefit）と呼ぶことが一般的である。本稿では、ユネスコとの比較など国際的な文脈を含む自然保

護制度の議論なので暫定的に共通利益とする。連合なりネットワークを構築する意義は、まさにこの共通利益の実現にあるが、JBRN 趣意書からは、「一つの地域では対処できない課題」なり「社会に働きかけを行う内容」が何を意味するかについて、明示されていない。なお、JBRN の規約 2 条は下記のように目的を定めている。

> 「生物多様性の保全と生物資源の持続可能な利用を通じた地域振興、その担い手となる人材の育成、地域文化の振興、その他ユネスコの諸活動の目的の実現を推進するため、日本国内のユネスコエコパーク登録地間の情報交換、交流、協働を通じたユネスコエコパークの活動の発展と向上を目指すこと」

この目的は、一見、具体的なように見えて、ネットワークの目的としては非常に曖昧な記述である。前段で目的を謳っているが、これは JBRN というよりは、各 BR 単位で実施されるべきものだからである。3 条では、JBRN の事業について、(1) ユネスコエコパーク推進に関する事業、(2) 情報収集・発信及び普及に関する事業、(3) 各種要望活動に関する事業、(4) その他、目的を達成するために必要な事業、の 4 点を挙げているが、やはり「一つの地域では対処できない」事柄が不明瞭である。

一方、ネットワークに要するコストは常に明確である。規約 5 条は正会員に 10 万円の年会費を義務付けている。脆弱な市町村財政とはいえ、10 万円はとるに足らない金額である。しかし、組織というのは、会費を徴収する以上、事業計画や事業報告、収支報告、監査といった作業が自動的に生じる。また、事業を行うには、意思決定を行う統治機構とその事務局が必要となる。規約 9 条は役員について定め、規約 13 条は総会の議決事項について定めている。14 条は、総会を原則的に年に一度実施することを定めている。これらは、すべて成員にとって追加的なコストである。いずれも組織として最低限のことしか定められていないが、その人件費や旅費、専門的知識に要するコストは過小評価されるべきではない。このように、実際に生じる金銭的コストに加えて、意思決定や事業の実施に要する時間や情報収集、情報共有、専門的知識の獲得、システム構築といったコストを総称して、経済学で「取

引費用」と呼ぶ。この取引費用を上回る共通利益がなければ、組織の前提である「組織することによって得られる利益が組織することによって失われる費用よりも大きい」という条件を満たしていないことになり、ネットワークの形骸化が懸念される。

　つまり、ネットワークを生かすには、2つの視点が必要である。ひとつは、「ネットワークで何をやるのか」という理念なり目的を明確にすることである（共通利益の確定）。現状のJBRNは共通利益が明確ではない点が課題である。もうひとつは、ネットワークなり組織なりを維持するために要するコストを「誰が、どのように、どの程度」負担するのか、という問題である（取引費用の問題）。元来、コストのかからない組織など存在しないが、コストを限りなく少なくすることは可能である。例えば、2016年に世界自然遺産を擁する自治体が集まって設立された「世界自然遺産ネットワーク協議会」は、会費をゼロにすることで、事業計画や事業報告、監査、厳密な統治機構の設立等に要するコストを可能な限り抑えている。かつてのJ-BRnetがそうであったように、メーリングリストや年に一度の会合で繋がる程度の「ネットワーク」であれば、コストを減らすことで、"持続的"な運営を行うことが可能である。しかし、ネットワークとしてより大きな共通利益を生み出したいというのがJBRN設立当初の意図であったはずである。田中（2016）では、JBRNを構想するに当たり、他の自然保護ネットワークとの比較分析から、「誰が、どのように、どの程度負担するのか」に焦点を当てて論じた。ただし、ネットワークの理念は、ユネスコエコパーク自身が決めるべきものと考え、あえて触れなかった。とりわけ費用分担は、ユネスコエコパーク間で公平性を担保することで、ネットワークの持続性を向上させるために不可欠と考えたため、技術的助言を意図して、執筆した経緯がある。次項で現在の状況と比較し、引用しながら論じる。

6-2 国際自然保護規範の国内ネットワークの概要

田中（2016）では、2014年時点で存在している国際自然保護規範の国内ネットワークとして、①「世界文化遺産」地域連携会議（世界遺産条約）、②ラムサール条約登録湿地関係市町村会議（ラムサール条約）、③日本ジオパークネットワーク（世界ジオパークネットワーク）、④ユネスコエコパークネットワーク（MAB計画。なお、執筆当時 JBRN は存在しない）の4つの国内ネットワークに着目し、それぞれの、設立目的、事務局体制、入会制度、実施事業、コスト負担等について論じた。つまり、各ネットワークが、いかなる共通利益を見出し、その実現のために、いかなる事業を実施し、どのように費用分担を実施しているか、についてである。表1は、2016年に設立された「世界自然遺産ネットワーク協議会」も加え、2018年3月現在の最新情報に更新したものである。

(1)「世界文化遺産」地域連携会議（世界文化遺産連携会議）

世界文化遺産連携会議は、2011年6月に京都市の呼びかけで誕生した。世界自然遺産と世界文化遺産では所管官庁が前者は環境省と林野庁、後者は文化庁と異なるため、世界文化遺産連携会議は世界文化遺産のみの連携会議として発足し、設置の目的は「日本国内の『世界文化遺産』に関係する市町村とそれに関連する専門家や市民リーダーが連携し、相互の親睦を深めるとともに、文化財の永続的な保全やそれを前提とした観光と地域づくりのあり方、各種の共同事業実施などについて、積極的な情報交換をおこなうこと」（規約2条）である。なお、世界自然遺産についても、2016年に屋久島町の呼びかけで「世界自然遺産ネットワーク協議会」が発足しており、世界自然遺産の構成自治体が成員となっている。

世界文化遺産連携会議は、関係自治体の長や専門家などが個人で参加する（規約3条）。2016年9月時点において、48自治体の首長及び約150名の個

人（専門家や市民リーダー、規約2条）が参加している。結果として国内すべての世界文化遺産が参加しており、広域にまたがる遺産を除いて、すべての自治体が参加している。年に一度、定例総会があり（規約5条）、広報や情報発信、交流会の実施、国への要望活動を会の中心活動に据えている。また、国への要望活動として、世界遺産保全を明記した法律の策定や予算措置に関する働きかけを行っている。自治体の規模により1〜5万円（会長の京都市は10万円）が会費として徴収される。国からの補助金や事業収入を加え、約1500万円の予算規模を有している。

(2) ラムサール条約登録湿地関係市町村会議（ラムサール市町村会議）

ラムサール市町村会議は、釧路湿原でラムサール条約第5回締約国会議の開催が決定されたのを機に、1989年に登録湿地3か所8自治体で設立された。2016年8月現在、全50湿地82市町村のうち、50湿地69市町村が参加している。同会議の目的は「関係市町村間の情報交換及び協力を推進することによって、地域レベルの湿地保全活動を促進すること」（会則第1条）のほかに、「ラムサール条約関係予算獲得のための陳情・請願活動」、「国内登録湿地拡大への支援協力」等が掲げられている（ラムサール条約登録湿地関係市町村会議 n.d.）。

同会議は登録湿地のみで構成され、登録を希望する湿地が成員として参加する仕組みはない。毎年開催される主管者会議と3年ごとに開催される首長会議が存在する。会則では主管者会議の構成員は部局長級と規定されているが、参与観察からは、各自治体の課長級が参加することが多いことがわかっている。また、毎年の主管者会議に合わせて学習・交流会が実施され、各地の取り組みを講演形式で情報交換する仕組みがある。

事務局は会長市に置かれ（会則12条）、役員市は、監事、副会長、会長、副会長、監事の順に3年ごとに交代する。すなわち、一度役員になると、原則として15年間役員を続けることとなる。2018年1月現在の会長市は、宮

第 2 部　ユネスコエコパークの運動論

城県大崎市である（2017 年度～2019 年度）。

　ラムサール市町村会議の場合、事務局運営や学習・交流会にかかる運営負担金と、市町村会議の開催にかかる開催負担金の 2 種類がある。前者は、市町村の人口規模（政令指定都市、中核市、特例市、一般市、町村の 5 区分）によって、10 万円から 2 万円であり、後者は会議の開催規模に応じて定められるため、年度ごとに検討される。名古屋市、大崎市が会長市を務めた 2014 年度～2016 年度は開催負担金の徴収はなかったが、那覇市が会長市の 2011 年度～2013 年度は、市町村の人口規模（人口 10 万人以上の市、10 万人以下の市、町村の 3 区分）によって 3 万円から 1 万円とされていた。つまり、名古屋市や新潟市のように人口規模の大きな自治体の場合、最大で年間 10～13 万円の負担金があり、町村の場合、年間 2～3 万円の負担金が生じる。同会議の 2017 年度予算は、運営負担金が計 246 万円である。

　また、ラムサール市町村会議のネットワークとしての実施事業としては、上述の市町村会議、主管者会議、学習交流会以外に、ウェブサイトの作成・保守、啓発パンフレットの作成、およそ 3 年ごとに開催されるラムサール条約締約国会議（COP）への参加（ブースの設置とポスター展示）、環境省主催のエコライフ・フェアへの参加、関係事業への参加等が挙げられる。

(3) 日本ジオパークネットワーク (JGN)

　JGN は、2007 年に発足した「日本ジオパーク連絡協議会」を前身として、2011 年に特定非営利活動法人（NPO 法人）の認証を受けている。JGN の設置目的は、「日本各地のジオパークを世界ジオパークネットワークのガイドラインに沿った質の高いものとするため、関係者相互の連携により調査研究及び情報収集を行うとともに、ジオパークに関する情報発信及び普及啓発を図り、もって社会全体の利益の増進に寄与すること」（定款 3 条）である。

　JGN の入会資格に条件はなく、入会金と年会費を支払えば、準会員になることが出来る。また、日本ジオパーク委員会（JGC）の審査を経たうえで、日本ジオパークに認定されると正会員となる。JGN の準会員になることが

日本ジオパークに認定される要件である点が、他のネットワークと異なる。例えばユネスコエコパークでは、国際的に認定されれば世界ネットワーク（WNBR）の一員となるが、国内ネットワークに加入する制度上の義務はない。2017年9月現在、正会員として43地域（関係市町村数159）、準会員として18地域（52市町村）、あわせて61地域（211市町村）がJGNの会員となっている。

　年会費は、2016年度までは正会員20万円、準会員10万円であったが、2017年度から正会員が40万円、準会員が20万円に値上げされている。また、企業や個人といった協賛会員（1口3000円以上）の制度もあり、2017年度実績では、860口、約300万円の協賛会費を集めている。これら会費によって集まる年間予算は約4000万円であり、同種のネットワークでは、最も大きな予算規模を有している。したがって、実施事業も多様であり、毎年開催されるJGNの総会に加え、JGN全国大会の実施、公開プレゼンテーションの実施（JGCとの共催）などがある（田中2016）。とりわけ、総会や公開プレゼンテーション、JGN全国大会への参加を義務付けている点が、任意性の高い他のネットワークとは異なる。JGNは歴史こそ短いが、実施事業の多さからも、本章で紹介したなかで最も活発に活動しているネットワークであり、自治体が自主的に参加し、積極的に情報交換、相互協力を行っている点に特長があるといえる。

(4) ユネスコエコパークネットワーク（J-BRnet、後のJBRN）

　第5章で述べたように、JBRNの前身であるJ-BRnetは、ユネスコエコパーク登録地及び登録を検討している予定地における相互交流と情報共有のためのメーリングリストであった。入会は日本MAB計画委員会が認めた場合であり、実質的に希望があれば参加でき、会費は設けられていなかった。

　MAB計画は、当初、科学者を中心とした調査研究のための制度の側面が強かったため、国内実施の過程においても、生物圏保存地域間のネットワークではなく、科学者から構成される日本MAB計画委員会が国内ネットワー

クの役割を果たしてきたといえる（田中 2012a）。一方、MAB 計画は 1995 年のセビリア戦略から 2016 年のリマ行動計画によって、地域の持続可能な発展を支援するための制度に発展を遂げ、その役割を大きく変化させつつある（第 2 章ほかを参照）。

日本国内においても、2012 年に綾ユネスコエコパークが新規登録地に承認され、2014 年 9 月には長野県山ノ内町（志賀高原ユネスコエコパーク）のイニシアティブで初のユネスコエコパーク首長サミットが、11 月には石川県白山市（白山ユネスコエコパーク）で第 2 回ユネスコエコパークネットワーク会議が開催された。このように、MAB 計画が地域の持続可能な発展を支援する制度として大きな発展を遂げる中で、自治体の注目を集めるようになったため、J-BRnet と日本 MAB 計画委員会の役割と機能を再考する気運が高まった。

2014 年 6 月時点では、J-BRnet の運営費、事業費を日本 MAB 計画委員会事務局（横浜国立大学）の獲得する外部資金に依存していたため、実施事業に継続性が乏しかった。また、セビリア戦略やマドリッド行動計画の理念である「地域の主体性」を発揮しづらい状況にあったため、地域を主役としたJBRN の設立が企図された。

6-3 ネットワークの比較から導かれる JBRN の制度設計

田中（2016）と同様に、表 6-1 の分析を通じて、①登録地・自治体の主体性とネットワークの独立性、②実施事業、③事務局機能、④入会資格・会費制度、の 4 点を論じる。

(1) 登録地・自治体の主体性とネットワークの独立性

各ネットワークの規約や会則、設立趣意書、実施事業から窺えるように、ネットワークの役割には、登録地相互の情報交換や交流、研修に加え、制度

表6-1 国際自然保護制度における国内ネットワークの概要(2018年3月現在)

	世界文化遺産	世界自然遺産	ラムサール条約湿地	ユネスコエコパーク	ユネスコ世界ジオパーク
担当省庁	文化庁文化財部(記念物課)世界文化遺産室	環境省自然環境局環境計画課	環境省自然環境局(野生生物課)	文科省国際統括官付(ユネスコ第三係)	文科省国際統括官付(ユネスコ第三係)
意思決定	世界遺産関係省庁連絡会議	世界遺産関係省庁連絡会議	自然環境局長の了解	ユネスコ国内委員会自然科学小委員会MAB計画分科会	日本ジオパーク委員会
国内ネットワーク	「世界文化遺産」地域連携会議	世界自然遺産ネットワーク協議会	ラムサール条約登録湿地関係市町村会議	日本ユネスコエコパークネットワーク	日本ジオパークネットワーク
設立年	2011	2016	1989	2015	2009
根拠	規約	規約	会則	規約	定款・申し合わせ事項
事務局	歴史街道推進協議会	会長自治体(屋久島町)	会長自治体(大崎市)	会長ユネスコエコパーク(綾町)	JGN事務局
入会資格	世界文化遺産関係自治体の長及び専門家	世界自然遺産関係自治体で希望する長	登録湿地で希望する自治体	条件なし(正会員はユネスコエコパークに限る)	条件なし(正会員は日本ジオパークネットワークに限る)
連携の頻度	総会(毎年)世界遺産サミットなど	総会(毎年)	主管省会議(毎年)、首長会議(3年に一度)	総会(毎年)	公開審査会その他総会(毎年)多数
会員数	48自治体	8市町村	50湿地 69市町村	11地域(正会員9、研究会員3)	61地域(正会員43、準会員18)
会費	1-10万円(自治体の規模による)	なし	2-10万円(自治体の規模による)	正会員10万円、研究会員5万円	正会員40万円、準会員20万円
予算規模(2017年度)	約1,500万円(補助金収入等を含む)	なし	246万円	105万円	4,000万円(寄付等を含む)

第6章 ネットワークを統御する

の付加価値を高めるための普及啓発活動や関係予算の獲得や制度改善のための請願、陳情、民間セクターとの連携がある。これらの活動は、自治体や登録地が主体的にかかわらなければ成立しない。また、関係予算の獲得や制度改善のための請願や陳情、民間セクターとの連携については、ネットワークが独立性のある組織でなければ対等な関係を構築することができない。例えば、世界文化遺産連携会議の設立趣意書には、「民間セクターとの関係においては、例えばメディアや旅行会社、スポンサーといった協力者に対する共通の窓口を設けておくことにより、支援の輪を大きく拡大していくことが期待される」と記載されている。また、同趣意書が、「いわゆる省庁間の縦割り意識の下、例えば遺産周辺整備などに対する、政界や他省庁における理解・認識はまだまだ不十分なものに過ぎない」と指摘しているように、縦割り行政を克服するためにも、ネットワークは自由な発言のできる独立した組織であることが望まれる。

(2) 実施事業

例えば、ラムサール市町村会議では学習・交流会を、JGN では JGN 全国大会を実施することで、登録地間の情報共有や交流に役立てている。また、多くのネットワークでは、啓発パンフレット、ガイドブック、機関誌、学術雑誌、ウェブサイトの作成など、普及啓発活動を積極的に行っている。さらに、ラムサール市町村会議や JGN は、ブースの設置や口頭発表など国際会議等への参加、エコライフ・フェアや国際観光フォーラムへの参加、全国大会の実施など、広報活動や最新の知見の獲得に積極的である。MAB 計画に関しても、例えば、毎年開催される MAB-ICC（国際調整理事会）や EABRN（東アジア生物圏保存地域ネットワーク会議）に登録地や自治体が参加し、最新の知見や経験を JBRN を通じて共有することは、MAB 計画の理念に照らしても有益である。こうした国際活動は、ユネスコエコパーク単独で行うよりも効率的かつ効果的であろう。

JBRN 規約 3 条が定めるように、(1) ユネスコエコパーク推進に関する事

業、(2) 情報収集・発信及び普及に関する事業、(3) 各種要望活動に関する事業、(4) その他の目的を達成するために必要な事業を年次総会において議論し、決定することが肝要である。

(3) 事務局体制

　ネットワーク事業を充実させるためには、事務局の強化が欠かせない。事務局体制としては、ラムサール市町村会議のように、会長市等の自治体が事務局を輪番制で務める場合（以下、ラムサール方式と呼ぶ）とJGNや世界文化遺産連携会議のように、特定非営利活動法人や任意団体といった組織が事務局を務める場合がある（以下、ジオパーク方式と呼ぶ。田中2016）。

　ラムサール方式のメリットは、自治体が事務局を兼務するため、人件費が比較的少なく済む点である。他方、強い意欲を持つ自治体が複数なければラムサール方式の実現は難しい。それに対してジオパーク方式のメリットは、ネットワークの独立性が高く、民間セクターとの連携が容易であり、国や都道府県など行政に対して独立した意見も述べやすい点である。しかし、専任のスタッフが必要であるため、特定の自治体や機関等から人的支援がなければ会費が高くなる。JGNの場合、糸魚川市が専任スタッフを派遣し、会費収入から3名の非常勤職員の人件費が拠出されている。

　JBRNの場合、2015年にMAB計画委員会からユネスコエコパーク構成自治体に事務局を移行したが、当時は登録地域が7か所と比較的少なかった。自治体が持ち回りで事務局を担当するラムサール方式は、登録地が増えて自治体の主導権が発揮できる場合に有効である。ただし、地方公共団体である自治体が事務局を担う場合、民間セクターとの協力関係を構築するには制約が多い（田中2016）。この状況は現在の課題となっている。

「制度のジレンマ」
　2017年6月に三重県大台町で開催されたJBRN運営部会において、イオン環境財団とのパートナーシップ協定を認めるか否かについて議論があった。

企業の中には、グリーンウォッシング (greenwashing) と呼ばれるようなうわべだけの環境配慮「偽装」を行っているものもあり注意を要する。しかし、イオン環境財団は、長く環境活動に取り組んできた団体である。元来、民間部門との協力・連携を前提として JBRN の設置を企図したつもりの筆者は、イオン環境財団からの提案を積極的に受けるのが当然と考えた。けれども、JBRN 側はすぐに明確な対応をとらなかった。どうやら、ユネスコエコパークの担当者から「仕事が増えること」を懸念する声があったようである。ユネスコエコパークとして、やれることが山ほどあると考える筆者にとっては、民間から提供されるであろう資金、知識、経験、人脈はユネスコエコパークに不可欠な資源だと考えられたが、自治体職員にとっては、民間からお金や協力をもらっても使いづらく、仕事が増えるだけ、というのが本音らしい。

政治社会学に「制度のジレンマ」と呼ばれる言説がある。元来、一定の理念なり政策を実現するために誕生した組織が、いつの間にか、組織の規模や属性によって、理念なり政策を逆規定してしまうジレンマである。JBRN は誕生2年にして、既に、その脆弱な行政資源そのものがネックとなって、理念を逆規定しかねない状況であると感じた。行政組織は、その公的性格から、さまざまな制約を有する（これは当然のことである）。その制約を超えて活動することにこそ、ネットワークとしての JBRN の理念なり役割があると考えられる。これを打破するためにも、行政の硬直性を脱した組織・制度を再構築することが求められる。

(4) 入会資格・会費制度

実施事業の拡充や事務局体制の強化には、自治体の主体性や財源が不可欠である。ここで、入会資格と会費制度について検討する。入会資格については、世界文化遺産連携会議やラムサール市町村会議のように、登録地のみが任意で加入する方式と、JGN の準会員や JBRN の研究会員のように、登録を希望する地域も含めて広く加入できる方式の2つが考えられる。また、日本ジオパークやユネスコ世界ジオパークへの推薦・認定には、JGN の会員になっていることが「必須」である。それに対して、JBRN にはそうした規定が存在しない。つまり、ユネスコエコパークへの推薦をする際に、必ずし

もその地域が JBRN の研究会員になっている必要がなく、ユネスコエコパーク登録後も JBRN の正会員になる義務はない。2014 年時点の J-BRnet では、登録地にはネットワークの会員であるという当事者意識は、あってもきわめて弱かったと思われる（第 5 章）。こうしたネットワークとしての仕組みの不備が、ユネスコエコパークがジオパークに比べて認知度が低い一因になっていたと考えられる。

　そこで、例えば、ジオパークのように、ユネスコエコパークに国内レベルの認証（例：日本エコパーク）を付加し、日本エコパークに登録されるためには JBRN の会員になる必要があるという制度設計を行うことで、登録地なり自治体の動機づけを明確にすることが考えられる（田中 2016）。世界遺産では「国内暫定リスト」がこの役割を果たしており、ラムサール条約湿地の場合には環境省の「ラムサール条約湿地潜在候補地」が、ユネスコ世界ジオパークでは「日本ジオパーク」が、この役割を果たしているといえる（詳細については、田中 2016 を参照のこと）。

　次に会費の問題である。会費を議論する際に問題となるのが、登録地ごとに徴収するか、自治体ごとに徴収するかである。登録地ごとに徴収する場合、1 つの登録地に複数の自治体が参加していれば、自治体あたりの負担金は少なくなる。ラムサール市町村会議では、自治体単位での徴収方法を採っている。同じラムサール湿地でも、1 市のみの宮島沼（北海道美唄市）と 4 市町にまたがる釧路湿原はでは、登録地あたりの年会費に 10 万円の差が生じる（前者は 6 万円、後者は 16 万円）。

　一方、ジオパークの場合は、自治体の数に関係なく、登録地ごとに一律に会費を課している。この場合、関係自治体数が多いほど、自治体単位の会費負担は少なくなる。自治体間における連絡調整の手間や意思決定にかかる時間（取引費用）は増える恐れがあるが、複数の自治体が参加する登録地は、もともと地域内の連絡協議会等を組織している場合が多く、取引費用が大きな問題になることは少ないだろう。

　興味深い解決方法を採っているのが、世界文化遺産連携会議であり、同会議では、登録地別と自治体別による徴収のケースを想定し、その平均値に近

い金額を各自治体に課している（田中 2016）。

以上のように、ラムサール市町村会議のように自治体単位での徴収とするか、JGNのように登録地単位の徴収とするか、また、世界文化遺産連携会議のように、その折衷とする方法がある。いずれにしても、①入会資格を整理し、会員数を同定すること、②JBRNにいかなる事業が求められるかを決定すること、③かかる事業に必要な予算を見積もることが求められる。

結果的にJBRNはジオパーク同様、登録地ごとの徴収とした。しかし、上記のうち②と③については、引き続き検討の余地がある。

6-4 JBRNの方向性

活発な活動を行っている他のネットワーク（例えば、世界文化遺産地域連携会議やJGN）は、「一つの地域ではできないこと」をその趣意書や実施事業の中で明確にしている点が特徴である。前述のように、事務局体制にはラムサール方式とジオパーク方式があり、それぞれに長所短所がある。田中（2016）が指摘したように、自治体持ち回りでは、「事務局が変わるたびに、資料や情報、ノウハウが散逸する可能性」があり、同じ自治体ということで、事務局を批判しづらくなる恐れがある。また、事務局を担う自治体の負担能力に差がある場合、回り持ちの場合には負担を最小の自治体に合わせねば引継ぎができない。日本の労働力人口に占める公務員数は、OECD諸国で最低の5.9％に過ぎず（OECD 2017）、2〜3年ごとに部署を異動する慣習もあり、専門性を蓄積することに十分なインセンティブが存在せず（むしろ後継の担当者から批判されるリスクがある）、「仕事を増やさない」ことが行動経済学的にも合理的だと考えられる。「資料や情報、ノウハウが散逸する」（田中 2016）という課題も、そもそも、実施事業を最低限に抑えて、資料や情報、ノウハウを蓄積しなければ、問題は起こらない。つまり、現在のように、ネットワーク活動を推進する動機付けが不十分な状況では、行政官は、合理的に仕事を

抑制することを選択することになる[2]。

　政治学者であるオルソンは、集合行為（Collective Action）が成功するには、「非協調者に対する制裁」や「協調者に対する報酬」の必要性を論じている（オルソン 1996）。例えば、ジオパークでは、JGN の準会員にならなければ正会員になることが出来ず、4年ごとの審査があるなど、多くの義務が課されている。端的に言えば、ネットワーク活動を疎かにすると制裁を受け、ネットワーク活動に積極的に参加すると報酬がある（褒められる）。元来、MAB 計画はネットワーク活動を重視したプログラムであり、世界遺産リストに相当するものは生物圏保存地域世界ネットワーク（WNBR）と呼ばれている。WNBR は、地域別、テーマ別にさまざまなネットワークを構築しており、MAB 計画の理念そのものが、「ネットワーク」だと言っても過言ではない。[3]

　一方、個々のユネスコエコパークでは、言語障壁や財源などの問題から、直接、海外のネットワークに参加することは容易ではない。そこで、海外のネットワーク活動に積極的に参加するためにも、JBRN として力を合わせることが合理的だと考えられる。なお、ジオパークは高い会費に加え、多くの義務を課していながら、高い知名度と多くの会員を有している。このことからも理解できるように、いかに取引費用が高くとも、それを上回る共通利益があることがネットワークとして重要な点であり、そのためには、いかなる共通利益を設定し、いかに組織をデザインするかが問われている。

　JBRN はラムサール方式で誕生したが、前述の通り、この方式は「自治体のイニシアティブが期待できるレベルに達した場合」に可能である。2018

---

[2]　関心のある方は、米国の行政学者であるR・マートン（1961）による「官僚制の逆機能」や政治学者であるM・リプスキー（1986）による「ストリートレベルの官僚制ジレンマ」、A・ダウンズ（1980）に代表される「合理的無知」論なども参照されたい。

[3]　地域別の生物圏保存地域ネットワークとして、東アジア（EABRN）、東南アジア（SeaBRnet）、欧州・北米（EuroMAB）、太平洋地域（PacMAB）、南西アジア（SACAM）、アラブ地域（ArabMAB）、アフリカ地域（AfriMAB）、ラテン地域（REDIBOS）がある。また、テーマ別のネットワークとしては、島嶼・海岸（WNICBR）、山岳、乾燥地、都市などがある。これほどネットワークを重視している国際規範は他に類を見ない。

年現在では、残念ながら自治体のイニシアティブを十分に期待できない状況にある。一方、会員数が増え、メディアへの露出が増加し、みなかみ町のように強いイニシアティブの期待できるユネスコエコパークも誕生したことから、今、改めてジオパーク方式での運営を検討するタイミングになりつつあるといえる。

　ジオパーク方式では、事務局をNPO法人等として担うことで、独立性が高く、民間セクターとの連携が容易であり、国や都道府県に対して意見もしやすい。2018年現在のJBRNのように自治体が事務局を兼務する方式では、「他の自治体に迷惑がかかる」という言葉に代表されるように、独立性が低く、事業を最小限に抑制することにインセンティブが存在し、民間セクターとの連携に多大な取引費用を要し、国や都道府県に対して意見をしやすいとは言えない状態である（日本は強力な中央集権国家である）。

6-5　終わりに

　ネットワークの共通利益が不明瞭であると、構成員にとって、取引費用が高く感じられ、いかに取引費用を減らせるか、という後ろ向きのスパイラルに陥ってしまう。自然遺産ネットワークやかつてのJ-BRnetのように、取引費用を減らすことで"持続的"な活動を行うこともひとつの策である。しかし、MABのようにネットワーク活動を理念としている場合には、それは望ましい方向ではなかろう。むしろ、ネットワークの理念や共通利益を明確にし、取引費用が多少増えても、ネットワークとして集合的な利益を増やすことが望ましいのではないか。そのために、ネットワークの未来をどう描くのか、前向きな議論をしていくことが期待される。その際、各登録地の規模や歴史的背景、取り組み内容といった多様性を尊重することが重要であることは言うまでもない。これらのことを踏まえて、JBRNがさらに発展し、世界を代表する国内ネットワークのモデルになることを祈念している。

引用文献

ダウンズ，A.（1980）『民主主義の経済理論』（古田精司訳），成文堂．
リプスキー，M.（1986）『行政サービスのディレンマ』（田尾雅夫，北大路信郷訳），木鐸社．
マートン，R.K.（1961）『社会理論と社会構造』（森東吾他訳），みすず書房．
OECD（2017）Government at a Glance 2017.
オルソン，M（1996））『集合行為論 ── 公共財と集団理論』（依田博・森脇俊雅訳），ミネルヴァ書房．
田中俊徳（2011）Creating the Value：ユネスコ MAB 計画の発展可能性．InfoMAB, 36: 3-7.
田中俊徳（2012a）特集を終えて：ユネスコ MAB 計画の歴史的位置づけと国内実施における今後の展望．日本生態学会誌，62: 393-399.
田中俊徳（2016）国際的な自然保護制度を対象とした国内ネットワークの比較研究 ── 世界遺産条約，ラムサール条約，ユネスコ MAB 計画，世界ジオパークネットワーク．日本生態学会誌，66: 155-164.
UNESCO（2013）A Quick Reference Guide-Biosphere Reserves, Global Geoparks, Ramsar Sites, World Heritage Sites.

第7章　複数の自治体に跨るユネスコエコパークの実情

若松伸彦（7-1、7-4、7-6）
中村真介（7-1、7-6）
松田裕之（7-1、7-5）
辻野　亮（7-2）
水谷瑞希（7-3）

日本のユネスコエコパーク（BR）において、その管理運営の主体となるのは自治体である。生物圏保存地域審査基準（日本ユネスコ国内委員会 2018）において、ユネスコエコパークの「組織体制は、自治体等を中心とした構成とされており、土地の管理者や地域住民、農林漁業者、企業、学識経験者及び教育機関等、当該地域に関わる幅広い主体が参画していること」と定められているように、自治体にはユネスコエコパークの管理運営における中核的役割が期待されている。これは、環境省や林野庁など国の諸機関が直接管理運営を担う世界自然遺産などとは異なる特徴であり、また、従来は自然保護と学術研究が中心に据えられていた人間と生物圏（MAB）計画においても比較的新しい特徴といえるだろう。

　自治体を中心とするユネスコエコパークの管理運営は、地域の多様な関与者を取り込みながら、地域住民に近いところで、それぞれの地域事情を踏まえた取り組みを促進できるという点で、国を中心とする管理運営の枠組みに比べると大きな強みがある。一方で、現場の課題として度々挙げられるものの1つが、複数の自治体間の調整の難しさである。多くのユネスコエコパークでエリアが複数の自治体に跨る中、法的には対等な立場にある自治体同士、特に市町村同士が効果的に協働して自然環境の保全とその利活用に取り組めるかどうかは、ユネスコエコパークにおけるガバナンスの行方を占う重要なカギである。本章では、複数の自治体に跨るユネスコエコパークを対象に、各ユネスコエコパークが抱える管理運営上の課題を論じる。

7-1 複数自治体型BRと単独自治体型BR

　既に何度か述べたように、生物圏保存地域のエリア設定における最初のステップは、核心地域の設定である。核心地域は一般に、開発の及んでいない、自然度の高い地域を長期的に保護することを目的として設定する（第2章表2-4、表2-5）。この核心地域を定めた後、それを囲む緩衝地域、そしてその両者を囲む移行地域を定めていくのが基本的な流れである。山がちな日本

第 7 章　複数の自治体に跨るユネスコエコパークの実情

列島では、限られた平地や丘陵地を中心に展開されてきた活発な人間活動を背景に、核心地域に充てられるような自然度の高い地域は、人里から遠く離れた山岳地域などに限られてきた。これらの地域は、国立公園や森林生態系保護地域など、国内の法制度によって既に保護担保措置が採られていることが多く、その意味では、法的な保護を要する核心地域の要件を満たしているといえる。

一方、都道府県や市町村といった自治体は、歴史的な経緯もあるものの、多くの場合、人間の生活圏をベースとしてその領域が定められている。核心地域に設定されそうな人里から離れた山岳地域は、生活圏の周縁部に当たり、自治体同士の境界線が引かれていることが多い。そのため、核心地域を設定する段階で既に、生物圏保存地域のエリアは複数の自治体に跨っていることが多いのである。

これは、現在の日本におけるユネスコエコパークのエリア設定を見ても明らかである。前述のように、日本には 2018 年時点で 9 つのユネスコエコパークがある（第 2 章表 2-1 参照）。このうち、屋久島・口永良部島を除く 8 つのユネスコエコパークは、そのエリアが複数の自治体に跨っている[1]。

ただし、エリアが複数の自治体に跨っているからといって、必ずしも管理運営を複数の自治体で行っているとは限らない。例えば、綾、只見、みなかみの各ユネスコエコパークについては、それぞれ宮崎県綾町、福島県只見町、群馬県みなかみ町の町全域がユネスコエコパークに含まれているが、それぞれに隣接する他の自治体に設定されているエリアは極僅かである。只見ユネスコエコパークを例にとれば、只見町に隣接する檜枝岐村の一部が只見ユネスコエコパークの核心地域と緩衝地域に含まれているが、檜枝岐村内に移行地域は設定されておらず、檜枝岐村は只見ユネスコエコパークの管理運営にも部分的にしか関与していない。一方、残る志賀高原、白山、大台ケ原・大峯山・大杉谷、南アルプス、祖母・傾・大崩の 5 つのユネスコエコパークに

---

[1]　現在の屋久島・口永良部島 BR のエリアは鹿児島県屋久島町 1 町で構成されているが、1980 年の登録当時は屋久町と上屋久町の 2 町に跨っていた。

第 2 部　ユネスコエコパークの運動論

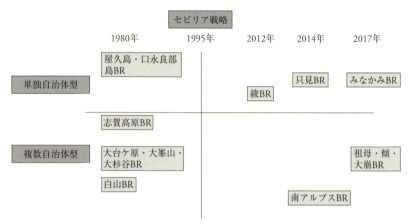

図 7-1　日本のユネスコエコパークにおける管理運営状況のタイプと登録年。大きく単独自治体型と複数自治体型に大別される。(Tanaka and Wakamatsu (2018) を改変)

については、エリアだけでなく、管理運営組織も複数の自治体に跨っている。ここでは、屋久島・口永良部島ユネスコエコパークを含む前者を単独自治体型 BR、後者を複数自治体型 BR と呼ぶ (土屋 2017)(図 7-1)。

　また、同じ複数自治体型 BR であったとしても、その歴史的経過には大きな違いがある。1980 年に登録された 4 つのユネスコエコパークでは、2010 年代になるまで核心地域と緩衝地域しか存在せず、移行地域が設定されていなかった。すなわち、1995 年にセビリア戦略とともに採択された生物圏保存地域世界ネットワーク定款において、移行地域の設定が生物圏保存地域の必要要件として明文化され、かつ、2008 年から 13 年にかけて実施されたマドリッド行動計画において各生物圏保存地域がその要件を満たすための「出口戦略」が進められていたにも拘らず、この要件を満たしていなかったのである。2014 年にようやく志賀高原について、国内の他の 3 つの 1980 年登録のユネスコエコパークに先駆けて、移行地域を含めた拡張登録が承認された。その後 2016 年に、白山、大台ケ原・大峯山・大杉谷、屋久島・口永良部島の 3 つのユネスコエコパークも移行地域の設定を含むエリア拡張が承認された。これらのユネスコエコパークでは、登録当時には自治体の関与がなかっ

たため、拡張登録へ向けた取り組みを進める過程で初めて、自治体が中心的役割を担うこととなった。

一方、「ポスト・セビリア世代」の5つのユネスコエコパークでは、登録に向けた取り組みが始まった段階から自治体が中心的な役割を担っており、複数の自治体間の調整も、その当初から内蔵されていた。この、セビリア前後という歴史的な経過の違いは、それぞれのユネスコエコパークの管理運営にも大きく影響を与えている。

以下の各節では、いわゆる複数自治体型BRについて、セビリア戦略の前後という歴史的経過の違いにも注意しながら、それぞれのユネスコエコパークが抱える管理運営の実態と課題を詳述する。

7-2 大台ケ原・大峯山・大杉谷

　大台ケ原・大峯山・大杉谷BRは、紀伊半島の中央部、三重県の大台町と奈良県の五條市・天川村・十津川村・下北山村・上北山村・川上村2県1市1町5村で構成されている。多くの村は過疎化が進んでいて、人口もきわめて少ない。エリアの4分の1が吉野熊野国立公園に指定されている。また修験道の根本道場である大峯山「山上ヶ岳」や近畿最高峰で標高1915mの「八経ヶ岳」にある「大峯奥駈道」は世界文化遺産「紀伊山地の霊場と参詣道」に登録されている。総面積の約95％が森林となっており、天竜杉・尾鷲檜と並んで日本三大人工美林として知られる吉野林業の中心地となっている。約500年前から植林が進められており、そのほとんどがスギ（*Cryptomeria japonica*）とヒノキ（*Chamaecyparis obtusa*）の人工林となっている。

　改称前の大台ケ原・大峰山BRは、志賀高原、白山、屋久島とともに1980年に登録された。1971年にユネスコMAB計画が発足した当時から、日本はアジアで最も先駆的な国であり、その日本に生物圏保存地域がないのでは示しがつかないということで、文部省（当時）は環境庁（当時）に相談し、世界自然遺産に準じるような地域が選ばれたという（第2章参照）。4地域と

も国立公園の当時のエリアをベースとして登録されたこともあり、生物圏保存地域としてのユネスコへの窓口には現在でいう環境省自然保護官事務所が記された。

　大台ケ原・大峰山BRが登録されてから、2012年頃にユネスコエコパークの動きが全国的に再開し始めるまで、ユネスコエコパークの存在はおそらく地元の人や研究者にすらほとんど認識されていなかった。実際2010年11月に天川村において日本MAB計画委員会事務局の酒井暁子氏がユネスコエコパークの紹介をしたが、役場職員や地元住民も知らなかった。しかし、大台ケ原・大峰山BRでは2013年の8月までに文部科学省に対してユネスコエコパークを継続するかどうかを表明しなければならなかったために、ユネスコエコパークの拡張登録申請の必要性が現実味を帯びてきて、状況が大きく動き出した。

　構成自治体のひとつである三重県大台町では、早くも2013年4月にプロジェクトチームができ、拡張登録を申請する方向で大きく動き出した。しかし、奈良県側の6市村はユネスコエコパークの継続有無に関して態度を決めていなかった。この時点では自治体担当者らは世界的・国内的なMAB計画の状況を把握できておらず、いくつもの疑問が挙がっていたために判断できない状態であった。例えば、10年に一度の定期報告を作成するためには基礎調査を自治体でしなければならないのか（どれくらいの予算が必要か）、誰が主導して拡張登録申請するのか、ユネスコエコパーク地域を広げるためには法的根拠や地権者の了解が必要なのか、移行地域は絶対に必要なのか、核心地域の拡張は可能なのか、そもそもユネスコエコパークであるメリットは何なのか、生物多様性の観光で集客はできるのか、何か新しい事業をしなければならないのか、「継続」と「移行地域設定」の違いが誤解されている、などなどである。こういった疑問を文部科学省や日本MAB計画委員会などに逐一聞きながら、それぞれの自治体が継続の有無を検討することとなった。文部科学省は自治体からのボトムアップ的な動きに期待していたものの、後から考えれば自治体の判断が国際社会での日本の立場にどのようなインパクトを与えるかを予想することは難しいため、登録地の首長と実務者に具体的

な意義や方法を示す必要があったのかもしれない。

　どの構成自治体でも人的・金銭的に資源が限られてはいたし、その他の状況もそれぞれ異なっていて、そのため継続に関する意思表示には温度差が見られた。第一に、奈良県の6市村には2004年に登録された世界文化遺産「紀伊山地の霊場と参詣道」がある一方で、三重県の大台町にはないという点で大きく異なる。そのため、同じユネスコが認定するユネスコエコパークを継続し、さらに存在感も高めたいという意思が大台町にはあっただろう。そのため、大台町は登録継続と拡張登録申請を牽引し、大台町にある大杉谷を緩衝地域から核心地域へと変更することも盛り込んだ。第二に、五條市や十津川村では世界遺産の大峯奥駈道に直接つながる登山道がないため、大峯山とはかかわりが薄い上に、世界遺産が既にある状況でこれ以上新しい事業をユネスコエコパーク関連で展開することに対して消極的であった。第三に、首長の積極的な意志も大きく効いている。奈良県で唯一核心地域を擁していた上北山村では村長のゴーサインで動いていたようであり、また川上村では水源地の村づくりを目指す村のビジョンに合致していたために積極的に取り組んできた。第四に、ユネスコエコパークにメリットを感じられずしかも予算規模がわからなければ、稟議することも議会の承認を得ることも難しいという状況に立たされていた。

　それぞれの自治体の状況は異なったが、2013年7月に三重県庁舎にて「大台ケ原・大峰山ユネスコエコパーク保全活用推進協議会」の準備会合が開催され、関係主要自治体、環境省、林野庁の参加のもと、すべての自治体で登録継続の意思が確認された。その際に、地元からは「大峰」を「大峯」という表記に変えたいという希望が出された。これは国内措置で済む話なので、文部科学省はユネスコへの拡張登録申請を待たずに漢字表記を変更した。さらに、地元から大杉谷を加えて「大台ケ原・大峯山・大杉谷BR」としたいという希望があり、拡張登録時にはこの名称で申請した。これまで7市村の取りまとめを三重県教育委員会と奈良県教育委員会とが行ってきたが、これからは推進協議会が取りまとめを行い、その事務局は大台町に置かれた。ようやく拡張登録申請に向けて7市村が推進協議会という形で1つにまとまっ

たわけだが、ユネスコエコパークのエリアが複数の自治体に跨っていたことで、苦労する事態も発生した。

　まず1つ目に、地形的な障害である。大台ケ原・大峯山・大杉谷BRは大峯山脈と台高山脈という南北に走る2つの山脈によって、3つの地域に分けられる。つまり、大峯山脈の西側に五條市と天川村、十津川村、大峯山脈と台高山脈の間に川上村と上北山村、下北山村、そして台高山脈の東側に大台町が位置する。したがって会議などでどこかの自治体に集まる際には各山脈をグルリと回り込まなければならず時間がかかる。推進協議会では、比較的地理的に集まりやすい川上村役場に事務局の大台町担当者が出張して会議を行うことが多い。当初は地理的な障壁によって緊密な交流ができていないようにも感じられたが、おそらく何度も地域間で交流していったことで担当者間の信頼関係が生まれ、またユネスコエコパークに対する担当者の思い入れも強くなっていったように感じられた。2つ目に、自治体によって思惑が異なることである。2013年から始まった拡張登録申請に向けた取り組みでは、移行地域の設置が必須である。大台町は早くから全町を移行地域に設定する意思を固めていた。天川村と川上村、上北山村も全村を移行地域に設定した。五條市と十津川村は脱退という消極的な行動も、移行地域の設定という積極的な行動もとらない立場を固持した。下北山村では、国立公園に含まれる部分にのみ移行地域を設定した。このように、自治体によって思惑が異なったために、拡張登録申請で提出された地図をみると、五條市や十津川村、下北山村の一部で緩衝地域が直接、ユネスコエコパークのエリア外と接しており、統一感が失われている（図7-2）。3つ目に、複数の自治体が合意するためには会議をして持ち帰ってそれぞれの首長などと協議して結論を出すというプロセスを経ることとなるが、どうしても時間がかかってしまう。意思表示から申請書提出までを短期間でこなさなければならならなかった当時の状況では重大な問題であったと思われる。

　移行地域の設定は自治体の裁量で設定案をまとめることができるため、手続き上は容易だが、核心地域への設定に関しては、自然公園法などの法的拘束力と地権者の同意が必要であるため、地権者探しやユネスコエコパークの

第 7 章　複数の自治体に跨るユネスコエコパークの実情

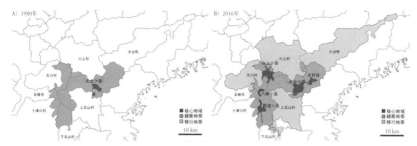

図 7-2　大台ケ原・大峯山・大杉谷 BR の地域区分の変化。三重県（大台町）と奈良県（五條市、天川村、十津川村、下北山村、上北山村、川上村）とにまたがる。A) 1980 年の登録時、B) 拡張申請登録時（2016 年）の地域区分（大台ケ原・大峯山・大杉谷ユネスコエコパーク協議会提供）。

図 7-3　大台ケ原・大峯山・大杉谷拡張登録記念フォーラム。2016 年 5 月 28 日、奈良県川上村において開催された。同フォーラムにて、礒田博子 MAB 計画分科会主査から認定証が手交された（日本ユネスコ国内委員会 2016 資料より）。

207

説明を経て同意を得るのに時間がかかってしまう。実際、推進協議会の事業報告を見ると「ゾーニング（地域区分）に関する打ち合わせ」が複数回なされており、根気強く打ち合わせと説明がなされていたことがわかる。そしてぎりぎりまで地域区分が検討され、大台ケ原と大杉谷、山上ヶ岳周辺、八経ヶ岳周辺、釈迦ヶ岳周辺の地域が新たに核心地域に設定され、2016年3月のMAB計画国際調整理事会において拡張登録が承認された（図7-3）。

7-3 志賀高原

　志賀高原BRは志賀高原を中心としたユネスコエコパークであり、山ノ内町、高山村（以上、長野県）、中之条町、草津町、嬬恋村（以上、群馬県）の2県5町村に跨がっている（図7-4）。志賀高原BRの核心地域は上信越高原国立公園の特別保護地区に、緩衝地域は全域がその特別地域もしくは普通地域に指定されている。移行地域は、長野県側については山ノ内町では居住地域全体、高山村では緩衝地域に指定されていない地域全体が設定されているが、群馬県側には設定されていない。

　志賀高原BRの中心である志賀高原は、志賀山などから流れ出した溶岩流によって形成された凹凸のある台地で、湖沼や高層湿原が多数、存在する。概ね標高1600 m以上の地域にはコメツガ（*Tsuga diversifolia*）やオオシラビソ（*Abies mariesii*）、クロベ（*Thuja standishii*）など亜高山性および山地性の針葉樹が生育し、その原生林もまとまった範囲で残っている。ユネスコMAB計画の前身ともいえる国際生物学事業計画（IBP）では、志賀高原に亜寒帯林特別研究地域が設定され、1967年から1972年にかけて、国内外の研究者の調査活動が集中的に行われた。志賀高原では、これら高層湿原や亜高山帯針葉樹林といった原生的な自然環境がまとまって残っている地域が核心地域に、その他は全域が緩衝地域に、それぞれ指定されている。

　だが多くの人にとって馴染みがあるのはむしろ、スノーリゾートとしての志賀高原であろう。志賀高原は1947年に日本で最初にスキーリフトが掛け

第 7 章　複数の自治体に跨るユネスコエコパークの実情

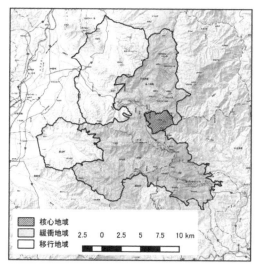

図 7-4　志賀高原 BR の地域区分（日本ユネスコ国内委員会 2013 より）。

られた地であり、1998 年には長野冬季オリンピックの会場ともなった。志賀高原には合計 420 ha のスキー場があり、宿泊施設は 90 軒弱、宿泊収容人数は 2 万人と、スノーリゾートとして国内有数の規模を誇っている。スキーブームの頃と比べると半分近くに減少しているものの、現在も年間 200 万人以上の観光客が、志賀高原を訪れている。このような高度な観光開発が緩衝地域で行われながらも、それに隣接して原生的な自然環境が維持されていることは、志賀高原の大きな特徴といえる。

　志賀高原 BR は他の 3 つの BR（屋久島、大台ケ原・大峯山、白山）とともに、1980 年に国内第一陣の生物圏保存地域として登録されたが、このときに登録された生物圏保存地域はいずれも、この後 1995 年にセビリア戦略とともに採択された生物圏保存地域世界ネットワーク（WNBR）定款の基準を満たしていなかった。志賀高原 BR については、①移行地域が設定されていないこと、②核心地域がエリア外部に露出しており完全には囲われていないこと、③生物圏保存地域の包括的な管理計画がないこと、の 3 点で、WNBR 定款

第 2 部　ユネスコエコパークの運動論

が求める基準に十分に適合していなかった。2010 年頃から、MAB 計画国際調整理事会では、WNBR 定款の要件を満たさない生物圏保存地域について、自主的な取り下げが行われない場合、登録の抹消が検討されていた。これを受けて、文部科学省と日本 MAB 計画委員会はそれぞれ、国内の既存の生物圏保存地域を抱える自治体に対し、制度の再検討を呼びかけたが、その中で最初に声がかかったのが、志賀高原 BR であった。

　1980 年の登録から後の約 30 年間、志賀高原においても他の生物圏保存地域と同様、地元自治体がその制度を認知し、また活用しようとする動きはなかった。だが地域において、生物圏保存地域への登録が全く認知されていなかった訳ではない。志賀高原をフィールドとしていた研究者の論文の中には、MAB 計画に言及されているものがある（渡辺 1988、1999、和田 1995 など）。また山ノ内中央公民館が 2002 年に発行した「山ノ内の文化と自然マップ」では、志賀高原 BR の核心地域が「MAB—ユネスコ保護区」として紹介されている。このように志賀高原では、生物圏保存地域は「完全に忘れ去られたもの」となってはいなかったが、志賀高原において IBP の時代から継続して研究・教育活動を行っている研究機関（信州大学教育学部附属志賀自然教育研究施設）の存在は、その一因となっていたと思われる。さらに 2010 年に日本 MAB 計画委員会がアプローチする 2011 年以前に、志賀高原観光協会が出した観光ガイドの広告には MAB 計画に関する文言が掲載されており（松田ら 2012）、これが日本 MAB 計画委員会の目にとまったことが、4 つの生物圏保存地域の中で最初に、志賀高原 BR に委員会がアプローチするきっかけとなった。

　志賀高原 BR の拡張登録申請は、核心地域を抱える山ノ内町の主導によって行われた。2012 年 4 月に庁内プロジェクトを立ち上げ、7 月には町、県、地元地権者、関係団体などを構成員とする「志賀高原ユネスコエコパーク活用山ノ内町協議会」を設立し、ゾーニング設定等の検討を始めた。この中で山ノ内町は、未設定であった移行地域について、志賀高原の核心地域および緩衝地域以外の町の地域全体を対象に設定する方向で検討に着手した。2012 年 10 月には、他の 4 町村を交えた関係自治体連絡調整会議が開催された。

ここでは長野県側については、山ノ内町に加えて高山村の緩衝地域以外の全域を移行地域に設定する一方、群馬県側のゾーニング設定の見直しは保留とし、次回調整を行う方向性で合意された。2013年には関係町村すべてと地権者、関係団体などが参画する「志賀高原ユネスコエコパーク協議会」が設立されるとともに、拡張登録申請書類が作成された。ゾーニングに関する懸念事項のうち、移行地域が設定されていないことについては改善したものの、核心地域が緩衝地域や移行地域によって完全に囲まれていない点については、群馬県側のゾーニング変更を保留したため、対応は先送りされた。また管理計画の策定も、あわせて先送りすることとなった。このため申請書では、志賀高原BRの拡張計画について、今回の拡張が第一段階であり、引き続き群馬県側を含めた第二段階の検討を行うことが明記されている。この拡張登録申請書は2013年9月に日本ユネスコ国内委員会の承認を受け、ユネスコへの推薦が決定された。この対応は生物圏保存地域国際諮問委員会（IACBR）でも理解を得られ、2014年5月に登録承認が勧告された。しかし6月にスウェーデンで開かれたMAB計画国際調整理事会では、志賀高原BRの拡張登録申請について厳しい意見が出された（この部分は第4章を参照いただきたい）。最終的には、志賀高原BRの拡張登録申請は承認されたものの、核心地域が緩衝地域や移行地域に完全に囲まれていないことと、管理運営計画が策定されていないことの2点について、次回定期報告までに対処するよう勧告が付された上での承認となった。

　志賀高原BRの拡張登録申請に山ノ内町がここまで積極的に取り組んだのは、観光と農業を基幹産業とする町にとって、ユネスコエコパークという国際認証が、地域産業の活性化につながることに大きな期待を寄せていたためである。このことは、山ノ内町でユネスコエコパークを所掌する担当室が、観光商工課に置かれていることからも窺える。山ノ内町では志賀高原BRの拡張登録申請とあわせて、その取り組みを国内外にPRするため、ユネスコエコパークに関する会議等を積極的に誘致・企画した。この結果、2014年9月には『ユネスコエコパーク全国サミットin志賀高原』を、また2015年10月には、東アジア生物圏保存地域ネットワーク（EABRN）会合と日本ユネ

スコエコパークネットワーク (JBRN) 大会が、志賀高原で開催された（第5章参照）。ユネスコエコパークの主要な機能のひとつとして、環境教育の場としての活用があるが、これもガイド組合が組織され、専門家ガイドによるトレッキングツアーや各種学校の自然学習や林間学校を商品化している志賀高原においては、産業振興の一助となっている。また農作物についても、志賀高原 BR のロゴマークを活用してブランド化を推進している。第 3 次山ノ内町観光交流ビジョン（平成 28 年度〜平成 32 年度）では、ユネスコエコパークを前面に打ち出した基本方針が策定されている。少なくとも地域の産業振興への活用という点においては、ユネスコエコパークの登録メリットが町のニーズにマッチしており、また町もそれをうまく活用しているといえるだろう。

　もちろんユネスコエコパークの取り組みについて、短期的なメリットのみが追求されている訳ではない。自然と人間社会の共生を目指し、持続可能な地域社会を構築するための着実な取り組みも始まっている。2016 年から町は、信州大学と公益財団法人日本自然保護協会との協働により、地域住民に対してユネスコエコパークの理念を普及し、その実現に向けた取り組み意識の醸成を図ることを目的とした研修会「志賀高原ユネスコエコパークセミナー」を定期的に開催している。また学校教育に関しては、ESD（持続可能な開発のための教育）の推進に取り組んでいる。志賀高原 BR では拡張登録申請とあわせて、移行地域のすべての小中学校について、ESD の推進拠点として位置づけられているユネスコスクールへの申請が進められた。この結果、2017 年 3 月までにすべての小中学校の加盟が承認され、現在では志賀高原 BR の移行地域にある学校すべてがユネスコスクールとなっている。これらの学校での ESD の学びを支援するため、2017 年に信州大学が中心となって「信州 ESD コンソーシアム」を設立し、教職員を対象とした ESD 研修会や、子どもたちの学習成果の発表・交流会を開催するなどの取り組みを行っている。

　志賀高原 BR の今後の課題としては第一に、MAB 計画国際調整理事会から指摘されたゾーニング変更と管理運営計画策定の 2 点について、次回定期

報告までに対処しなければならないことが挙げられる。しかし、その調整のプラットフォームとなるべき志賀高原ユネスコエコパーク協議会の会合の機会はあまり設けられておらず、関係自治体の意思疎通も十分ではないことから、まずはその活性化が必要であろう。またBRの趣旨に鑑みると、将来的には協議会の意志決定や運営についても、行政組織だけが担うのではなく、地域住民やNPOなど、多様な主体が参画する体制が構築されることが望ましい。その担い手を育成するためには、現在山ノ内町で行われているような研修会の開催やESDの推進が有効であり、この取り組みを今後、志賀高原BR全体に拡げていくことが望まれる。地域の担い手となる「人づくり」は、長期的な視野に立って行うべき、息の長い取り組みであり、その成果は一朝一夕に得られるものではない。だが志賀高原BRではすべての小中学校で、ユネスコエコパークを舞台としたESDの学びを通じて、ユネスコエコパークの理念を共有し、また持続可能な社会づくりの担い手として必要な資質や能力を身につけた子どもたちが育ちつつある。このような「次世代」の存在は、必ずや将来、ユネスコエコパークや地域社会の大きな力となるであろう。

7-4 南アルプス

　南アルプス（Minami-Alps）BRは、山梨県の韮崎市、南アルプス市、北杜市、早川町、長野県の飯田市、伊那市、富士見町、大鹿村、静岡県の静岡市、川根本町の3県10市町村からなる国内最大面積、最多の人口を有するユネスコエコパークである。南アルプスBRの核心地域は、主に南アルプス国立公園の特別保護地区および第1種特別保護地域に設定されている。核心地域およびその周囲の緩衝地域は、標高3000m級の赤石山脈が壁のようにそびえる日本屈指の山岳地帯である。その山麓にはV字谷や崩壊地が発達し、平坦地がほとんど存在しない深く険しい渓谷が形成されている。また、赤石山脈を挟むように糸魚川—静岡構造線と中央構造線という日本最大級の2つの大断層系が延びている。南アルプスの高山域には、約2万年前頃に造られた

氷河・周氷河地形が残存しており、これらの氷河地形は日本最南端にあたる。

南アルプス BR の標高 2600 m 以上の高山帯には、ハイマツ群落や多種の高山植物群落のお花畑が広がっている。一方、亜高山帯はシラビソやコメツガが優占する亜高山性針葉樹林帯となっており、山地帯はブナ林やミズナラ林、ツガ―ウラジロモミ林に、標高 800 m 未満は常緑広葉樹のカシ林、シイ林となっており、日本の典型的な植生の垂直分布が見られる。これらを構成する植物相の特徴は、周極要素などの北方系の植物、東アジア要素の植物、日本固有の植物など多様な植物が同所的に生育していることである。

南アルプスの動物相を特徴づける種の代表は氷期の遺存種である。これらの種は、日本が大陸と陸続きであった氷期に大陸から侵入し、その後温暖化と共に日本が列島として孤立する過程で、標高の高い南アルプス地域内に生き残り、分化が進んできたと考えられている。特に、昆虫類や両生類など分散能力の低い動物群の一部の種には、分化が著しく進行した結果、南アルプス固有種や南アルプス固有亜種になったものも多く見られる。

南アルプスは急峻かつ山が深くアプローチも長いため、登山には十分な技術と時間的余裕が要求されるが、南アルプス国立公園利用者数は年間 60 万人前後にも及ぶ。そのため、登山道周辺の侵食、高山植物の踏み荒らし、外来種の進入やゴミの不始末などの人為的悪影響が懸念される状況にもある。また、現在南アルプス BR エリア内では、ニホンジカ（*Cervus nippon*）の生息数が急増しており（補章参照）、農林業被害や生態系への悪影響を防止することが喫緊の課題となっている。特に高山植生域や亜高山帯針葉樹林域ではその影響が大きく、希少な植物種が多いお花畑周囲を防護柵で囲う等の対策を行っている。

南アルプスがユネスコエコパークの登録を目指したきっかけは、2007 年に設立された世界自然遺産登録推進協議会である。当時の静岡市と南アルプス市の議員らにより南アルプスの世界自然遺産登録を推進すべきという機運の盛り上がりが発端となった。その後南アルプス国立公園内にある 3 県 10 市町村により構成された同協議会が設立された。同協議会ではまず、世界自然遺産登録の前段階としてユネスコエコパークおよびジオパークの登録を推

第7章　複数の自治体に跨るユネスコエコパークの実情

図7-5　南アルプスユネスコエコパーク基本合意締結式（廣瀬和弘撮影）。2013年8月に10市町村の首長により南アルプスユネスコエコパーク基本合意締結式を行い、その後文部科学省に申請書を提出し、ユネスコへの推薦が承認された。

進した。その結果、2008年に南アルプス西麓の長野県側が日本ジオパークの南アルプス（中央構造線エリア）ジオパークに、2014年には3県10市町村の広範囲の地域がユネスコエコパークに登録された（図7-5）。しかし、環境省（2015）公表の「世界自然遺産候補地詳細調査検討業務報告書」により、事実上南アルプスの世界自然遺産登録への道は閉ざされることとなった。これを受けて2016年に南アルプス世界自然遺産登録推進協議会は、「南アルプス自然環境保全活用連携協議会」と名称を変更し組織改編を行い、ユネスコエコパークの管理運営を実質的に担う組織へと方針転換を図った。

　南アルプスBRの管理運営団体である南アルプス自然環境保全活用連携協議会の構成メンバーは10市町村の首長と議長であり、環境省、林野庁、山梨県、長野県、静岡県、それに広大な土地を所有する特種東海製紙株式会社および日本製紙株式会社が参与として参画している。構成メンバーの10市町村は同協議会の負担金を支出しており、その総額は200万円である。そ

第 2 部　ユネスコエコパークの運動論

の負担割合は均等割り付け（市 10 万円、町村 5 万円）、市町村内人口、ユネスコエコパーク登録地域面積割の 3 項目より算出されており、最も負担額の大きい静岡市が 59 万 9000 円、最も小さい富士見町が 7 万 1000 円となっている。参与として参加している 3 県も協議会の正式メンバーとする議論もあったが、負担金の支出を不可とする県があったために、現在の構成 10 市町村のみを正式な委員とするという結論となった。同協議会は年に 1 回、初夏の頃に総会を開催し、協議会の予算や規約の提案および承認などを行っている。前身の南アルプス世界自然遺産登録推進協議会発足から、2017 年度まで静岡市が会長市、南アルプス市と伊那市が副会長市として運営されてきたが、2018 年度より会長・副会長市町村を 10 市町村で 2 年ごとに交代していく方針となっており、2018 年度からの 2 年間は南アルプス市が会長市を担っている。

　一方、ユネスコエコパークの管理運営に関する実務的な議論は構成 10 市町村の行政担当者らが集まる定期的な会議で行われている。この会議では南アルプス BR における各地域の課題や問題意識の共有を図っている。またこの会議と並行して各 3 県の幹事市町村による密な調整会議も行っている。2017 年度までは山梨県は南アルプス市、長野県は伊那市、静岡県は静岡市が幹事市を担っていたが、今後は、会長市町村同様、交替しながらの運営になっていく。

　このように南アルプス BR の管理運営そのものは南アルプス自然環境活用連携協議会が担っているが、南アルプスの各課題に具体的に対応する目的としてワーキンググループ（WG）が協議会内に形成されている。2017 年現在活動中のワーキンググループは、登山道誘導標識 WG、情報発信 WG、看板表示 WG、ユネスコエコパーク定期報告 WG、管理運営計画 WG、ニホンジカ対策 WG（補章参照）、ライチョウ保護 WG、林道 WG である。

　例えば、登山道誘導標識 WG では南アルプスの山岳地域の登山道標識の統一化を図る目的で活動している。南アルプスの登山者の道案内のために設置されている登山標識は、市町村ごとにバラバラであり、多言語対応にもなっていなかったが、ワーキンググループの活動によりその統一化を図り、登山

者の安全、自然景観の改善につながっている。

　ライチョウ保護 WG では、南アルプス BR の象徴としてロゴマークにも採用している世界的にも南限域に生息するライチョウ（*Lagopus mutus japonicus*）の保護を目指している。ライチョウの生息状況を登山者等と継続して情報共有するため、「南アルプスライチョウサポーター制度」を設置し、多くのサポーターが登録されている。サポーターが情報収集を行うことを通じて、南アルプス BR の自然環境保全活動の周知にもつながることが期待されている。

　またニホンジカ対策 WG では環境省が幹事となって、各自治体で行ってきた高山域におけるニホンジカの対策を統一的に講じようとしており、ユネスコエコパークの枠組みを使って国県市町村が一体となって地域の課題に取り組んでいる。このように、南アルプス BR ではワーキンググループが地域の課題解決に重要な役割を果たしているといえる。

　その一方で、広域な複数自治体型 BR ならではのさまざまな課題が生じているのも事実である。まずは地理的な距離が遠いため、密な話し合いの場をなかなか持てないことが挙げられる。2018 年現在、各 10 市町村の担当者は 2 か月に一度、各市町村を巡る形で定期的な話し合いの場を持っている。しかし、登録 2 年後の 2016 年までは 1 か月に 1 回の開催と、より高頻度で会議が行われていた。このような会議頻度減少の一番の理由は、会議開催時間がたとえ 2 時間程度でも、会議開催地までの距離が遠いため参加者は早朝から夜まで拘束されることとなるからである。例えば、長野県の飯田市で会議を行う場合、静岡県の川根本町や静岡市の担当者は片道約 4 時間以上の移動を要すこととなる。そのため、各自治体担当者の負担を軽減する目的で回数を減らすこととなった。

　2 番目の問題は、静岡市や南アルプス市以外の市町村にユネスコエコパークを専属で担当している職員がいないことである。南アルプス BR 構成 10 市町村の多くは、観光部局の職員が担当している。これら職員は、さまざまな業務のひとつとしてユネスコエコパークを担当していることが多い。そのようなこともあり、ユネスコエコパークの本質を理解しておらず、ただ会議に出席しているだけの担当市町村職員も多く、市町村間の温度差も生じてい

る。また、担当職員は概ね3年間で部署転換を行うため、3年間経った時点で大半の職員が総入れ替えになってしまっている。南アルプスBRが誕生した2014年当時、10市町村全体で34人の職員がユネスコエコパークに携わっていたが、3年が経過した2017年時点ではそのうち3人が残っているのみであり、9割以上の職員は3年前の登録申請プロセスなどを知らない。このように短期間で担当者が変わっていくことにより、各市町村職員はユネスコエコパークの管理運営者であることに対する当事者意識が希薄になりがちである。また、持続的な取り組みがしにくい環境にある。

　3番目の問題はユネスコエコパーク内の風土や文化が多様すぎることである。これは1番目の問題とも関連することだが、10市町村は南アルプスの山麓に位置しているという共通点はあるものの、壁のように聳える南アルプスが障壁となっているため、古くからの相互の文化交流はほとんど無い状態であった。さらに気候や山麓の地形条件も異なっているため、各市町村で生産している農産物や土地利用の様式も全く異なっている。さらに、主たる土地所有も、山梨県は県有林、長野県は国有林、静岡県は民有林と土地管理状況も異なっている。そのため、南アルプスBR統一のルール作りや取り組みを行うのは容易ではない状況にある。そのようなことから、1つのことをBR全体で決めて推進するのには相当な時間と労力を要しており、一見するとユネスコエコパークの活動が活発では無いように見えてしまう。

　このように南アルプスBR全体での取り組みはなかなか前進していないように見える一方、各市町村内で行われている個々の取り組みは活発である。韮崎市の甘利山の自然を保全しているNPO法人甘利山倶楽部、富士見町の入笠湿原の保護を行っているNPO法人入笠ボランティアネットワーク協会など地域住民が主体となった地元の自然環境を守る取り組みが各市町村には数多くある。また、ユネスコスクールに3校の小中学校が登録されている南アルプス市や、エリア内に環境学習の拠点である「静岡市南アルプスユネスコエコパーク井川自然の家」がある静岡市などを筆頭に、環境教育を始めとした持続可能な開発のための教育(ESD)にも各地で取り組んでいる。これら個々の取り組みは、南アルプスBR共通の財産として全体で共有されてお

り、他の市町村内の活動にも活かされている。

　南アルプス BR は、"図体がデカい"ゆえに、地域住民の活動がユネスコエコパークとしての取り組みとして認識されにくい側面はあるが、各地で行われている地道な取り組みが組み合わさって、南アルプス BR を形作っているとも言えるだろう。またユネスコエコパークを構成している市町村同士の学びあいは、ユネスコエコパークに登録されているからこそ生まれたものである。

　歩みは遅くとも、着実に一歩一歩進んでいくことで、南アルプス BR が、今後複数自治体が協同してユネスコエコパーク活動に取り組む地域のモデルになっていくことが期待される。

7-5　祖母・傾・大崩

　祖母・傾・大崩 BR は、佐伯市の旧宇目町域、豊後大野市全域、阿蘇・くじゅう国立公園区域を除く竹田市（以上大分県）、都市部及び海岸域を除く延岡市、日之影町全域、高千穂町全域（以上宮崎県）からなり、2017 年に登録された。祖母・傾・大崩 BR は、大分、宮崎両県に跨がる祖母・傾・大崩山系を中心に、これらを源流とする大野川水系、五ヶ瀬川水系流域の 6 市町をエリアとしている。複雑な地形・地質に加え、地域住民の持続的な自然資源の利活用や、活発な環境保全活動等により、多様な二次的自然環境が形成されており、移行地域の二次的自然環境の中に貴重な動植物が生育・生息する「生物多様性の高いスポット」が点在している。地域共通の文化的背景である祖母山信仰や、神楽に代表される土地固有の多彩な民俗芸能が各地で継承されており、自然への畏敬の念が地域の文化として根付いている。

　実は、2014 年に同地域が最初にユネスコエコパークに登録申請した際には、大分県側だけの祖母・傾 BR を目指していた。しかし、現在 3 か所に分かれている核心地域のうち最も西の祖母山と中央の傾山はともに南側が宮崎県に面しているため大分県内だけのエリア設定では緩衝地域で囲うことがで

きず、また、東の核心地域の大崩山が宮崎県側で申請エリア外だったため、それに接する大分県側の緩衝地域の意図が不明確になってしまった。これに対し国内審査を担う日本MAB国内委員会は、宮崎県側も含めて祖母山・傾山・大崩山周辺の森林生態系保護地域と祖母傾国定公園の保護担保措置のある地域を、核心地域に含めるよう意見を述べた。大分県はわずか1年で、宮崎県と宮崎県側3市町と協議し、この意見に応えるエリア設定案をまとめた。その際、大分県と宮崎県があくまで対等の立場で管理運営に携わるように工夫し、両県が推薦する2名の学識経験者を共同代表とする協議会を発足させた。

　こうして、祖母・傾・大崩BRは日本で初めて、基礎自治体ではなく県が主導するユネスコエコパークとなった。また、2つの自治体が努めて対等の立場で管理運営する点も前例がない。一般に、都道府県は市町村に比べ予算規模が大きく、また国や大企業とのパイプも太い傾向がある。そのため、市町村に比べて事業規模を大きくすることが容易であり、対外的ネットワークも拡充させやすいという利点がある。一方で、市町村に比べ、地域住民からの距離が遠いことは否めず、地域内の関与者を巻き込んでいくにはやや難しい側面がある。都道府県と市町村がそれぞれの強みを活かして上手に役割分担できれば最良だが、自治体間では多くの場合、初めに声を挙げたものがリーダーシップをとり、残りの者はそれに追随していく傾向があり、その場合、活動や意識に濃淡が生じる可能性は否定できない。これは、2つの自治体が対等の立場で管理運営する場合にも当てはまることである。

　もうひとつの懸念は、移行地域が2243 km^2、緩衝地域が177 km^{2}あるのに対して核心地域が15.8 km^{2}しかなく、面積のつり合いが悪いことだった。これは国内推薦後に生物圏保存地域国際諮問委員会（IACBR）からも指摘された。しかし、核心地域には国内法制度に基づく保護担保措置が必要であり、かつ緩衝地域で囲わねばならない。その難しさは、国内外の審査員に理解されたようである。それならば核心地域の面積に見合った狭い移行地域の設定も考えられた。地元としては、基礎自治体が一体となって取り組めるようにしたいという切なる希望があったようである。そのための論拠として、移行

第 7 章　複数の自治体に跨るユネスコエコパークの実情

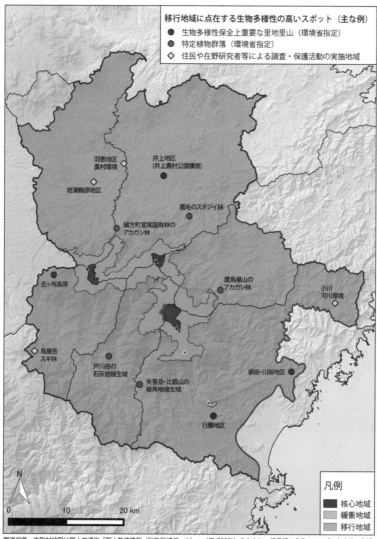

図 7-6　祖母・傾・大崩 BR の地域区分と生物多様性の高いスポット（祖母・傾・大崩ユネスコエコパーク学術委員会資料）

地域の二次的自然環境の中に、貴重な動植物が生育・生息する「生物多様性の高いスポット」が広範囲に点在していることを示したのである（図7-6）。

さらに、これを学術的見地からも明確なものとするため、祖母・傾・大崩ユネスコエコパーク学術委員会では「移行地域自然環境調査助成事業」を実施し、「生物多様性の高いスポット」の候補に関する調査研究を公募しており、2017年度には4件が採択されたところである。さらに、大分県と宮崎県が合同で、「登山者向けのマナー啓発パンフレット」を作成し、自然環境保全、安全対策に関する啓発を行っている。

祖母・傾・大崩BRは2017年に登録されたばかりであり、今なお発展の途上にある。また国内で初めて県が主導し、2つの自治体が努めて対等の立場で取り組むユネスコエコパークという意味でも、今後の展開が注目されるところである。

7-6 複数自治体型BRの課題と未来

ここまで、日本の複数自治体型のユネスコエコパークの現状を紹介してきたが、いくつか共通の問題や課題が見えてくる。その多くは単独自治体型BRではあまり問題とならないことである。すなわち、地域内の関与者のユネスコエコパーク管理運営への参画、エリア内の自治体間の温度差、そしてユネスコエコパーク全体での一体的な取り組みである。

まず、地域内の関与者、あるいは民間団体や企業、地元住民のユネスコエコパークの管理運営への参画について考えてみる。例えば、単独自治体型の只見BRの場合、管理運営団体である只見ユネスコエコパーク推進協議会には、同町内の各地区の区長や女性団体の代表者、農業協同組合、漁業協同組合や銀行など多数の民間団体や地域団体が協議会メンバーとして加わっている（Tanaka and Wakamatsu 2018）。本来、このように地域住民が直接ユネスコエコパークの管理運営に参画することが理想といえるが、複数自治体型の場合、そうもいかない。複数自治体型BRを構成する市町村それぞれに、多数

の民間団体や地域団体があり、単独自治体型BRと同様の協議会構成とした場合、数百人規模の協議会となってしまう。南アルプスBRでも管理運営に地元民間団体の参画を検討した経緯があるが、結局のところ、多数の各市町村内の住民団体や地元企業の中から、公正に参画団体を選別することは難しいという結論となった。その点で、白山BRのように自治体の垣根を越えた民間ベースのNPO法人環白山保護利用管理協会のような連合団体が既に存在し、それが組織として協議会に参画しているケースは、ひとつのモデルといえる（現場からの報告3を参照）。

　次に、自治体間の温度差についてである。複数自治体型BRの場合、祖母・傾・大崩BRのように2つの自治体（大分県・宮崎県）が対等に管理運営を担おうとするケースは稀で、実質的にはどこか1つの自治体が協議会の事務局を担って管理運営の中心を担うこととなる。その場合、事務局を担っている自治体の多くはユネスコエコパークに積極的に取り組むが、その他の自治体にはさほど積極的でないものがあるのも事実である。事務局を担っていない自治体では、南アルプスBRの事例でも指摘したように、職員が専属でユネスコエコパークに携わっているケースはほとんど無く（Tanaka and Wakamatsu 2018）、ユネスコエコパークとしての当事者意識が希薄になってしまう。結果として、自治体間の主体性の濃淡がさらに拡大する。この傾向はプレ・セビリアのユネスコエコパークに特に顕著で、自治体が手を挙げて登録された訳ではないという過去の経緯が尾を引き、大台ケ原・大峯山・大杉谷BRや志賀高原BRの拡張登録に際しては、移行地域を設けない市町村がある。このような当事者意識の落差が生まれないように、南アルプスBRでは事務局を持ち回りにしたり、ワーキンググループの幹事を各自治体に割り当てたりと、各自治体がそれぞれに主体性をもって取り組めるように苦労しており、複数自治体型BRでは、単独自治体型BRとは違った管理運営方法を考えなくてはいけないであろう。

　そして、複数自治体型BRの最大の問題はユネスコエコパーク全体としての取り組みにおける「自治体の垣根を越える難しさ」である。経済活動が営まれている移行地域を含めて、自治体ごとの取り組みの足並みを揃えるのは

第 2 部　ユネスコエコパークの運動論

相当困難である。積極的な自治体も消極的な自治体も立場はあくまで対等であり、積極的な自治体の担当者が、消極的な自治体に出向いて活動支援を行うことは、現在の日本の自治体の慣行の中では憚られる。既存の各自治体の取り組みを生かしてユネスコエコパークの全体像を描くにしても、広域になるほど各地域の風土や文化が異なり、一体感を打ち出すことが難しくなる。例えば、農産物にそのユネスコエコパークのブランドを利用しようとする場合、生産している農作物が全く異なっていたり、既に県ごとに存在するブランド基準に共通点が無かったりと、ユネスコエコパークブランドを新たに作るのは前途多難である。例えば、南アルプス BR の場合、静岡県エリアではお茶やみかん、山梨県エリアではモモやサクランボなどの果樹や稲作、長野県側ではルバーブやブルーベリーなどの畑地の作物など、千差万別である。各作物とも既に各県では一定のブランド基準があるため、あえてユネスコエコパークブランドを使うことには消極的である。現状では、移行地域を含めたユネスコエコパークが一体となった取り組みを行うことは非現実的な面が否めない。

　MAB 計画では世界および国内の他の生物圏保存地域との連携を重視している。また国を越えた越境の生物圏保存地域も推奨しており、2018 年現在、世界で 20 の生物圏保存地域が越境して登録されている。つまり、関係者が協力して取り組むことこそが生物圏保存地域としては重要ということであり、日本における複数の自治体でのユネスコエコパークも、関係自治体間の連携こそが重要なはずである。

　では、複数自治体でユネスコエコパークに取り組むためにはどのようにすればよいか。単独自治体 BR の場合、その市町村内の活動の中で、持続可能な開発に資する取り組みを集約し整理し、リマ行動計画に基づくユネスコエコパークの活動に位置付け直せば、目に見える形でユネスココエコパークの活動を説明することができる。しかし、現在の複数自治体型 BR では、このような自治体の枠を越えた取り組みを、1 つの筋書きで説明することは容易ではない。だが、各市町村で共通して取り組むことを探り、各自治体の活動の「最小限綱領」をそのユネスコエコパークのテーマや取り組みとすること

なら、比較的容易だろう。例えば、ユネスコエコパークの中心部にある核心地域や緩衝地域の自然環境保全は自治体を越えて取り組めるテーマである。実際に今回紹介したユネスコエコパークのほとんどでは、大なり小なりこのようなテーマに取り組んでいる。核心地域や緩衝地域の野生動植物は、自治体の境界に関係無く存在しており、移動している。ユネスコエコパークの登録は、今まで同じ山を違う場所から見上げながら生活し、その恩恵も災禍も受けてきた人々に、運命を共有しているという認識を育てるきっかけを与えてくれている。自治体の観点からは居住地域である移行地域の活動が重要なのは事実だが、核心地域や緩衝地域の自然環境保全を、自治体の垣根を越えて協力して行うことも同じように重要である。その上で、各自治体の移行地域における自然と人間の共生に向けた持続的な活動は、各市町村の予算を使ってそれぞれ実施していくことが現実的かもしれない。たとえ、同じユネスコエコパーク内で自治体間での活動に濃淡があったとしても、核心地域と緩衝地域の自然環境保全に協力して取り組むことで、ユネスコエコパークとしての一体感と各自治体の当事者意識は芽生えてくるだろう。重要なのは、ユネスコエコパークのために何かをする、あるいはしなくてはいけないという発想ではなく、地域の価値を知り（研究）、守り（保全）、活かし（発展）、伝える（教育）ために、地域内外の人々を結びつけるプラットフォームとして、ユネスコエコパークを賢く活かすという発想である。

　そして何より複数自治体型 BR で重要なことは、定期的に関係自治体職員がユネスコエコパークという枠組みで直接顔を合わせて話し合うことである。プレ・セビリアの複数自治体型 BR である大台ケ原・大峯山・大杉谷 BR、志賀高原 BR、白山 BR の拡張登録は、地形的障害を乗り越えながらも何度も顔を合わせ、互いの信頼関係を醸成してきた関係者の努力の賜といえる。話し合いのためにお互いの地域を訪れ、その地域の文化や生活、自然環境を見ることで相互の理解も深まり、自ずと同じユネスコエコパークとしての仲間意識が芽生えてくるだろう。メールや電話、書面で済むようなことを、何時間もかけて移動しあうことは一見すると無駄に思えるかもしれないが、それを怠っていては同じユネスコエコパークとしての一体感はいつまでたっ

第 2 部　ユネスコエコパークの運動論

ても生まれないというのが筆者の経験である。

　単独自治体型 BR の場合、登録のために何か新たな事業を起こすというよりは、今まで取り組んできたこと、地元自身のために必要な取り組みをユネスコエコパークの審査基準の文脈で整理することが重要である（第 1 章）。複数自治体型 BR の場合、ユネスコエコパークへの登録そしてその推進を通じて、同じ核心地域を取り巻く自治体同士に、自然環境の保全を通じて 1 つの地域として一体感が新たに生まれていくならば、単独自治体型 BR 以上に、複数自治体型 BR にとって、ユネスコエコパーク登録はゴールではなくスタートであるといえる。登録を機に、継続して相互理解を深めながら 1 つの地域として成熟していくことがさらに求められているといえるかもしれない。

引用文献

環境省（2015）世界自然遺産候補地詳細調査検討業務報告書．http://www.env.go.jp/nature/report/h26-05/index.html（2018 年 3 月 22 日閲覧）

松田裕之・酒井暁子・若松伸彦（2012）．特集「ユネスコ MAB（人間と生物圏）計画 ── 日本発ユネスコエコパーク制度の構築に向けて」：趣旨説明．日本生態学会誌，62: 361-363.

日本ユネスコ国内委員会（2013）推薦候補地「志賀高原」の概要．http://www.mext.go.jp/unesco/001/2013/1339281.htm（2018 年 3 月 20 日閲覧）

日本ユネスコ国内委員会（2016）日本ユネスコ国内委員会自然科学小委員会 MAB 計画分科会の活動概要（平成 27 年 5 月～平成 28 年 7 月）http://www.mext.go.jp/unesco/002/006/002/009/shiryo/1376262.htm（2018 年 3 月 20 日閲覧）

日本ユネスコ国内委員会（2018）生物圏保存地域審査基準．http://www.mext.go.jp/component/a_menu/other/micro_detail/_icsFiles/afieldfile/2018/08/13/1341691_05.pdf（2019/01/14 閲覧）．

祖母・傾・大崩ユネスコエコパーク学術委員会（2017）平成祖母・傾・大崩ユネスコエコパーク移行地域自然環境調査助成金交付要綱．http://sobokatamuki-br-council.org/wp-content/uploads/2018/03/34b9908bcadb1b3017abbd0958c83848.pdf（2018 年 3 月 22 日閲覧）

Tanaka, T., Wakamatsu, N. (2018) Analysis of the Governance Structures in Japan's Biosphere Reserves: Perspectives from Bottom-Up and Multilevel Characteristics. Environmental Management, 61: 155-170.

土屋俊幸（2017）ユネスコエコパークのガバナンス論・試論．日本生態学会第 64 回全国大

会要旨．http://www.esj.ne.jp/meeting/abst/64/T15-4.html（2018 年 3 月 22 日閲覧）．
和田一雄（1995）―サル研究者から見た志賀高原自然保護の問題点．霊長類研究，11: 67-81.
渡辺隆一（1988）環境教育，国際的視点から．信州大学環境科学論集，10: 143-144.
渡辺隆一（1999）長野県におけるスキー場開発をめぐる自然保護問題．（〈特集〉スキー場開発と自然保護）．日本生態学会誌，49: 277-281.

第8章　地域資源の内発的な再評価とブランドの構築

大元鈴子

第 2 部　ユネスコエコパークの運動論

　多くの生物圏保存地域（以下、日本における通称「ユネスコエコパーク」を用いることがある）では、登録地の魅力をいかに伝えるかが課題となっており、日本もその例外ではない。言うまでもなく、生物圏保存地域の中に人々の生活がある以上、その持続性を担保する上では、経済的持続性の重視が必要である。そのためには、生物圏保存地域登録地域における生産物やサービスを外向けに宣伝・普及することと同時に、生物圏保存地域内で生活と生産活動を行う住民向けに自らの生活と生物圏保存地域とのかかわりを伝え、生物圏保存地域登録地域としての活用の在り方を普及する必要がある。つまり、生物圏保存地域の「ブランド化」である。「ブランド化（ブランディング）」にはいろいろな定義と手法があるが、基本的には、消費者に自社製品やサービスを選択してもらうために、製品・サービスについての知識を整理して伝えること（ケラー2010）とされる。ユネスコエコパークにおけるブランド化は、まず登録地域内で生活や生産活動を行う住民が、地域（資源）の価値を内発的に自ら整理して認識すること〈再評価〉から始まる。もちろん、一般的な消費経済における「ブランド」とは違い、ユネスコエコパークにおけるブランド化に関しては、環境的にも、経済的にも、そして住民の生活にとっても、継続性のあるものでなければ、持続可能な開発の具体的事例として国際的に認められたという生物圏保存地域の登録意義を活かしたとは言えない。本章では、生物圏保存地域におけるブランド化の事例のみならず、地域の特徴を活かした地域マーケティングのツールとしての「ローカル認証」を紹介しながら、ユネスコエコパークにおける資源の活用を通じたブランド化について議論する。

8-1　地域の多様な価値を創造する概念としてのユネスコエコパーク

　他の章で既に詳しく述べられているが、MAB 計画は「生態系保全」重視の制度から、「持続可能な開発」の実現と学習に重きをおく制度へとシフト

第 8 章　地域資源の内発的な再評価とブランドの構築

してきた。また、ユネスコエコパークの機能のおさらいになるが、緩衝地域と移行地域は、保護対象ではあるが、教育や研修の場として利活用が可能で（緩衝地域）、そこに耕作地や居住地（移行地域）が含まれ、持続可能な開発の具体的事例を示そうとする特徴を持つ（岡野 2014）。1980 年に日本のユネスコエコパーク 4 か所が登録されたときには、移行地域の設定はなかったが、これら移行地域を持たない登録地は、2015 年までにそれを設定し、拡張申請を行わなければ、撤退勧告がされることになった（酒井・松田 2018）。2012 年に国内では 32 年ぶりに新規登録された宮崎県の綾地域は、はじめから移行地域を持ち、続いて登録を受けた南アルプス、祖母・傾・大崩、そしてみなかみにも移行地域が設定されている。そして、1980 年に登録を受けた 4 か所も、移行地域をふくめた拡張申請の承認をうけている。

　移行地域を必須とした結果、ユネスコエコパーク登録地域には、保護区だけでなく、里地・里山や農村などの人間の営みが含まれることとなり、より多様な景観が登録地に含まれることになってきたといえる。そのため本章で扱う地域の特徴を活かした独自のブランド化が特に重要となる。つまり、すべてのユネスコエコパークに共通のすばらしさや、一目で認識されるすばらしい自然景観の見せ方を検討するのではなく、長年にわたり培われてきた地域特有の持続可能なシステムを解き明かすための見せ方（＝ストーリーを伴うブランド化）が必要となる。日本のユネスコエコパークは、30 年前に第 1 期の 3 地域が登録された当時は移行地域が設定されておらず、また、綾以降の第 2 期については、まだ日が浅い。そのためユネスコエコパークによる地域社会の自然・経済的持続可能性への寄与についての具体的な事例報告はまだ乏しい。また、ユネスコ側でも、地域が独自の管理・運営をある程度許される生物圏保存地域が活発化したことにより、どのようにして統一感を持たせつつ地域ごとのブランド化を行っていくのかについては、検討中といったところである。

8-2 ユネスコロゴの使用について

(1) パルテノン神殿と、MABロゴ、各ユネスコエコパークのロゴ

　最も安易に考え付く古典的なブランド化には、製品やサービスに権威のある機関や制度のロゴを添付するという手法がある。ユネスコのウェブサイトには、パルテノン神殿をモチーフにしたユネスコのロゴや、ユネスコという組織の名称（略称含む）の厳格な使用規定が掲載されている（UNESCO 2018）。商業的な使用（コマーシャルユース）については、次のように書かれている（筆者訳）。

> "Commercial use"（商業的使用）
> "The sale of goods or services bearing the name, acronym, logo or Internet domain names of UNESCO for profit is regarded as 'commercial use'."
> （商品やサービスの販売において、ユネスコの名称、略称、ロゴまたはインターネットドメインを表示することは、「商業的使用」にあたる。）

さらに、

> "Any commercial use of UNESCO's name, acronym, logo or Internet domain name, alone or in the form of a linked logo, must be expressly authorized by the Director-General of UNESCO under a specific contractual arrangement, such as a fundraising, merchandizing or licensing agreement."
> （ユネスコの名称、略称、ロゴまたはインターネットドメインを単体またはリンクとして商業的に使用するには、募金活動、販促活動、ライセンス契約などの特定の取り決めのもと、ユネスコ事務局長の特別な許可を必要とする。）

また、

> "Any request or proposal for commercial use should be addressed to the Assistant Director-General of the Sector for External Relations and Cooperation of UNESCO; the concerned National Commission should also be informed."

(すべての商業的使用の申請は、ユネスコの対外関係・協力局事務長補に提出され、自国のユネスコ国内委員にも知らせる必要がある。）

商業的利用が全く不可というわけではないが、各ユネスコエコパークがそれぞれの地域産品へユネスコのロゴを表示するのは、限りなく労力がかかりそうである。

(2) ユネスコによる生物圏保存地域のロゴ使用の整備について

生物圏保存地域プログラムにもロゴがある（図 8-1）。しかしながら、ロゴの使用規定を含めた、世界全体の生物圏保存地域のブランド化については、少なくとも数年前からさまざまな会議等で議題になっているが、今までのところ統一された方針は出ていない。例えば、2015 年に上海で開催された"MAB-BIRUP Workshop Promoting Green Economies in Biosphere Reserves through Certification, Labelling and Branding Schemes"（生物圏保存地域における認証、ラベル、ブランド化制度によるグリーン経済の推進ワークショップ）では、世界のさまざまな生物圏保存地域による事例が紹介され、ユネスコによるロゴ使用の基準や規定の提示が要望されたが、ワークショップにてそれが提示されることはなかった。また、2017 年開催の第 29 回 MAB 計画国際調整委員会でもロゴの使用についての議題は含まれていたが、結論はまだ出ていない。

一方、第 4 回世界生物圏保存地域会議（2016 年 3 月 14 日〜17 日）で支持され、直後（3 月 19 日）に開催された第 28 回 MAB 計画国際調整理事会で承認された「リマ行動計画」（2016 年〜2025 年）には、MAB 事務局により「ブランドと指針の正式な立ち上げ」を 2018 年末までに行うことが明記されている（ユネスコ 2016）。表 8-1 に、リマ行動計画に記載のある生物圏保存地域におけるブランド化とロゴに関する事柄を抜粋した。

これを受けて、2018 年 2 月を締め切りとして、各生物圏保存地域事務局宛に、生物圏保存地域のロゴ使用に関するアンケートが送付されている（筆

第 2 部　ユネスコエコパークの運動論

図 8-1　ユネスコ MAB 計画のロゴ

者訳)。特に関連する質問項目を抜き出すと、

●あなたの生物圏保存地域は、独自のロゴをもっていますか？
　　回答選択肢：はい・いいえ・ないが、そのほかの国立公園や登録地と共有のロゴがある
●それはコピーライトで保護されていますか？
　　はい・いいえ
●そのロゴの管理責任者はだれですか？
　　MAB 国内委員会・生物圏保存地域の管理主体・協会または団体・社会的会社・プライベートセクター・その他
●ロゴ使用に関するガイドラインはありますか？
　　はい（ガイドラインを送ってください）・いいえ、まだありません・その他
●そのロゴは下記の目的に使用されていますか？（複数回答可）
　　□出版物（本等）
　　□無料配布の情報誌など（チラシ、パンフレット、ポスター、地図、など）
　　□ウェブサイト、ソーシャルメディア、申込書、など
　　□生物圏保存地域に関する文書類
　　□額、旗、バナー
　　□特別なイベントのための宣伝用（T シャツ、カバン、傘、ステーショナ

リー)
　　　□商業的製品やサービス
　　　□その他
●あなたの生物圏保存地域には、商業的製品やサービスのための特別なラベルがありますか？
　　　はい・いいえ・いいえ、既存のラベルの使用促進をしています（フェアトレード、有機認証、等）・その他
●その商業用ラベルの使用管理者は誰ですか？
　　　MAB国内委員会・生物圏保存地域の管理主体・協会または団体・社会的会社・プライベートセクター・その他
●その商業用ラベルのガイドラインはありますか？
　　　はい（ガイドラインを送ってください）・いいえ、まだありません・その他
●あなたの生物圏保存地域では、ロゴ／ラベル、ビジョン、理念などと連結したブランド化戦略はありますか？
　　　はい・いいえ・その他
●共通のロゴ、ラベル、ビジョンと使命をともなうグローバル生物圏保存地域ブランドは、あなたの生物圏保存地域にとって役立ちますか？
　　　はい・いいえ・その他
●グローバル生物圏保存地域ブランドのロゴやラベル制度を採用することで、あなたの生物圏保存地域にどのような利益があると考えますか？（複数回答可）
　　　□コストの削減（宣伝コスト、ブランドの設立コスト）
　　　□生物圏保存地域の信頼性の向上
　　　□生物圏保存地域世界ネットワーク（WNBR）への所属意識の強化
　　　□その他

　質問項目からは、共通のロゴを伴うグローバル生物圏保存地域ブランドの設立を見据え、各生物圏保存地域から現状と意見を収集するのが目的であることが見えてくる。
　図8-2は、国内の各ユネスコエコパーク独自のロゴである。それぞれの特徴をとらえた語るべき物語が垣間見えるものとなっている。しかしながら、

表 8-1 リマ行動計画 (ユネスコ 2016) におけるブランディングとロゴについての記載事項 (文部科学省による仮訳より抜粋)

成果	行動	結果	責任主体	実施期間	達成指標
A1. 生物圏保存地域が持続可能な開発目標 (SDGs) と多国間環境協定 (MEA) の実施に寄与するモデルとして認識される	A.1.5 生物圏保存地域内にグリーン/持続可能/社会経済イニシアチブを推進する	包含的かつ環境に統合的な持続可能開発イニシアチブが確立される生物圏保存地域の目的を反映する、生産物とサービスのためのラベルが考案される	生物圏保存地域、民間企業	2016-2025 年	グリーン/持続可能/社会経済イニシアチブを推進する生物圏保存地域の数 生物圏保存地域において実施された経済的イニシアチブの数
C7 生物圏保存地域が国内外で認知される	C7.1 国内指針と提携して、強化されたグローバルな生物圏保存地域ブランドの分析に着手し、ブランドを確立する	国内指針と提携して、グローバルな生物圏保存地域ブランドが確立される	MAB 事務局、MAB 国内委員会、ユネスコ国内委員会	2018 年末まで	ブランドと指針の正式な立ち上げ
	C7.2 国内指針に沿って生産物とサービスにブランドを使用する	生物圏保存地域ブランドが、国内指針に沿った生産物とサービスのマーケティングに使用される	生物圏保存地域、MAB 事務局、中央政府、MAB 国内委員会、事業部門、社会的企業	2019-2025 年	生物圏保存地域ブランドを付けた生産物とサービスの数

第 8 章　地域資源の内発的な再評価とブランドの構築

志賀高原	白山	大台ケ原・大峯山・大杉谷

綾	只見	南アルプス

祖母・傾・大崩	みなかみ

図 8-2　日本各地のユネスコエコパークのロゴ（屋久島・口永良部島のロゴは未定）

　国内のいくつかのユネスコエコパークの担当者に聞き取りを行ったところ、各ロゴの明確な利用規定（特にユネスコエコパーク内で生産された産品への使用や、エコツーリズムなどのサービスを行う事業体による使用）がまだ整備されていないところが多い。国際的な利用と合わせて、国内のユネスコエコパーク間のある程度統一感をもった利用規定が作成され、各地のユネスコエコパークを目指して旅行する人々へのひとつの目印や基準となることが期待される。ちなみに図 8-3 は、日本国内のエコパークが組織する、日本ユネスコエコパークネットワーク JBRN のロゴである。世界レベル、国内レベル、各エコパークレベルにおける重層的ブランド化の検討・調整も今後積極的になされるべきだろう。

237

第 2 部　ユネスコエコパークの運動論

図 8-3　日本ユネスコエコパークネットワーク（JBRN）のロゴ

8-3　先進事例 —— ドイツのレーン生物圏保存地域

(1) ユネスコエコパークによる地域資源の再評価とブランドの構築

　レーン（Rhön）生物圏保存地域は、ドイツ中央の低い山地に位置し、その景観は何世紀も前から人の手によって管理されることで形作られたものである。粗放的な農業と酪農が行われ、草地が広がる景観の生物圏保存地域内で生活する人々は、農業以外にも小規模なビジネスや観光などから収入を得ているが、ホテル、レストラン、農家、アーティストといった主体間での連携を進め、生物圏保存地域内でのすべての活動につながりを持つことを目指している（第 3 章参照）。なにより、レーンは、地域生産物のブランド化による直接販売において有名となった。

　レーン生物圏保存地域は、1991 年に登録されている。レーンにおける酪農の歴史に関する論文には、レーンの変遷が以下のように説明されている（Knickel 2001）。レーンは、歴史的に貧しい地域であり、厳しい気候のため生産可能な時期が短く、1980 年代の終わりまで放棄される農場は、年間 4% を超えており、その他の農村地域よりも若者の流出が激しい場所であった（それは今でもそうである）。それがどのようにして、現在の牧歌的なイメージを得てきたのか。レーンの住民による活動としては、登録後に住民が自ら活動を起こし伝統的なリンゴ栽培を復活させてきた（比嘉 2012）。そのほか

にも生態系に配慮した酪農業に関する報告がある。

　レーンゴールド・デイリー社（Rhöngold dairy）は、1992年創業の家族経営の乳業会社であり、有機牛乳では最大手だといわれている。レーンゴールド・デイリーは、1994年（生物圏保存地域登録から3年）に近隣からレーン生物圏保存地域に移り、有機牛乳を中心とした新たな生産を開始し、生物圏保存地域の「グリーンで手つかずの自然」なイメージを使い積極的にプロモーションしてきた。現在のレーンは、有機農業で大変に有名であるが、これには生物圏保存地域の設立とレーンゴールド・デイリーの参入と広がりが大きな支えとなっている。また、観光についても有機酪農が自然の景観を保存してきたことが大きく貢献している。

　この地域の再評価（もしくは新しい価値観を伴う再資源化とも呼べる）は、レーンのように消費地から離れている流通不利地における高品質の生産物の価値が、都市部の消費者に受け入れられるようになって起こったものである。つまり、現在、より重要視されているのは、量ではなく質である。また、ユネスコという国際的な権威によるその価値の認定が一役買っていることも明瞭である。しかしながら、地域資源を持続可能な形で活用するという根本的に必要な部分の内発的発展においては、国際的なお墨付きはあまり役に立たない（ないものは、いくら国際的な認定があっても生まれてこない）。ただ、時代ごとにモノの価値は変遷するために、再評価は起こるし、また、生産と消費の関係性も変化し、再構築される。

(2) 地元企業との連携

　レーンからの生産物の販売は、テグット（Tegut）のようなドイツで特に有機生産物を販売するスーパーとの契約が多く、これが生産者の有機農業への転換のインセンティブとなっていることも理由として挙げられる（Pokorny 2011）。テグットは、ドイツの中央部に店舗を多く持つスーパーマーケットで、有機生産物を多く扱っていることで有名である。これは、生物圏保存地域とプライベートセクターとの相乗効果といえるだろう。また、ビオナーデ社

（BIONADE：有機炭酸飲料）のようなレーン発の飲料メーカーの設立なども地域生産物の利活用を大きく後押し、地域のブランド化の強化につながっているようだ。

(3) レーンにおけるロゴの使用と管理

　Rhönマークがついた製品、例えば牛乳であれば、牛が牧草地ですごす期間、飼料の地元での調達、遺伝子組換え作物（GMO）を含まない、などの規定に加えて、製品としての品質に関する要件を守る必要がある。また牛乳の充填などの作業は最も近い酪農場で行われ、輸送ルートができるだけ短くなるように配慮する（Dachmarke Rhön 2018）。表 8-2 は、レーンにおけるラベル別の使用権限の説明である。生産物そのものに対するラベルのほかに、レストランなど、地元産の食材を使う施設における利用方法などが記載されている。レーン生物圏保存地域のブランド化として最も重要なのが、レーン生物圏保存地域品質マーク（Quality Brand Rhön）である。そのほかにも、EU の有機認証との併記が可能なラベルやレーン地方の銀色のアザミをモチーフにした、地元産食材の使用割合を示すような表示もある。基準に基づく審査・認証を伴う「質的表示のためのラベル」と、レーン生物圏保存地域のイメージや「アイデンティティの露出をあげるためのマーク」の両方が使い分けられていることがわかる。実際の商品には、図 8-4 のように複数のロゴが表示されている。

　このレーンにおける統一された基準、認証をうけた製品のラベリングとブランド化の管理は、レーン生物圏保存地域の管理主体が行っているわけではない。(社) ダッハマルケ・レーン（Dachmarke は個々の商品のブランドを統一する親ブランド、すなわちアンブレラ・ブランドのこと）は、2000 年の設立から今まで、生物圏保存地域の管理主体と緊密に連携しながら活動してきたが、管理主体からは独立した形で運営されている。(社) ダッハマルケ・レーンは、レーン地方の 5 つの州の行政により設立され、団体の形態としては、ドイツで e.V.（eingetragener Verein）と略される、日本の類似制度でいうと一般社

第 8 章　地域資源の内発的な再評価とブランドの構築

図 8-4　レーン生物圏保存地域からの生産物に表示される複数のロゴ

団法人ということになる。所属するメンバー全員が（300 メンバー）、レーンの品質ラベルの所有者であり、協働でその理念、基準、活動などを決定している。そして、ラベルの使用と生産物のブランド化を実際に行っているのは、（有）ダッハマルケ・レーン（Dachmarke Rhön GmbH。GmbH は日本でいう有限会社）である。これは、（社）ダッハマルケ・レーンが 100％出資する会社で、2009 年から専門的にブランド管理を行っており、現在 3 名のスタッフが働いている。2017 年 2 月からは、（有）ダッハマルケ・レーンは、レーン地方 5 つの州の観光団体であるレーン有限会社（Rhön GmbH）に属している。（社）ダッハマルケ・レーンがメンバーに対して行うサービスとしては、生産物の催事でのプロモーションや宣伝資材の作成、またメディアへの紹介などである（（有）ダッハマルケ・レーンの B・ランドラフ氏に対する 2015 年、2018 年の聞き取りによる情報）。逆に、このラベルを使用したい主体は会費を支払いメンバーとなり、ルールと基準を守る必要がある。

第 2 部　ユネスコエコパークの運動論

表 8-2　レーン生物圏保存地域の生産物に表示されるロゴの例（ロゴ提供：Dachmarke Rhön e.V. 2018）

ロゴマーク	説明	使用権限
食品生産者とフードサービス		
 レーン BR 品質マーク	地域内で生産される、特質をもった食品またはサービス。監査・モニタリング有。	協会メンバーのみ（使用料の支払い対象） ・生産者（例えば、農家、食肉生産者、パン屋、醸造所） ・フードサービス／原料として地域生産物を使用するレストラン
 レーン BR エコ・クオリティマーク （有機認証との組み合わせ）	地域内で生産されるエコロジカルな食品またはサービスで、本制度の基準と EU の有機生産物に関するルールの遵守が必要。監査・モニタリング有。	協会メンバーのみ（使用料の支払い対象） ・地域生産物を生産する有機生産者（例えば、農家、食肉生産者、パン屋、醸造所） ・フードサービス／原料として有機地域生産物を使用するレストラン
フードサービス向けの追加ロゴ		
 銀アザミ・クオリティブランド	レーンのエンブレム花である銀アザミの数で厨房で使われるレーン産の生産物の割合を表す。 ❀：少なくとも 35％が地域内の生産物 ❀ ❀：少なくとも 45％が地域内の生産物 ❀ ❀ ❀：少なくとも 65％が地域内の生産物 基準への準拠と監査・モニタリング有。	アソシエーションメンバー（フードサービスならびにレストラン）のみ（使用料の支払い対象）

第 8 章　地域資源の内発的な再評価とブランドの構築

表 8-2（つづき）

フードサービス向けの追加ロゴ		
 品質ブランドにあわせて使用できる、Rhone meadow（レーンの草地）ロゴ	主に小売り向けであり、すべての地域生産物に対するルールに則っている必要がある（上記）。さらに、承認された会社ロゴに付随する形で表示される必要があり、外部の品質保証システムも同時に必要となる。	アソシエーションメンバーのみ（使用料の支払い対象）
すべて		
 レーンの象徴ブランドロゴ。飾らぬ高揚というメッセージが入っている。	レーン地域のアイデンティティーの強化のためのロゴで、外部向けに地域の統一したイメージの発信に使用する。基準や費用はないが、製品への使用は許可されない。	すべてのレーン住民、経営体が使用可能（例：ウェブサイト、レターヘッド、観光関連のマーケティングなど）で、「私はこの地域の一部です」、や、「自分たちのホームランドを誇りに思っています」、といったメッセージを伝える。一度許可を受ければよい。

　ロゴ使用の審査については、まずメンバーが自己審査による基準への準拠状況を毎年（社）ダッハマルケ・レーンに提出する。（社）ダッハマルケ・レーンは、この書類を確認し、さらに独立した審査機関による審査が行われる。この審査結果をもって、（社）ダッハマルケ・レーンが基準への準拠を確認する。審査機関は、既に別の審査（有機認証や国の食品加工監査など）を行っているところを利用することで最小限のコストにとどめている。このプロセスは、農作物もレストランも基本的には同じである。このレーン生物圏保存地域のラベルを使用する業種の内訳は、農業・ハンティング・養蜂が 22％、加工食品・飲料が 37％、フードサービス・レストランが 33％、そして、流通・小売り・その他が 8％となっている（2015 年、Dachmarke Rhon e.V.）。

　先述したが、ロゴの使用例のほかに、レーンが国内のユネスコエコパークの参考になる点は、複数の行政単位が含まれていることである。行政単位をまたぐ統一したユネスコエコパークとしてのブランド化は、複数行政による

地域ブランド化に大いに参考になると考えられる。

(4) 制度的アプローチによるブランド化

　何らかの基準や審査を経て、その場所やモノを登録・認証し、その価値をより広く発信するような仕組みには、生物圏保存地域の他にも、ユネスコによる世界自然遺産やFAOによる世界農業遺産、また、国際NPOなどが運営する自然資源の管理を目的としたFSC（森林管理協議会）認証やMSC（海洋管理協議会）認証などがある。これらは「制度的アプローチ」による自然資源の持続可能な利用と地域振興の促進を目的としている。国際機関が行う制度は、世界的に唯一無二な場所・モノであったり、また世界における持続可能な取り組みのモデル地区であったりする一方、国際NPOが運営する認証制度は、定められた一定の基準をクリアすれば、すべてに認証が授与されるという違いがある（松田2016）。世界遺産や国際的な資源管理認証は、発信する価値が明確であり、その地域や商品を選ぶ消費者へのアピール度が高い。

　一方で、特に近年では、手つかずの自然の素晴らしさだけでなく、人間がその営みのなかで維持してきた景観（ワーキング・ランドスケープ：手つかずの自然景観ではなく、生態的機能と社会的・経済的・文化的活動が結びついている景観のこと）の登録に向けた動きが活発であり、世界農業遺産や生物圏保存地域についてもそのような性質をもつ。特に生物圏保存地域の持続可能な開発のモデル地域という位置づけは、生物圏保存地域内の持続可能な生産活動のモデルを広く発信し、それが地域内の振興に結び付くことが期待されている。それは、非日常のすばらしさではなく、毎日のすばらしさを売りにするようなものであるが、現在のユネスコエコパークの知名度はそれほど高くなく、また、観光資源としての見どころもなかなか伝えにくい制度である（語るべき自然と生活とのつながりは多いが、それが一目で見えるものではない場合が多い）。さらに、ユネスコエコパークブランド化の最大の課題は、持続可能な発展（＝生産活動）を最も担うはずの、ユネスコエコパーク内で生産活動をする人々にユネスコエコパークの登録の意義とその価値を十分に伝えきれ

ていないことにある。このような状況において、生物圏保存地域内の地域生産物のブランド化を行うというのは相当にハードルが高い、ということになる。

ユネスコという名前は直接冠することができず、地域の創造性が期待され、そして、レーンのように地域の強みを活かせる仕組みを構築するための方策として、次のセクションでは、地域発の認証制度である「ローカル認証」(大元 2017) を紹介する。

8-4 ローカル認証

(1) 地域発信型認証制度：ローカル認証

レーンでは、ロゴに生物圏保存地域という名称は入っているが、生物圏保存地域の管理とは別の団体を立ち上げ、レーン地方のみで適用される認証を立ち上げている。これは、特定の地域を限定して構築した認証制度であり、全球的に適用される「国際認証」(資源管理認証やフェアトレード認証など) に対して、「ローカル認証」と呼ばれる。ローカル認証は、次のように定義される。

「地域の気候、生態系、土壌環境などの特徴を活かし、地域の状況に即した基準を設けた認証制度で、特定の生態系の保全だけではなく、地域全体の持続可能性を目指す取り組み。また、経済的利益を中心的目的とせず、地域的な課題の解決を組みこみ、社会、文化、環境的な地域づくりを重視し、経済と農環境の多様性、地域農水産物の加工と販売を向上させる仕組み。」(大元 2017 p. 54) である。

認証制度は、国際認証でもローカル認証でも、なんらかの (環境的、社会的など) 目的の達成の証明のために基準を設定し、それに照らし合わせて生産活動を審査・認証し、認証を受けた製品にラベルを表示することで、市場における優位性を与え、持続可能な生産活動を促す、という基本的な仕組み

をもつ。つまり、認証された生産活動と製品にはなんらかの証拠が伴う。

　ローカル認証の「ローカル」の範囲（認証が適用される範囲）もまた、なんらかの根拠があることが望ましい。なぜ、その範囲を1つのローカルと区切るのかは、さまざまな視点が考えられるが、それぞれのローカル認証制度の獲得したい目的や、ローカル認証という取り組みを持続的に管理、運営できる主体がどのような組織かによって変化する。例えば、生物圏保存地域における事例ではないが、ローカル認証の成功例として有名な「コウノトリの舞」は、兵庫県豊岡市が行政として設計・運営する制度であり、認証対象は、豊岡市内で生産された農作物および加工品である（ローカル認証の国内外の事例は大元2017に詳しい）。また、海外の事例では、米国西海岸で活用されるローカル認証である「サーモン・セーフ」は、「流域」という視点をもつ。サーモン・セーフは、コロンビア川に生息するサケ科の魚がその遡上と再生産を持続的にできるように河川の水の質と量を保つために、流域（河川に流れ込む雨水が降る範囲）の土地利用を管理する目的がある。そのため、このローカル認証の適用範囲は、コロンビア川流域であり、その支流と源流が流れる、オレゴン州、ワシントン州、カリフォルニア州、ならびにカナダ・ブリティッシュコロンビア州にまたがる。生物圏保存地域においてローカル認証を立ち上げる場合には、既に根拠をもってその登録範囲が設定されており、詳細は申請書に記載されているわけで、ローカルの範囲は、レーンの認証制度のように設定しやすいメリットがあるといえるだろう。

　特定の範囲であるとはいえ、認証化するメリットは、原料生産からラベルの添付される最終製品までのつながりを、製品開発時から見据える必要があるところにある。つまり、「製品は作ってみたけど、どこに売るの？」「誰が買ってくれるの？」と後から考えるのではなく、認証に載せたストーリーをつなぐための流通を想定する。さらに、量や見た目ではわからない生産物の価値（＝生産地の環境、文化的意味など）も流通に乗せることができ、価値観（環境保全等）を同じくする主体を結び付けるためのプラットフォームを構築する。

　加えて、イメージによるブランド化に根拠を与えてくれる機能もある。各

地で乱立する短期的なブランド化には、イメージの良さ（かわいいなど）に頼るものが少なくない。生物圏保存地域のように、その登録に根拠を持ち、長期的視野を持った取り組みである場合には、これらの根拠を生産物に反映させるブランド化が可能である。ただし、世界遺産のように誰が見ても凄いというものが少ないため、その伝え方には相当の工夫が必要である。ローカル認証は、内発的な地域主導の取り組みとして、8-5 節 (2) 項で紹介するタイプ 3 の流通を地域から発信するかたちで生みだし、長期的な地域のレジリエンスの構築の基礎となると同時に、広域的な関係性の構築にもつながることが期待できる。

(2) ローカル認証に必要な要素

国内外の成功事例とされるローカル認証を分析すると、共通している 4 つの要素が見えてくる（大元 2017、P. 54）。

要素 1：地域性の発揮　ローカル認証の最大の強みである地域性の発揮については、認証を受ける生産物と生産活動が、その土地でしかできないものだという根拠を十分に含めるのが重要である。そのような根拠は、環境に関する基準のみならず、地域の歴史、文化、フォークロア（民俗）、ガバナンス機構などを地域のユニークさを評価する基準を組みこむことで、証明することができる。重要なのは、外向きの地域性の発揮だけではなく、ローカル認証を実際に運用する主体や認証を受ける生産者にとって、環境的基準が、自然の摂理と生産サイクルに対応した遵守可能なものであること（基準が低いという意味ではない）、また、奇をてらったユニークさではなく、多くの人にとってなじみのある地域性であることが求められる。認証を使う地域と生産者が発信したいと思う地域ストーリーをさまざまな形で語ってくれる地域性を持つことが重要である。

要素 2：対象地域と管理者　ローカル認証の対象地域の設定と制度の管理者

は、さまざまな地域的条件により決まるが、対象地域の設定については、気候、生態系、土壌環境など、ある程度共通の環境基盤をもち、また、それらの特徴に重ねて語ることのできる社会的、文化的、産業的なストーリーがある範囲に設定されている。上述したように、例えば、米国西海岸のローカル認証であるサーモン・セーフの場合には、流域という視点から範囲を設定しているし、日本の場合には、行政区をローカル認証の範囲に設定することが多い。また、ローカル認証の管理者は、長期的にその管理を担うことのできる主体が望ましいといえる。行政、NPO、協会などが担うことが多いが、レーンの事例のように、地域性を保持した製品の管理を行う企業という形態をとる場合もある。

要素3：根拠とその保証　ローカル認証には、認証制度という形をとるからには、説明責任を果たしうる明確な根拠を備えていることが求められる。生産地のアイデンティティーのアピールがローカル認証の強みのひとつであるから、地域性という価値をサポートする（科学的）根拠が全くないようでは、イメージ戦略によるブランド化と違わなくなる。つまり、地域生産物の価値が流通経路を通じて説明・共有されやすいようにするための証拠であり、ユニークさを発揮できる部分となる。例えば、生きものに優しい農業の証明としてのローカル認証の場合には、残留農薬の検査が科学的根拠となる。しかしながら、各地域が検査施設をもつことは、財源的に難しいし、検査費用は生産者のコストとなる。そのような場合には、その他の既存の（認証）制度を組みこむという方法がある（例えば、県が運営する安全・安心系の認証制度を活用）。また、そのほかの既存の仕組みと積極的に協力することもローカル認証を意味のあるものにする方策のひとつだといえる。ローカル認証を立ち上げるときには、協働できる可能性のある制度や団体があるかを見極めることで、コストを下げるだけでなく、認証制度への理解と参加の向上にもつながる。

要素4：つくるところと住むところの重なり　ローカル認証には、地域の価

値の発信と課題の解決を同時にその目的に含めることができるというメリットがある。これは、地域の生産者たちの多くが、居住地域の近くで生産活動をしているからである。つまり、環境課題の解決は、自分たちの健康や住みやすさにつながるし、地域の社会課題の解決は、地域産業の構造に影響されることが多い。アピールしたい価値と解決すべき課題は、それぞれの地域ごとに違うが、ローカル認証は、オーダーメイド的にこれらを組み込むことができる。兵庫県豊岡市における「コウノトリの舞」は、「コウノトリも住める豊かな文化・地域・環境づくりを目指し……」というキャッチコピーのもと展開されており、コウノトリの野生復帰がただの野生動物保全ではなく、住民としての生産者の住環境にも結びつくことを表している。

　生物圏保存地域におけるローカル認証の導入には、特にいくつか強みがあると考えている。ひとつには、科学的根拠については、既に申請書において記載があり、それが生物圏保存地域登録の根拠となっていることである。同様に地域性の発揮と認証範囲についても、根拠をもった範囲設定がされているわけで、これらをうまく使った認証制度の構築が可能ではないだろうか。

8-5　地域マーケティングとユネスコエコパークにおけるブランド化の方向性

(1) 地域マーケティングと中規模の流通

　レーンの例では、地元企業などとの相乗効果が起こっていることは前述した。地域マーケティングとは、地域を訪れる人、または住人にその地域を選んでもらうためのさまざまな手法であるが、この定義をもう一歩進めて「地域資源の価値の(再)創出、(再)評価、発信を通じて、地域性というアイデンティティーを保持した形で、商品やサービスを開発・販売することが、地域の社会的・環境的課題の解決を同時に達成するようなマーケティング（大元 2017）ということもできる。つまり、地域課題をマーケタブルな形に変換

して販売したり、その地域を観光客に選んだりしてもらうのである。近い考え方に最近盛んに行われているクラウドファンディングがあるが、こちらもファンドを必要とする人が、自分の直面する課題と展望を多くの人と共有し、「一緒に解決を楽しんで、成果を分かち合いませんか」という、課題の共有と流通の手法だといえる。また、双方向のコミュニケーションが発生するという魅力もある。

(2) ショート・フードサプライチェーン（SFSC）

　ここで、仮にユネスコエコパーク内で生産された産物が流通するようになることを想定して、その流通経路を考えてみたい。最近では、消費者が生産物に求める価値は、「安全・安心」に代表されるような品質だけにとどまらず、「環境にやさしい」とか、「公平な取引によるもの」など幅広い。こういった価値が流通するようになったのは、消費者にそのような商品特性を求める層が増えているからだ。近年の代替的流通（大規模大量消費型流通に対する代替）として、ショート・フードサプライチェーン（Short food supply chain: SFSC）（Van der Ploeg et al. 2000）があるが、距離的近接さの重視を出発点として、次のように展開してきている（Renting et al. 2003）。

タイプ1—顔の見える関係：消費者は、生産者や加工者の顔が直接見える経路で製品を購入する。製品の真正さと信頼は、個人的なやり取りを通して保たれる。
タイプ2—地理的近接さの重視：製品の生産と販売は、特定の地域内で行われ、消費者は、購入場所においてその製品のローカルさを確認することができる。
タイプ3—広範囲に及ぶ波及：製品や生産者についての価値や意味を帯びた情報は、その場所を訪れたことがない、生産地域外に住む消費者にも「翻訳」して伝えられる。（Marsden 2003 p. 198）。

第 8 章　地域資源の内発的な再評価とブランドの構築

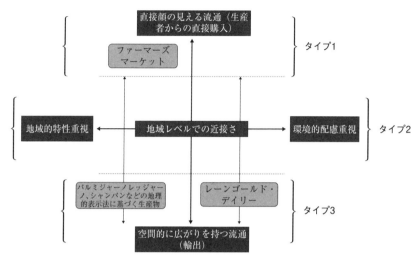

図 8-5　ショートサプライチェーンのタイプ別（縦軸）ならびに強調される質（横軸）によるレーンゴールド・デイリーの位置づけ（Marsden 2001 より改変）

　先に紹介したレーンの牛乳は、環境・生態的な価値とも結びつき、タイプ 3 として、図 8-5 に位置づけられている（Marsden 2001）。つまり、生物圏保存地域からの生産物は、持続可能性に強みを持ち、世界的なユネスコエコパークの登録が価値を後押しし、遠くの消費者にもその意味を届けることが可能であるととらえることができる。この点については、現在策定が進んでいるであろう MAB のグローバルブランドによる後押しを今後一層期待したい。また、ユネスコエコパークからの製品をきっかけにして実際に訪れて体験できるという、訪問できる生産地にもなりうる。ちなみに、その語呂の良さからも多用されている「地産地消」は、地域産を地域で消費するという距離的近接さの重視（タイプ 2）だが、産地と生産者を知ることによる消費という意味で、「知産知消」（窪田 2009 p. 12）と表すことで、少し遠くの消費者とも価値の共有ができるという意味になる（タイプ 3）。

251

(3) ユネスコエコパークの価値の視覚化の事例：ミツバチの視点からユネスコエコパークを見る

　ユネスコエコパークにおける、保護地としての核心地域、教育・研修の場としての緩衝地域、そして、持続可能な生産活動が行われる移行地域のそれぞれのつながりと役割を、そこを訪れる観光客、またそこに住む住人に伝えるのは簡単ではない。とくに、核心地域があることで、農業や生活にどのような効果があるのかを視覚的に、また実感を伴う形で見せるのは非常に難しい。

　宮崎県綾ユネスコエコパークでは、核心地域には日本最大級の照葉樹林が広がっている。また、移行地域では、有機農業と同等の農業が広い範囲で行われている。宮崎大学の研究チームが行った研究 (Yumura et al. 2016) では、ミツバチの視点からユネスコエコパークのゾーニングの関係を見せてくれる。綾町では特産の日向夏という柑橘が栽培されているが、この果樹の受粉にはミツバチが欠かせない。ミツバチは半径 1 キロ以内で蜜を採取するが、そのすみかには天然林が適している。また、農薬を使わない農業はミツバチにとって活動しやすい餌場となる。綾ユネスコエコパークの場合、核心地域には照葉樹林の天然林が広がり、そのすそ野には果樹園が広がる。そして、移行地域では、有機 JAS（日本農林規格）認定もしくは綾町独自の「自然生態系農業」という有機農業が古くから広く行われ、農薬使用の低減がされている。ミツバチがこの環境を空からみると、すみかとしての照葉樹林（核心地域）から餌場としての農地（移行地域）というユネスコエコパークの 3 つのゾーンの関係性が明らかである。このように視覚的にユネスコエコパークの価値をストーリーとしてあらわすことが、ユネスコエコパークのブランド化の出発点となるのではないだろうか。ここから、例えば、日向夏やその加工品（ジャム、ジュース）また、はちみつをユネスコエコパークブランドとして販売することも可能だろう。

　綾町の既存ローカル認証である「自然生態系農業」は、綾町の（実質的な）有機農業（日本の法律では、有機 JAS 認証を取得しないと製品に有機と表示でき

ない）の基盤となってきた。もちろんこのローカル認証については、綾ユネスコエコパークのユネスコへの申請書にも記載され、その登録に貢献している。こういった地域の既存の仕組みを十分に検討し、ユネスコエコパークのブランド化を考えることで、コストの削減と、協力者のリクルートになると考えられる。

(4) 自然保全という文化の醸成

　IUCN（国際自然保護連合）が開催した2016年の「世界自然保護会議」では、今後の指針として「自然保全という文化の醸成（Cultivating culture of conservation）」が掲げられた。文化が、生活様式とその表現型であるならば、自然保全の文化とは、毎日の生活のなかで意識せずとも自然と行動としてでるもので、長期的に継続性のあるものと解釈できる。ユネスコエコパークの理念と活動は、まさにそのような毎日の生活のなかに自然保全という文化を醸成してくことと同義であると考え、そのブランド化もまた、短期的な華々しいものである必要はなく、継続性をもち毎日の生活に浸透する類のものである。そうであるならば、ユネスコエコパーク内の資源を消費者が利用可能な形に変換してくれる生産者にとってのユネスコエコパークの「使いで」の十分な議論が重要である。

　流通の視点からユネスコエコパークのブランド化を検討すると、ユネスコエコパーク登録という世界的なお墨付きは、ユネスコエコパーク内で生産された生産物がアイデンティティーを流通経路の中で保つことに役立つ。そして、日本のユネスコエコパークには、環境的なストーリーのある製品の広範囲にわたる発信地としての役割が期待できる。これには、現在その使用ルールが検討されているであろう、ユネスコによるブランド化とロゴ使用の指針が待たれる。加えて、既に日本の多くのユネスコエコパークがもつそれぞれにユニークなロゴとその使用ルールの策定が、地域性の発揮を大きく後押しするだろう。そのときにはぜひ対外的なブランド化のみを意識することなく、実際にモノを作り出す生産者ならびにユネスコエコパーク内に住む住民に

とって、十分に活用できる仕組みとなることを期待する。

引用文献

Dachmarke Rhön (2018) Kuhmilch（牛乳）. http://dmr.marktplatzrhoen.de/kriterien/kuhmilch（2018 年 2 月 15 日閲覧）

比嘉基紀・若松伸彦・池田史枝（2012）ユネスコエコパーク（生物圏保存地域）の世界での活用事例. 日本生態学会誌, 62: 365-373.

IUCN. (2016) Navigating Island Earth-The Hawai'i Commitments.http://www.wettropics.gov.au/site/user-assets/docs/h-en_navigating-island-earth---hawaii-commitments_final.pdf

ケラー・ケビン（2010）『戦略的ブランド・マネジメント　第 3 版』（恩藏直人監訳）東急エージェンシー.

Knickel, K. (2001) The marketing of Rhöngold milk: an example of the reconfiguration of natural relations with agricultural production and consumption. Journal of Environmental Policy and Planning, 3(2): 123-136.

窪田順平（2009）モノがつなぐ地域と地球.『モノの越境と地球環境問題——グローバル化時代の知産知消』（窪田順平編）pp. 1-14. 昭和堂.

Marsden, T. (2001) New communities of interest in rural development and agro-good studies: An exploration of some key concepts. Paper for the Workshop: Rethinking food production - consumption: integrative perspectives on agrarian restructuring, agro-food networks and food politics. Centre for Global, International and Regional Studies, University of California, Santa Cruz. November 30-December 1, 2001.

Marsden, T. (2003) Condition of rural sustainability. Van Gorcum Ltdblity, Oostersinge, The Netherlands.

松田裕之（2016）地域からの発信と世界の目 —— 知床世界自然遺産の事例から.『国際資源管理認証 —— エコラベルがつなぐグローバルとローカル』（大元鈴子・佐藤哲・内藤大輔編）pp. 96-107. 東京大学出版会.

ユネスコ（2016）『ユネスコ（UNESCO）人間と生物圏（MAB）計画及び生物圏保存地域世界ネットワークのためのリマ行動計画（2016-2025）』（文部科学省仮訳）. http://www.mext.go.jp/component/a_menu/other/micro_detail/__icsFiles/afieldfile/2016/09/05/1341821_09.pdf（2018 年 2 月 17 日閲覧）.

岡野隆宏（2014）日本の生物圏保存地域の現状と今後の展望. 環境研究, 174: 73-82, 日立環境財団.

大元鈴子（2017）『ローカル認証 —— 地域が創る流通の仕組み』清水弘文堂書房.

Pokorny, D. (2011) Introduction to the Rhön Biosphere Reserve Strategies for Sustainable Regional Development in a Rural Area. Presentation file, on "International Expert Workshop on Managing Challenges of Biosphere Reserves in Africa" https://www.bfn.de/fileadmin/MDB/

documents/themen/internationalernaturschutz/2011-AfriBR-14-Pokorny_Rhoen.pdf（2018年2月15日閲覧）

Renting, H., Marsden, T., Banks, J. (2003). Understanding alternative food networks: exploring the role of short food supply chains in rural development. Environment and Planning A, 35(3): 393-411.

酒井暁子・松田裕之（2018）地域に生かす国際的な仕組み ── ユネスコ MAB 計画．『地域環境学 ── トランスディシプリナリー・サイエンスへの挑戦』（佐藤哲・菊地直樹編）pp. 245-258．東京大学出版会．

UNESCO (2018) Name and Logo. https://en.unesco.org/about-us/name_logo（2018 年 2 月 15 日閲覧）

Van Der Ploeg, J., Renting, H., Brunori, G., Knickel, K., Mannion, J., Marsden, T., De Roest, K., Sevilla-Guzmán, E., and Ventura, F. (2000). Rural Development: From Practices and Policies Towards Theory. Sociologia Ruralis, 40: 391-408.

Yumura, T., Mitsuda, Y., Iwamoto, M., Hirata, R., Ito, S. (2016). Evaluation of the relationship between abundance of pollinators and landscape structure in Hyuganatsu (*Citrus tamurana*) orchards in Aya Town, Miyazaki Prefecture. Journal of Forest Planning, 21: 23-28.

● 現場からの報告2 ●

綾町
—— 従来型から循環型への転換とその後の発展 ——

朱宮丈晴・河野円樹・河野耕三・下村ゆかり

1. 綾ユネスコエコパークの誕生

　綾は、2012年に国内では32年ぶりにユネスコエコパークに登録された。主に、宮崎県東諸県郡綾町を領域とするが、小林市、西都市、国富町、西米良村を含めた5市町村の一部を含む（図1）。綾は、日本で初めて移行地域をもつサイトとして登録された。その登録理由は、①東アジアの照葉樹林の北限付近にあり、日本固有種が多い、②日本に残されている照葉樹自然林の面積が一番広く、標高が高い地域ではブナの自然林に連続している、③約半世紀にわたる自然生態系農業を基調にした町づくりを通じ、自然と人間の共存に配慮した地域振興策などが行われている、④2005年から始まった国有林を中心とした官民協働の自然林復元プロジェクトである「綾川流域照葉樹林帯保護・復元計画」（通称、「綾の照葉樹林プロジェクト」）に取り組み、照葉樹林を保護し、その周辺の人工林を復元することを目指していることであった。

　綾町は、1966年から1990年までの郷田實町政において、1967年の国有林の伐採計画から照葉樹林を守るとともに、1973年から町民の健康を守るために資源循環型農業を推進し、1978年に屎尿を堆肥化する施設を建設した。1988年には「自然生態系農業の推進に関する条例」を制定して、全国に先駆けて農産物の認証制度を設けた（郷田1998；大元2017）。綾町には1965年に発足した自治公民館制度と1967年に告示された「綾町自治公民館活動補助金交付要綱」によって、22地区の住民が自ら町づくりを進めていくとともに、自然生態系に配慮した持続可能な町づくりに

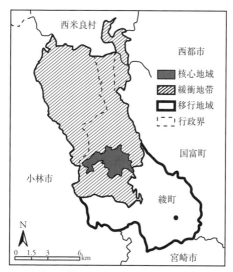

図1 綾ユネスコエコパーク全体図

約半世紀にわたって取り組んできた長い歴史がある。ユネスコエコパーク申請に際した関係者間の合意形成を進める上では、「綾の照葉樹林プロジェクト」）の枠組みが活用された（朱宮ら 2013、2016）。

　郷田町長は 1980 年代から「人は自然なしでは生きられない」との考えから、照葉樹林の大切さを町民に知ってもらうために 1985 年に照葉樹林文化論の提唱者のひとりである国立民族学博物館の佐々木高明氏を初回の講演者に迎えて、後に「照葉樹林文化を考えるシンポジウム」と呼ばれる行事を 1990 年まで開催している。綾町民はシンポジウムを通じて最新の知見や世界の潮流に直接触れてきたとも言える。2011 年には「国際照葉樹林サミット in 綾」が開催され、中国・韓国・ブータンなど国内外から約 700 人が参加し、照葉樹林の保全に向けた大会宣言を採択した（朱宮 2013）。

　綾ユネスコエコパークは世界的にみてもモデル性がきわめて高い地域であり、リマ行動計画（2016-2026）（UNESCO 2016）が目指すユネスコエコ

パークの理想像であると評価されている(酒井・松田 2018)。人口約 7200 人の小さな町が、MAB 計画が始まる 1971 年以前から既に MAB 計画の 3 つの目的に沿うように地域の自然の保護と活用に取り組み、新しい時代が指向する農業を中心とした基幹産業の振興、人づくりなどを進めてきた。

本コラムでは、半世紀にわたる照葉樹林の保護とそれに配慮した町づくりを促進するにあたり、ユネスコエコパーク登録がどのような効果を及ぼしたかについて、特に人的ネットワークが拡大していく観点に注目する。

2. 綾の照葉樹林プロジェクトによる核心地域と緩衝地域の保全管理計画

綾の照葉樹林プロジェクトは、九州森林管理局・宮崎県・綾町・一般社団法人てるはの森の会・公益財団法人日本自然保護協会の 5 者による協働プロジェクトである。約 1 万 ha のエリアは国有林 (8703 ha)、県有林 (720 ha)、町有林 (93 ha) からなり、エリア内の人工林を自然林に復元していくこと、森林環境学習に利用すること、持続的森林経営を行うこと、人と自然が共生する持続可能な地域づくりに貢献することを目的としている(朱宮 2010、朱宮ら 2013)。

綾の照葉樹林プロジェクトにおける 2013 年からの第Ⅲ期短期行動計画には、①協働体制づくり、②照葉樹林の保護、③照葉樹林の復元、④照葉樹林の調査研究、⑤照葉樹林を通しての環境教育、⑥プロジェクトの情報発信、⑦照葉樹林と共生した地域づくり、⑧生物多様性の保全管理という 8 つの具体的な行動計画(この中がさらに 63 の実施項目からなる)が記載されている。また、この内容は国有林野事業における第 4 次地域管理経営計画書(大淀川森林計画区、九州森林管理局 2013)に反映され、推進上の根拠となっている。九州森林管理局は、国有林における人工林を照葉樹の天然林に復元するための効果的な施業ガイドラインを策定した。綾の照葉樹林プロジェクトでは年 2 回実施される連携会議において意志決定を行い、毎月実施される連絡調整会議は、さまざまなアイデアを出し合う場となっている。

2005 年から綾の照葉樹林プロジェクトがはじまり、九州森林管理局は

森林生態系保護地域、植物群落保護林、郷土の森といった保護林を設置した。しかし、町民が希望していた九州中央山地国定公園の国立公園化や天然記念物指定などの指定には至らなかった。また、綾の照葉樹林プロジェクトの対象地域が人の住まない奥山であったため、綾町の主体的な取り組みも含め、綾町民の参加がなかなか得られなかった。一方、ユネスコエコパークは、綾町民を含む綾の照葉樹林プロジェクト関係者に比較的好意的に受け止められた。この理由は、ユネスコエコパークが世界的な枠組みであり、森林生態系保護地域の地域区分が生物圏保存地域の地域区分を参考にしていたこと（第1章参照）、既存の森林管理計画の変更を伴わないこと、屋久島のように世界遺産（後述）と共存できること、移行地域の取り組みが重視されるため綾町の半世紀にわたる取り組みが再評価できること、綾の照葉樹林プロジェクト（核心地域と緩衝地域）とそれ以外の綾町（移行地域）を関連づけ一体的な取り組みができることなどであると考えられる。ただし、当時は、ユネスコエコパークの日本語の規約やガイドラインなども整備されておらず、登録に際し日本で初めての地域区分に対する関係機関の慎重な意見もあった。

3. 綾町生物多様性地域戦略の策定

　ユネスコエコパークに登録されると10年ごとに保全管理状態についてユネスコに定期報告をする定款上の義務がある。綾町は、保全管理計画の策定にあたり環境省の生物多様性保全推進支援事業の補助金（1/2補助）を活用して調査や情報収集を実施し、3年間で綾町の生物多様性地域戦略を策定した。2012年度に綾町、てるはの森の会、日本自然保護協会の3者で綾生物多様性協議会を設置し、(1) 自然環境基礎調査（植生、維管束植物、蘚苔類、地衣類、菌類、小型哺乳類、鳥類、水生生物、陸産淡水産貝類、昆虫類、土壌動物）、(2) 生物多様性再生区域の設置、(3) 綾町民全世帯対象（小学生4年生以上全員）のアンケート調査、(4) 生物多様性地域戦略策定（2015年3月発行）の4つの事業を実施した（綾生物多様性協議会2014）。

　綾町は自然環境基礎調査を実施するにあたって、これまで全く調査がさ

れていなかった里山地域に重点を置いた。これまで九州中央山地国定公園内の掃部岳（1223 m）や大森岳（1109 m）周辺を含む奥山（核心地域と緩衝地域で 9664 ha）の植物相調査では維管束植物 150 科 1025 種が確認されていた（宮崎植物研究会 2009）が、里山（移行地域で 4916 ha）の調査を実施したところ 169 科 990 種が確認された。その結果、奥山と里山をあわせると 176 科 1350 種となった。そのうち環境省のレッドリスト掲載種が 83 種あった。奥山（0.106 種 /ha）だけでなく里山（0.201 種 /ha）における種多様性の豊かさが改めて確認された（綾生物多様性協議会 2013、2014）。

　綾町は、生物多様性の重要性を町民に普及するため、生物多様性再生区域の設定を行った。選定方針は、かつて綾町内の集落の周辺に身近にあった動植物の生育・生息地で、近年、著しく減少しているもの、特に耕作放棄や土地利用改変に伴い著しく減少している湿地生態系と草地生態系の減少を重視した。綾町民に知ってもらうことが目的なので、選定区域は集落に近いこと、利用しやすいこと、小中学校に近いこと、土地問題が発生しないこと、現状の環境を大きく改変しないことなどとした。検討の結果、豊富な湧水があるため湿地や草地生態系の復元が可能となる綾町役場の裏側の耕作放棄水田が選定された。復元作業にあたっては、水辺や築山の創出では業者による工事を行ったが、一部の作業は公募による市民参加で実施した。愛称を公募し、「綾トープはっけんじま」と名付け、地域の絶滅危惧種のオキナグサ（*Pulsatilla cernua*）やイヌハギ（*Lespedeza tomentosa*）などを築山に植え戻す希少種保全の取り組みも実施している。

　綾生物多様性協議会は、町民参加で生物多様性地域戦略を策定するために、町民が大切に思っている自然についての全世帯対象のアンケート調査「人と自然とのふれあい重要地域調査」を 2013 年 7 月に小学生 4 年生以上の町民全員を対象に実施した（小此木 2014；道家 2014）。アンケートは無記名で行われ、年齢、居住年数、地区、性別、職業など基本的な内容に加えて、1.「綾町内であなたが自然との関わりを持っている場所でこれからも大切にしていきたいと思っている場所の名前とその理由を上位 3 カ所まで教えてください」、2.「1 で記入した場所を以下の方法で地図に記して

ください(地図に記載)」と問うた。アンケートの回答は町民から1734戸、小中学生386人となり、大切な場所として記入された場所を500 m × 500 mの区域ごとに集計し、この結果、4つの地域が特に多くの町民にとって大切な場所として認識されていることがわかった(綾生物多様性協議会2014)。

　綾町は、自然環境基礎調査、生物多様性再生区域、綾町民全世帯対象(小学生4年生以上全員)のアンケート調査の結果に基づいて綾生物多様性協議会が中心になり、綾町における生物多様性保全に向けた方針や考え方を示した「いのち豊かな綾をめざして～綾町生物多様性地域戦略～」(綾町2015)を発行した。綾町生物多様性地域戦略の策定は、綾の照葉樹林プロジェクトにおける森林環境教育基本計画の策定準備やそれまで進んでいなかった保護林における保全管理計画の策定、「綾町森林整備計画」に向けた取り組みが再度動き出すきっかけになるなど相乗効果を生み出している。綾町生物多様性地域戦略に基づく具体的な行動計画については「綾町景観形成計画」や「第七次綾町総合長期計画」を始め、綾ユネスコエコパークの運営の際に反映された。

　2012年に閣議決定された生物多様性国家戦略2012-2020は、2010年愛知県名古屋市で開催された第10回生物多様性条約締約国会議で決議された2020年までに達成すべき20の愛知目標に合わせて改訂したものである。そこに、愛知目標達成に向けた具体的な取り組みのひとつとしてユネスコエコパークを活用していくとし、その具体的なモデルとして移行地域を含めて登録された綾地域が挙げられている(環境省2012)。

4. 綾ユネスコエコパークの推進体制：多様な主体を巻き込む仕組み
(1) 綾町役場内部の体制

　核心地域と緩衝地域の保全管理を検討する場として「綾の照葉樹林プロジェクト」の枠組みが登録前に設置されていたが、移行地域については枠組みがなかった。そこで、移行地域の保全管理は、新たにユネスコエコパークの枠組みを活用し、綾町役場の中に綾ユネスコエコパーク運営会議を設

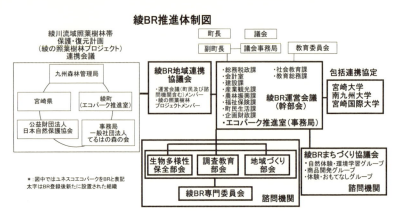

図2 綾ユネスコエコパークの役場内での体制（朱宮ら2016、127頁を改変）

置し（事務局は新たに設置されたユネスコエコパーク推進室）、役場内で横断的な調整を行い、意思決定を行うことができるようにした。また、綾ユネスコエコパーク地域連携協議会（2015年4月）を設置し、綾の照葉樹林プロジェクトと相互に全体の調整が図られるようにした。

実は、移行地域の保全管理に関しては、「綾ユネスコエコパークまちづくり協議会」（2014年8月設置）という別の組織の中での検討を目指していたが、2015年4月から組織を全面的に見直した経緯がある。役場内部での縦割りを排除し、各課との連携をより促進し、実行性を担保するために役場の課長級職員からなる綾ユネスコエコパーク運営会議を設置し、内部の意思決定機関とした。その下に科学的な根拠を基に運営会議で調整できるよう諮問機関として個別のテーマごとの専門家からなる生物多様性保全部会、調査教育部会、地域づくり部会を分けて設置した（図2）。また、2014年2月に綾ユネスコエコパーク専門委員会を設置し、各部会の個別のテーマを含めユネスコエコパーク内の取り組みを全般的に大所高所から意見収集できるようにした。

(2) 綾ユネスコエコパークセンターの開設

2018年4月に開設された綾ユネスコエコパークセンターは、地方創成加速化交付金、地方創成拠点整備事業交付金を活用した。綾の概要（動植物、歴史、文化、産業）に関する展示や、各種文化、学習活動を行う環境が整備され、町民や来町者がエコパークに対する理解を深めること、持続可能な開発目標（SDGs）の実践の場となるよう整備を図ること、視察、研究者が情報収集、発信に活用できる施設とし、自然と共生した持続可能な綾町の発展に寄与することを目的としている（綾ユネスコエコパーク知の拠点運営管理計画策定委員会 2017）。施設内には、役場のユネスコエコパーク推進室だけでなく、大学サテライトオフィス、てるはの森の会、研修室、有機農産物を活用した新製品などの開発を行うフードラボなども備えている。運営に関してはさまざまな選択肢があるが、長期にわたりノウハウが蓄積される体制として町の直営ではなく適切なスキルを持った民間の団体が運営する指定管理者制度での体制が望ましいとなっている。また、センター自身が独自の収益事業を行うことが望ましいとしており、最終的には町からの委託料を1000万円以内に縮減していくことが望ましいとしている。

ユネスコエコパーク推進を目的とした日本で最初の施設であり、センターがうまく機能することが期待されている。

(3) てるはの森の会の一般社団法人化

2014年4月綾の照葉樹林プロジェクトの事務局を務めてきた市民団体てるはの森の会は、事務局運営とともに市民参加の森づくり、地域づくり、ユネスコエコパークの登録推進など多くの取り組みを行い（相馬 2014）、綾ユネスコエコパークの登録により綾町との協働体制が見込めることから、任意団体から一般社団法人に移行した。2012年にみどりの日自然環境功労者環境大臣表彰（環境省）や2013年に生物多様性日本アワード優秀賞（公益財団法人イオン環境財団）などを受賞している。

てるはの森の会は、100年先を見据えて活動に取り組むために一般社団

法人化したことで資金面での裏付けを確保しつつ、自然共生社会の実現に向けて取り組む綾の照葉樹林プロジェクトと連携し、照葉樹林の保護・復元に取り組むとしている。綾ユネスコエコパークの登録は、綾町役場内だけでなく市民団体の体制強化へもつながったといえる。

しかし、綾の照葉樹林プロジェクトの事務局運営費の確保に関しては困難な状況が続いている。会員数は 2006 年発足当初は 135 件であり、その後 2010 年に 197 件と最大になったが、その後は微減している。町や県からの委託調査、助成金などの他、ユネスコエコパーク登録後は国土交通省、農水省、環境省からの受託事業など選択肢が増えたが、安定した財源確保には至らず、人材の確保も容易ではない。綾ユネスコエコパークセンターの開設に伴いどのような形で協働していくことができるのか、重要な転換点に来ている。

(4) 事業資金

環境省の生物多様性保全推進支援事業（1/2 以下補助）をはじめ、ユネスコエコパーク登録により綾町やてるはの森の会が申請する各種の補助金の獲得がより容易になったといえる。他にも 2011～2012 年度には宮崎県の新しい公共支援事業（新しい公共の場づくりのためのモデル事業）、2014～2016 年度の地域づくり活動支援体制整備事業（国土交通省）を獲得した。

一方で、綾の照葉樹林プロジェクトの予算の再編が進んでいる。ここ数年の事業計画における九州森林管理局と綾町の支出予算計画をみてみると、2012 年度は 1070 万円と 686 万円、2013 年度は 961 万円と 933 万円、2014 年度は 366 万円と 1016.9 万円というように逆転してしまった。核心地域と緩衝地域を管理する九州森林管理局の予算が削減されることは、今後の保全管理の実効性における不安材料のひとつである。

5. 自然に配慮した持続可能な地域づくりにどう活かすのか？
(1) レジデント型研究者の存在と人的ネットワーク

1995 年、宮崎県北部の木城町に、鹿児島県の川内原子力発電所の余剰

電力を揚水に使う小丸川揚水発電所の建設が計画され、市民団体による反対運動があった。当時、電気は原発由来であってもクリーンエネルギーで人間生活や経済活動に不可欠なものとの社会的認識であった。綾町内にも賛成と反対がある中で、綾の森を世界遺産にする会が中心になり、送電線反対ではなく前向きな「綾の照葉樹林を世界遺産にする」運動に転換したことで約14万筆の署名が集まった。2003年5月26日の環境省主催の世界遺産候補地に関する検討会では、綾が属する「九州中央山地周辺の照葉樹林」は最終候補地に残らなかった(第4章)。

　綾が世界自然遺産の最終候補地に残らなかった理由は、学術的に貴重であるものの保護制度が確立していない、照葉樹林が分断化しており完全性を満たさない等とされた。最終的に送電線は建設に至るが、2003年には町民や日本自然保護協会から九州電力大型送電線の一時工事中断を受け入れる要望書が九州電力と綾町に提出された。当時、日本では世界遺産に向けての前段階として生物圏保存地域が既に認識されていたが、検討できる状況ではなかった。一方、林野庁は1998年に国有林事業改革関連二法にともなう国有林の経営方針を大転換した。すなわち持続的な林業経営だけでなく公益的機能重視の管理経営を目指すことになり、各局ごとにモデル地域の選定が行われていた。綾の照葉樹林プロジェクトは、林野庁から見れば政策転換に対応するモデル事業であり、地元から見れば送電線建設後綾の照葉樹林を世界遺産にするために始まったともいえる。自然保護の観点から見れば、国土の2割に及ぶ豊かな生物多様性を有した国有林の保護復元を管理者とともに協働する新たな枠組みとして重要視された。

　綾の照葉樹林プロジェクトが始まった当初は九州森林管理局、てるはの森の会(市民団体)、日本自然保護協会は積極的であったが、綾町や宮崎県が積極的に取り組むようになったのは、照葉樹林文化推進専門監として河野耕三氏が2007年から綾町に赴任し、地域在住のいわゆるレジデント型研究者としての役割をはたしてきた頃からである。河野氏を基点として、てるはの森の会が支援する形で、既存の関係者だけでなく宮崎大学、南九州大学、森林総合研究所などの専門機関、町民、NPO団体などが参加し、

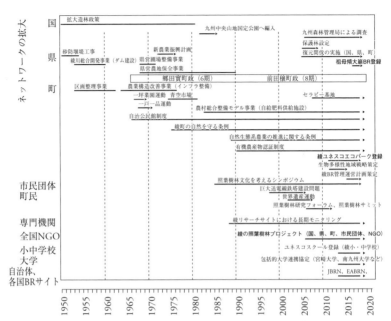

図3 綾町における生態系保全に向けた事業の展開と主体性を伴う人的ネットワークの拡大過程

　復元作業や保護林設定を進めていく一方で照葉樹林の価値を広く知ってもらうため、2007年から町民向けの綾の照葉樹林プロジェクト事業説明会や照葉樹林研究フォーラムが始まった。こうした基盤を礎にユネスコエコパーク登録をきっかけとして、大学連携協定締結、各種調査実施、国内外の研修視察教育の受け入れ、綾町の町づくりへの活用など内外のネットワークが拡大した（図3）。

(2) 人的ネットワークの基盤としての自治公民館

　綾町において特筆すべき活動として22地区の自治公民館がある。1965年に発足し、半世紀にわたり継続している。綾町は、綾町公民館の設置、管理及び職員に関する条例（1988年）を施行し、役場から支援ができるよ

うにした。公民館活動は全国各地に存在するが、住民の自主的な活動を維持することができず役場が人的金銭的支援により維持されている例がよくある。綾町の自治公民館活動は、綾町から1/3予算補助があるものの班活動費に加えて特別活動費が徴収され基本的に独自予算で活動が行われる。

組織は、公民館長以下副館長、総務部、産業部、保健体育部、交通部、生涯学習推進員、子ども会指導部長と役職が決められている。公民館長は綾町からの支援があるとはいえ、ほとんど手弁当で担われており、名誉職である。ただし、町民からの信頼は篤く、小さなことであればすべて地区の住民で対処するという。住民もまた、町長も自治公民館との関係は特に重視しており、公民館長との話し合いには自らが赴くという。こうした日々の情報交換を通じて町民の声を聞くことができ、必要であれば役場が迅速に対応することができる。他の自治体では議員が間に入り、要望を聞いて議員が役場を動かす場合が多いが、綾町では直結している。

また、自治公民館で実施される生涯学習は町民が自主的に運営し、外部の情報に触れ、文化的な活動の礎となっている。このような人的ネットワークは住民の自主性に任せれば自動的に維持できるものではない。町づくりにおける要として町や住民が大切にして意識的に継続する必要がある。生涯学習は持続可能な共生社会の実現やESDの推進においても重要な役割を担う。

(3) 共通の社会課題設定と解決に向けた主体的な取り組み

多様な主体を巻き込みながらプロジェクトを推進していくためには、関係者が協力することができる時宜を得た共通の課題が必要である。照葉樹林の復元に関しては、2008年に照葉樹林復元のための科学的な検討を行うために日本自然保護協会が調査研究ワーキングを開始した。九州森林管理局は、委託調査を通じて間伐後の林床植生についてモニタリング調査を実施した。調査研究ワーキングで復元にあたり実施すべき事項や課題なども整理された。2008年に九州森林管理局内のチームは「綾の照葉樹林プロジェクトにおける照葉樹林復元事業の考え方について」(施業ガイドライ

ン) を作成し、間伐の際に配慮すべき事項についてまとめた。しかし、綾の照葉樹林プロジェクトの枠組みでは九州森林管理局の主体性を引き出すことができず関係者間で管理計画を策定するなど実質的に協働して実施していくところまで進めることはできなかった。しかし、ユネスコエコパーク登録後、民有林との一体的な管理が求められていたこともあり、宮崎森林管理署を中心に綾町森林林業関係検討会が開催され、国有林・県有林・町有林の管理者が一体的な管理計画策定に向けて準備を進めることができるようになった。

　また、綾の照葉樹林プロジェクトが10年経過し、どの程度自然林が復元されているのかを検証するために、各者が協働して間伐実施後の植生調査を実施した。その結果をとりまとめて10年間の復元の進捗を確認すると、まだ復元完了とするには判断が難しいことと、ニホンジカによる影響が顕著であり、間伐後数年間はシカの対策を並行して実施する必要があること、間伐方法の検討が必要であることが、関係者間で共有することができた。宮崎県については、ユネスコエコパークの登録により予算措置が大幅に改善されたわけではないが、関係者の当事者意識が高まり積極的な関与が見られるようになった。ユネスコエコパークは生物多様性保全、持続可能な地域づくり、調査研究研修というように取り組むべき共通の社会課題 (目標) が設定されているため、これまで困難だった横断的な取り組みのいくつかを形にすることができた。

　綾町は人口約7200人の小さな町であり、国立公園があるわけでもなく、普遍的な価値をもつダイナミックな景観もなく、トキやコウノトリといった目立つ絶滅危惧種もいない地域で、照葉樹林といういわばどこにでもある雑木林を基調にした町づくりを進めているが現実的には容易なことではない。にもかかわらず、綾町には日本最大級の照葉樹自然林を背景に町づくりの歴史や文化、農業、工芸、産業などが営まれており説得力のある人を惹きつけてやまない魅力がある。加えて半世紀わたり構築された人的ネットワークがある。ユネスコエコパーク登録は、関係者間だけでなく、国内外のネットワークを拡大することに貢献した。少子高齢化が進む地方

の中山間地である綾町の人口が減少しない事実は、半世紀にわたる照葉樹林の保護を基盤とした町づくりの方向性の正しさとそこで生み出された人的ネットワークがセーフティ・ネットとなり将来にわたり持続可能な地域となる可能性を示唆している。

引用文献

綾町（2015）いのち豊かな綾をめざして～綾町生物多様性地域戦略～．綾生物多様性協議会．

綾生物多様性協議会（2013）綾生物多様性協議会生物調査報告書．公益財団法人日本自然保護協会．

綾生物多様性協議会（2014）平成25年度生物多様性保全推進支援事業　綾BR（ユネスコエコパーク）地域生物多様性調査及び地域戦略策定事業報告書．綾生物多様性協議会．

綾ユネスコエコパーク知の拠点運営管理計画策定委員会（2017）綾ユネスコエコパークセンター運営管理計画書，綾町．

環境省（2012）生物多様性国家戦略2012-2020 ── 豊かな自然共生社会の実現に向けたロードマップ．生物多様性センター．

道家哲平（2014）綾町（宮崎県）いのち豊かな綾づくりプラン．（公益財団法人日本自然保護協会生物多様性の道プロジェクト編）ココからはじめる生物多様性地域戦略　地方自治体・地方自治体実践事例集16-17．公益財団法人日本自然保護協会．

郷田實（1998）結いの心．ビジネス社．

九州森林管理局（2013）第4次地域管理経営計画書（大淀川森林計画区，計画期間平成25年4月～平成30年3月）．九州森林管理局．

宮崎植物研究会（2009）綾山系の植物．宮崎植物研究会会誌 11: 10-41.

小此木宏明（2014）人と自然のふれあい重要地域調査結果について．広報あや Aya Style, 146: 2-4.

大元鈴子（2017）ローカル認証　地域が創る流通の仕組み．清水弘文堂書房．

酒井暁子・松田裕之（2018）地域に生かす国際的な仕組み ── ユネスコMAB計画．佐藤哲・菊地直樹編『地域環境学トランスディシプリナリーサイエンスへの挑戦』pp. 245-258.

朱宮丈晴（2010）綾の照葉樹林プロジェクトの取り組みと人と自然が共生する町づくり．infoMAB, 34: 6-9

朱宮丈晴・小此木宏明・河野耕三・石田達也・相馬美佐子（2013）照葉樹林生態系

を地域とともに守る —— 宮崎県綾町での取り組みから．保全生態学研究，18: 225-238.
朱宮丈晴・河野円樹・河野耕三・石田達也・下村ゆかり・相馬美佐子・小此木宏明・道家哲平（2016）ユネスコエコパーク登録後の宮崎県綾町の動向 —— 世界が注目するモデル地域．日本生態学会誌，66: 121-134.
相馬美佐子（2014）綾の照葉樹林プロジェクト．国立公園5月号，No723: 7-10.

● 現場からの報告3 ●

白山
—— 協議会による管理運営 ——

中村真介・髙﨑英里佳・飯田義彦

　これまでの各章で述べられたように、生物圏保存地域には3つの機能（保存機能、経済と社会の発展機能、学術的研究支援）がある。だが、これら3つの機能を十二分に発揮するためには、その下支えとなる管理運営（マネジメント）が欠かせない。世界では国立公園など保護地域の管理者が生物圏保存地域の管理運営を担うことも多い中、日本では自治体を中心にユネスコエコパーク協議会（以下、「協議会」）を立ち上げ、その協議会が、多様な関与者の間を調整しながらユネスコエコパークの管理運営に当たることが一般的である。ここでは、白山ユネスコエコパークの現場から、協議会による管理運営の姿の一端を報告する。

1. 白山ユネスコエコパークが果たす3つの機能

　白山ユネスコエコパークは、標高2702 mの白山を中心に、富山県南砺市、石川県白山市、福井県大野市・勝山市、岐阜県高山市・郡上市・大野郡白川村の4県7市村に跨っている。白山は日本最西端の高山帯が広がる山であり、多くの高山植物の日本における分布の西限地として知られている。冬季には大量の降雪があり、世界の同緯度の地域と比べても有数の豪雪地帯である。この豪雪は、周辺地域の水源となるだけでなく、ブナ林を中心とする豊かな自然資源も育んできた。その自然資源は麓の山村に恵みをもたらし、世界文化遺産「白川郷・五箇山の合掌造り集落」に象徴されるように、生態系サービスを活用した山村の生活や文化が育まれてきた。また、白山は日本全国から信仰を集める山でもあり、麓には三馬場と呼ばれる、

白山への登拝の拠点となる3つの神社が古くから開かれた。

　白山が1980年に生物圏保存地域に登録された当時、白山国立公園の全域が核心地域と緩衝地域に登録され、移行地域の設定はなかった。当時の登録は地元からの希望や申請に基づくものではなく、現地連絡先も当時の白山国立公園市ノ瀬管理員事務所に設定され、登録決定後も地元には登録の事実が通知されただけで何もなされることはなかった。このような経過もあり、地元では生物圏保存地域に登録されていること自体が多くの人に知られないままでいた。

　登録の事実が自治体レベルで認識されたのは、30年以上を経た2012年、文部科学省が4つのユネスコエコパークの関係自治体を招集したときであった。その後、関係自治体間で白山ユネスコエコパークを継続していく意思が確認され、白山ユネスコエコパークの管理運営団体として、2014年1月に白山ユネスコエコパーク協議会（以下、「白山協議会」）が設立された。白山協議会は、4県7市村の11自治体と、NPO法人環白山保護利用管理協会（以下、「環白山協会」）の12者によって構成されている。その他に参与として、MABにかかわる研究者や国連大学サステイナビリティ高等研究所いしかわ・かなざわオペレーティング・ユニット（以下、「国連大学OUIK」）、三馬場の神社、環境省や林野庁など関係省庁の地方機関が加わっている。2018年現在、白山協議会の会長は白山市長が務め、事務局は白山市役所に置かれている。協議会設立後は移行地域の新設を主眼とする拡張登録の準備が進められ、2016年3月に第28回MAB計画国際調整理事会によって拡張登録が承認された。この結果、核心地域・緩衝地域が一部拡大されるとともに、全7市村に跨る移行地域が新たに設けられた。

　このように、ユネスコエコパークとして認識されたのはつい最近のことではあるものの、この30年の間、ユネスコエコパークの3つの機能（保存機能、経済と社会の発展機能、学術的研究支援）が働いていなかった訳ではない。

　保存機能に関しては、環境省や県が国立公園、また林野庁が保護林を通じて、それぞれ責任をもって必要な開発規制措置を講じてきた。このよう

な基盤的な保全活動の他にも、環白山協会を中心とする外来植物除去活動や、地元町内会・岐阜大学・林野庁・高山市が連携して実施する「山中峠のミズバショウ群落」の保全活動など、地元主体の保全活動も数多く展開されている。

経済と社会の発展機能についていえば、白山登山や森林・河川での自然体験など、活発なエコツーリズム活動が数多くの団体によって展開されている。また、エリア内には国外からも多くの観光客を集める世界文化遺産「白川郷・五箇山の合掌造り集落」、白山の民俗・信仰を伝える石川県立白山ろく民俗資料館や郡上市立白山文化博物館などもあり、山村文化の継承やそれを活かした観光業が営まれている。

学術的研究支援の機能では、環境省によるモニタリングサイト1000（日本全国で1000か所程度設置された、基礎的な環境情報の収集を長期に継続するモニタリングサイト。白山は全国で5か所ある高山帯サイトの1つ）などを通じて基礎的なデータ収集が進められてきたほか、石川県白山自然保護センターや福井県自然保護センターによる調査研究活動も継続的に行われてきた。麓の学校では地域の自然・文化を学ぶための活動が盛んで、勝山市では全市立小中学校がユネスコスクール（UNESCO Associated Schools）に加盟している。

これらの活動は、ユネスコエコパークであるないに拘らず地域で主体的に展開されてきたものであり、その意味では白山は、眠っていた30年の間もしっかりと、ユネスコエコパークとしての機能を果たしてきたといえる。しかし一方で、"ユネスコエコパーク"という冠を意識せずとも、多くの関与者の手によって3つの機能が果たされてきたという事実は、そもそも白山がユネスコエコパークである必要があるのか、という根本的な問いを突きつける。

2. ユネスコエコパークである意義："ネットワーク"

白山がユネスコエコパークでなくとも特に困りはしないという現実の中、それでもあえてユネスコエコパークに取り組むメリット、あるいは意

義とは何なのだろうか。筆者らはそのこたえが、ユネスコエコパークのもつ"ネットワーク"性に隠されているのではないかと考えている（中村2016b）。

"ネットワーク"の目的は、"学び合い"にある。どのような取り組みも、独自の発想だけで成し得ることは容易ではなく、他者の成功体験や、時には失敗体験に学びながら、試行錯誤を繰り返す中で少しずつ目標に近づいていく。その"学び合い"を推し進めるには、同じ目標に取り組む者同士で"ネットワーク"を形成することが有効である。ユネスコエコパークにおける"ネットワーク"には、(1) 登録エリア内のネットワーク、(2) 国内ネットワーク、(3) 世界ネットワークの3階層がみられる。

(1) 登録エリア内のネットワーク

白山で登録エリア内のネットワークを語る際、キーワードとなるのが、"環白山地域の連携"である（中村2015）。白山を取り囲む7市村、あるいは"環白山地域"は、山がちな地形もあり、相互の往来が必ずしも活発とはいえない。その一方で、堅豆腐（通常の豆腐よりも堅い、環白山地域の特産品）やかんこ踊りなど、文化的な共通要素は意外に多い。また、白山という同じ山を眺め、同じ山の恵みを享受する、いわば1つのシンボルを共有する仲間同士でもある。

その連携の先駆けとして挙げられるのが、環白山協会である。2007年に設立された環白山協会（当初は任意団体。2017年3月にNPO法人化）では、「守ろう！　活かそう！　伝えよう！　白山」というスローガンの下、産官学民、中でも民間団体を中心に、白山を取り囲む多様な地域団体（観光業・地場産業・NPO・山岳会など）が連携を深めてきた。将来的には白山国立公園の公園管理団体への指定を視野に入れているが（島2016）、県境を跨ることの多い国立公園管理において、このような広域連携団体は、全国的にも珍しい存在であるといえるだろう。

対して白山協議会では、2014年の設立以来、4県7市村の自治体を中心に連携を深めてきた。11の自治体の担当者（後に環白山協会の担当者も加

図1　白山ユネスコエコパーク協議会における自治体同士の議論の1コマ。(白山ユネスコエコパーク協議会提供)

わる)が1〜2か月に1回のペースで会合を重ねてきたことで、初めは見知らぬ者同士だった担当者の間で、強い連帯意識とチームワークが芽生えてきた(図1)。これらの会合では現地見学会も取り入れており、隣り合う自治体同士がお互いの地域を理解するのに一役買ってきた(中村ら2016)。

　また白山協議会では、自治体間の連携深化と並行して、地域住民に向けたアプローチも進めてきた。2014年11月から2015年6月にかけて、7市村で1回ずつ、計7回開催された白山ユネスコエコパーク・リレーシンポジウム"ユネスコエコパークで再発見する地域の魅力"では、1) 国内の他のユネスコエコパークから取り組み事例を、2) 研究者から白山のもつ価値を、3) 地元の活動者から白山の自然・文化の保全・活用の実際を、それぞれ学ぶ機会を創り出した。これは単にユネスコエコパークという概念を地域住民に普及するだけではなく、そのユネスコエコパークという概念を地域に合わせて翻訳することを通じて地域のもつ価値を再発見し、それを守り伝えるためのきっかけ作りを意図したものであった(中村ら2016)。

　先に、白山は30年間の眠りの間にも決してユネスコエコパークの3つ

第2部　ユネスコエコパークの運動論

の機能が働いていなかった訳ではないと述べたが、それは、環白山協会や白山協議会というプラットフォームを通じて、個々の活動をユネスコエコパークという1つの大きな傘の下に集め、相互に紐付けすることによって、初めて見えてきたことである。1つ1つは小さな活動であり認知度も必ずしも高いとは言えないが、それらをユネスコエコパークの枠組みに集めることによって、例えば生物多様性国家戦略や持続可能な開発目標（SDGs）など、全国的あるいは国際的な自然環境保全の潮流の中に位置づけ、その意義やビジビリティ（可視性）を高めることができるのである。

(2) 国内ネットワーク

　このように、ユネスコエコパークにはそのエリア内で活動する多様な関与者を1つのプラットフォームに集められるという強みがある。だが、1つの地域の中で得られる経験や知見は限られている。より深い学びを得るためには、自然環境を保全しながら持続可能な開発を実現するという世界共通の目標を共有する地域同士が、互いの成功体験や失敗体験を"学び合い"、相互に研鑽し向上を図る、"ネットワーク"を形成することが有用である。その1つが国内ネットワークであり、日本では、第5章に詳述される日本ユネスコエコパークネットワーク（JBRN）がその中核的な役割を担っている。

　白山がユネスコエコパーク継続へ向けて動き出した2013年頃、地元では、ユネスコエコパークとはそもそも何なのか、何をすることが求められているのか、どんなメリットがあるのか、何もかもわからないことだらけであった。その状況を打破するために、白山ユネスコエコパークの担当者であった筆者（中村）がまず行ったことは、他のユネスコエコパークの担当者へ電話をかけることであった。他のユネスコエコパークの動向やその悩みを知ることで、その体験を模倣し、自分たちの進む方向性を確かめることができたのだ。当時の最重要課題は白山ユネスコエコパークの拡張登録であったが、それはこのような"ネットワーク"を通じた情報交換なくしては成し得なかったと言っても過言ではない。

白山ユネスコエコパークは2016年に拡張登録が認められたものの、今後白山が自然環境の保全と持続可能な開発の両立のためにどのような道を歩んでいくのか、暗中模索は続いており、その道のりは平坦ではない。だが、これは他のユネスコエコパークも同様であり、だからこそ互いの経験に学んでいくことが重要である。将来的には、環白山地域だけでは経験の乏しい課題、例えば今後予想されるニホンジカによる高山生態系への被害（補章参照）、あるいは多くの観光客が集中した場合におけるオーバーユースなどに対して、南アルプスユネスコエコパークや屋久島・口永良部島ユネスコエコパークなど、既に同様の課題に直面しているユネスコエコパークから事例を集め、予防的対策に活かすことができるのではないだろうか。

(3) 世界ネットワーク

　そして生物圏保存地域が最大の醍醐味を発揮するのが、世界で600以上のサイトを誇る生物圏保存地域との、世界ネットワークを通じた協働である（中村2016b）。白山協議会では、国連大学OUIKとともに、これまで数々の国際連携活動を進め（飯田2016）、多くの学びを得てきた（表1）。
　例えば、2015年1月に白山を訪れたユネスコのアナ・パーシック（Ana Persic）氏からは、生物圏保存地域は地域の多様な関与者を1つにつなぐ、プラットフォームであるとの考えを学び、その後の白山ユネスコエコパークの活動の道しるべとなった。白山ユネスコエコパークとして初めて国外へ進出した2015年6月には、フランス・パリで開催された第27回MAB計画国際調整理事会に参加し、その後の国際連携活動の展開につながる人脈、あるいは人的"ネットワーク"を築くことができた。また2016年3月には、10年に一度世界中の生物圏保存地域が集う第4回生物圏保存地域世界大会（於：ペルー・リマ）において、筆者（飯田）が白山における住民主体の保全活動や地域の資源の活用事例を報告する機会を得た（中村2017）。生態系のモニタリングや研究成果の発表が多かった山岳分科会の中では異色の発表であり、白山で行われている取り組みが世界の生物圏保存地域の中でも独自の発展を遂げていることに気づくことができた。

第 2 部　ユネスコエコパークの運動論

表1　白山ユネスコエコパークの国際連携活動（2014年1月～2018年9月）

時期	種別	内容	開催地
2014.08.27	国外からの来訪	Mawen Inzon 氏（University of the Philippines Los Banos）の来訪	白山
2015.01.28	国外からの来訪	Ana Persic 氏（ユネスコ）の来訪	白山
2015.01.29	国際会合	国際シンポジウム「石川・金沢の里山里海「発見」から「連携」へ —— 世界ネットワークを自治体はどう活かすか」 ☆ Ana Persic 氏による基調講演 ☆白山ユネスコエコパークより事例報告	石川県金沢市
2015.02.16	国際会合	国際ワークショップ「日本と世界のユネスコMAB計画活動」	神奈川県横浜市
2015.06.08-12	国際会合	第27回 MAB 計画国際調整理事会	フランス・パリ
2015.10.06-09	国際会合	第14回東アジア生物圏保存地域ネットワーク会議 ☆白山ユネスコエコパークより事例報告	長野県山ノ内町（志賀高原 BR）
2016.02.12-15	国外からの来訪	住田小百合シモネ氏（ブラジルからの JICA 研修員）の来訪	白山
2016.02.27	国外からの来訪	アジア・太平洋地域等5か国のユネスコ国内委員会の来訪	白山
2016.03.14-17	国際会合	第4回生物圏保存地域世界大会 ☆白山ユネスコエコパークより事例報告	ペルー・リマ
2016.03.18-19	国際会合	第28回 MAB 計画国際調整理事会 ☆白山ユネスコエコパークの拡張登録決定	ペルー・リマ
2016.05.06-10	国外からの来訪	Noëline Raondry Rakotoarisoa 氏（ユネスコ本部 MAB 担当者）の来訪	白山
2016.05.10	国際会合	白山ユネスコエコパーク拡張登録記念シンポジウム ☆ Noëline Raondry Rakotoarisoa 氏による基調講演	白山
2016.05.11	国際会合	国際シンポジウム「世界ネットワークを通じた学びあいと生物文化多様性の保全 —— ユネスコエコパークの事例から考える」 ☆ Noëline Raondry Rakotoarisoa 氏による基	東京都渋谷区（国連大学本部）

		調講演 ☆白山ユネスコエコパーク含め事例報告	
2016.06.02-04	国際会合	国際ワークショップ「生物圏保存地域のためのリマ行動計画の実行における地方自治体の役割」 ☆白山ユネスコエコパーク含め事例報告	インドネシア・ワカトビ
2016.07.21-24	国際会合	2030アジェンダに向けた、現場のユネスコとネットワークの連携の促進（第3回アジア太平洋生物圏保存地域ネットワーク戦略会合併催） ☆白山ユネスコエコパーク含め事例報告	インドネシア・バリ
2016.07.25-26	国際会合	第4回日本ユネスコエコパークネットワーク（JBRN）大会 ☆アジア3か国より3名招聘	東京都渋谷区 （国連大学本部）
2016.10.01	国外への訪問	北デボン生物圏保存地域視察 ☆白山ユネスコエコパーク協議会会長（白山市長）による訪問	イギリス・北デボン
2016.10.04	国外への訪問	ユネスコ本部訪問 ☆白山ユネスコエコパーク協議会会長（白山市長）による訪問 ☆Flavia Schlegel氏（ユネスコ事務局長補）に面会	フランス・パリ
2016.10.22-26	国外からの来訪	Flavia Schlegel氏（ユネスコ事務局長補）の来訪	白山
2016.10.23-29	国際会合	アジアのユネスコエコパーク現地実務者対象現地研修会「地域の人々のユネスコエコパークへの参画」 ☆アジア6か国より6名招聘	白山 石川県七尾市
2016.10.27-29	国際会合	第1回アジア生物文化多様性国際会議 ☆上記研修会を主軸とした分科会の開催とブース展示 ☆エクスカーションの受入	石川県七尾市 白山
2016.11.10	国外からの来訪	JICAパプアニューギニア国研修員の来訪	白山
2017.05.16-17	国際会合	第10回東南アジア生物圏保存地域ネットワーク会議	インドネシア・ジャカルタ

第 2 部　ユネスコエコパークの運動論

		☆白山ユネスコエコパーク含め事例報告	
2017.05.19	国外からの来訪	JICA ベトナム国研修員の来訪	白山
2017.07.02	国外からの来訪	JAL スカラシッププログラム（アジアの大学院生）の来訪	白山
2017.07.29	国外からの来訪	Gerald Jetony 氏（マレーシア・サバ州天然資源庁）の来訪	白山
2017.09.03-14	国際会合	第 7 回東アジア生物圏保存地域ネットワーク研修ワークショップ	中国および韓国
2017.09.18-23	国際会合	2017 MAB ユース・フォーラム	イタリア・ポ・デルタ
2017.10.12	国外への訪問	ユネスコ本部訪問 ☆白山ユネスコエコパーク協議会会長（白山市長）による訪問 ☆Noëline Raondry Rakotoarisoa 氏（ユネスコ本部 MAB 担当者）に面会	フランス・パリ
2018.03.02-03	国際会合	持続可能性科学から捉えたユネスコエコパーク管理運営フレームワークづくりのためのユネスコ地域専門家会合	千葉県柏市
2018.03.31	国外からの来訪	Martin Price 氏（英国 MAB 国内委員会委員長）の来訪	白山
2018.03.31	国際会合	国際ワークショップ白峰 2018「多様な関係者とつくる山岳ユネスコエコパークの大学教育」 ☆Martin Price 氏による講演	白山
2018.05.29-06.02	国際会合	第 15 回東アジア生物圏保存地域ネットワーク会議 ☆白山ユネスコエコパークより事例報告	カザフスタン・アルマトゥイ
2018.07.21-07.22	国際会合	国際フォーラム「ユネスコエコパークにおける多様な関係者と歩む大学教育～ユーラシアの持続可能な開発目標の達成に向けて」	石川県金沢市　白山
2018.09.16-09.22	国外への訪問	ヴォルガ・カマ生物圏保存地域及びベラルーシ MAB 委員会視察	ロシア・カザンおよびベラルーシ・ミンスク

現場からの報告 3　白山

図2　アジアのユネスコエコパーク現地実務者対象現地研修会における"学び合い"の1コマ。（白山ユネスコエコパーク協議会提供）

　これらの活動を通じて形成した人脈を踏まえ、2016年10月には、「ユネスコ人間と生物圏（MAB）計画における実務者交流を促進するアジア型研修プラットフォームの創出事業」（文部科学省補助事業）の一環として、ブータン・インドネシア・カザフスタン・モンゴル・タイ・ベトナムから生物圏保存地域の管理者ら計6名を招聘し、アジアのユネスコエコパーク現地実務者対象現地研修会を開催した（図2）。この研修会で6か国からの参加者は、地域住民が白山の価値を認識し、その恵みを得ながら暮らしを営んでいる姿を学ぶことができた。逆に、受け入れ側の白山ユネスコエコパークの地元住民や自治体担当者にとっては、自分たちの取り組みを外部者に伝え、それに興味をもってもらうことで、自信を深め、今後の活動の励みとすることにつながった（飯田・中村編 2017）。これらの学びは、必ずしも技術や手法の伝播にはつながっていないものの、参加者の心に刻まれる体験を提供することで、人の意識に小さな変化をもたらしたといえるだろう。現にこれがきっかけとなって、翌2017年5月にはベトナムからの参加者が所属する生物圏保存地域より、独立行政法人国際協力機構（JICA）を通じて研修員数名が白山ユネスコエコパークを訪れている。
　2017年9月には、白山ユネスコエコパークから2名が2017MABユース・

フォーラム（於：イタリアのポ・デルタ生物圏保存地域）に参加した。日本からの参加はこの2名のみであった。同フォーラムはユネスコとしても初の試みで、全世界の生物圏保存地域から集まった約300名の若者が、それぞれの地域の将来を語り合った。郡上市石徹白地域で町づくり活動に従事していた参加者は、帰国後、地元の町づくり団体や小学校、大学などで報告会を開催したほか、このフォーラムで培った人脈を活用して国境を越えた若者同士の連携に取り組もうとしている。また、金沢大学に勤める参加者は、フォーラムで培った人脈を通じて「ユーラシア地域をまたぐユネスコエコパーク大学教育プログラムの共同開発」（文部科学省補助事業）を企画・立案し、2018年度その実施に取り組んでいる（例えば Mammadova and Iida 2018）。

このような世界ネットワークを通じた"学び合い"により、生物圏保存地域は、活動の方向性の確認と質的向上、外部者の評価を得ることによる活動者の自信の深化、そして世界に対するビジビリティの向上を果たすことができるが、その底流に流れているのは、"自己の相対化"あるいは"客観視"といえるだろう。例えば、白山ユネスコエコパークの地元住民にとって雪は当たり前の存在であり、生活の障壁でもある存在だが、東南アジアの住民にとっては、雪は自己の日常にはない稀有な存在であり、白山を観光に訪れる強い動機ともなりうる。このように、世界ネットワークを通じた"学び合い"は、自己には見えない自己の強みへの気づきの機会を提供する。そのためには、人的交流に加え、自己のもつ"知"を外部者に示しやすい出版物などの形態へ再整理することも有用である（例えば飯田・中村編 2016）。

3. 協議会に求められる役割："ネットワーク"の focal point

このようなネットワーク活動を進める上で要となるのは、協議会である。白山協議会は、前述のように、11自治体が白山ユネスコエコパークを継続する意思を固めたことを受け、2014年に設立された。当時は、白山ユネスコエコパークの拡張登録を成し遂げ、登録を継続することが主たる目

的であり、拡張登録後も協議会を維持することは含意にあったものの、その後の協議会の果たすべき役割は明確とは言えず、その手探りは今でも続いている。

第7章でも詳述されたように、白山のような複数自治体型のユネスコエコパークでは関与者が非常に多く、加えて、協議会と地域団体あるいは地域住民の間に、自治体間の調整という過程も必要となる。また、例えば保存機能では環境省や林野庁が、学術的研究支援では石川県白山自然保護センターや福井県自然保護センターが、それぞれユネスコエコパークの3つの機能に資する活動に取り組んでおり、そこに協議会が直接参画すれば組織的重複は避けられない。

そのような中では、協議会が活動主体（事業主体）として直接何かの活動を実施するよりも、個別の活動は個々の団体に委ね、協議会は3階層それぞれの"ネットワーク"における focal point（窓口役）として、必要な情報やリソースを集め、それを適切に整理・評価し再分配する調整主体に徹した方が、組織的な重複を避け、地域に存在するリソース（資金、人材、組織など）を有効に活用することができるだろう。そのために必要な役割としては、具体的に次の3つが挙げられる。1）登録エリア内の調整、2）外部に対する窓口、そして3）学術性の担保である。

1点目の登録エリア内の調整とは、登録エリア内のネットワークの focal point として、あるいはユネスコエコパークエリア内の各関与者の間に立つコーディネータとして、関与者同士が補完し合い、互いに高め合えるように促していくことである。例えば、白山協議会では前述のように1〜2か月に1回のペースで自治体間の会合を重ねており、各自治体から情報を集め、集めた情報をユネスコエコパークの文脈に沿って整理し、ときには評価を交えつつ、再分配している。この過程を通じて、同じ目標に向かっていくという共通意識を醸成しているのである。

2点目は、外部に対する窓口である。白山協議会は、先に述べた国内ネットワークあるいは世界ネットワークのさまざまな会合に参加し、また時にはその機会を創り出しているが、それらの機会を通じて外部との face-tofaceの恒常的な関係を築き深めることで、白山ユネスコエコパークの"顔"たる役割を果たしている。"顔"がコロコロ変わってしまっては関係を維持するだけで精一杯だが、恒常的な"顔"があれば、継続的かつ累積的な関係を通じて有用な情報が自然と集まりやすくなり、ネットワーク活動における"学び合い"の質やビジビリティも漸進的に向上させることができる。

　3点目は、3階層の"ネットワーク"すべての基盤となる、学術性の担保である。これまで各章で述べられたように、MAB計画の重点は保全や学術研究から持続可能な開発へと移行してきているが、原点はあくまで科学プログラムである。科学的な概念を地域の実態に即して実現するには、地域の知識と経験によって科学知を鍛えなおすトランスディシプリナリ過程が不可欠であり、MAB計画はそのような持続可能性科学の実験場と位置付けられる。協議会には、この科学と地域の媒介者としての役割が期待されている。

　協議会がこれら3つの役割を果たすためには、恒常的な旅費や通信費、人件費を賄うことのできる安定した運営財源に加え、それぞれの適性を有した人材を組織内に確保することが必要である。例えば、登録エリア内の調整には、多様な関与者の間を取り持てるよう、相手の内情や利害関係を十分に理解し、相手の信頼を得て粘り強く交渉できるコーディネータが必要となる。外部に対する窓口には、自己の地域の全貌を客観的に把握し、それぞれの外部者の関心に合わせてカスタマイズしながら、自己の地域の特徴や潜在性を語ることのできるコーディネータが必要となる。世界ネットワークにおいては、これらの語りを外国語で行う能力も求められるだろう。学術性の担保においては、特定の学問分野に偏ることなく、ユネスコエコパークのかかわる学問分野すべてを俯瞰しながら、学術的かつ論理的に思考し、かつそれを実践に落とし込むことのできるレジデント型研究者が必要となる。

　日本の自然環境保全の現場においては、世界自然遺産地域の科学委員会のように、組織外の科学者を必要に応じて招集する学術助言機関を設ける

場合が多かった。だが、より恒常的かつ基盤的に学術性を担保するためには、例えば市町村役場における学芸員のように、組織の内部に常勤の科学者を雇用することが理想的である。日本のジオパークでは比較的早くにこの考え方が浸透しており、今や日本全国のジオパークで「専門員」と呼ばれる若手科学者たちが活躍している（詳しくは菊地ら 2017 や中村 2016a 参照）。日本のユネスコエコパークでは、まだ第一歩ではあるが、綾や只見において役場が若手科学者を雇用しユネスコエコパーク担当に充てる動きが出ている。

しかしながら、日本のユネスコエコパークでは自治体職員が協議会の事務局員を併任することが多く、協議会として独自にコーディネータやレジデント型研究者の適性を有した人材を雇用するまでには至っていないのが現状である。白山協議会では 2017 年に、日本のユネスコエコパークとしておそらく初めて、協議会として任期付フルタイム職員を採用した。あくまで事務補佐的な位置づけではあるが、白山協議会に共同出資する 7 市村が合意した上での協議会独自の職員採用は、小さいが貴重な一歩といえるだろう。

4. 管理運営における課題：主体性の弱さ

このように、協議会の果たすべき役割がようやく見え始めてきた白山ユネスコエコパークだが、その足元の管理運営体制は必ずしも盤石ではない。そこには、少なくとも 3 点の課題が指摘できる。

1つには、元々ユネスコエコパークを「目指して」登録された訳ではないので、主体的な参加意識が弱いという点が指摘できる。これは白山に限らず、1980 年に登録されたユネスコエコパーク（大台ケ原・大峯山・大杉谷、志賀高原・屋久島・口永良部島）すべてに共通することだが、30 年以上も前にユネスコエコパークに登録されていたにも拘らず、その事実は近年に至るまで地元に認識されていなかった。この「気がついた時には登録されていた」という事実は、実のところ、自治体がユネスコエコパークの中核を担うようになった現在に至るまで尾を引いている。一般的に自治体は、自

らのイニシアティブで始めた事業には大きなエネルギーを注いでいくのに対し、他の主体が実施する事業に「協力」する場合には相対的に注力が弱まる傾向がある。白山ユネスコエコパークは後者の状態に近く、特に、登録の事実が認識された初期の段階においては、「せっかく登録されているのだからこうやって活かしていこう」という主体的な発想よりも、「登録されているからこれをしなくてはいけない」という受け身の発想の方が目立つ面が否めなかった。

　2点目は、第7章でいう複数自治体型のユネスコエコパークによくみられる、情報伝達の難しさである。白山ユネスコエコパークとして外部（国内外の他のユネスコエコパーク、国やユネスコ、マスコミなど）に接触する際、その窓口となるのは白山協議会、とりわけその事務局である。ゆえに事務局は、白山ユネスコエコパークの"顔"としての比較的強い自覚を有している。だがその自覚は、必ずしも事務局以外に共有されている訳ではない。例えば、事務局が何かのネットワーク会合に参加して新たな刺激や情報を得てきたとき、事務局はまずそれを協議会構成員である自治体に伝え、その自治体はさらに各自治体内の地域団体へ、そして各地域団体はその会員（≒地域住民）へと伝えることになる。この情報伝達はいわば"伝言ゲーム"に近いものであり、情報の発信元（事務局）から最終受信者（地域住民）へと進むに従い、内容は大きく変わらないにせよ、臨場感や高揚感は薄れ、人を突き動かす力は衰えていく。情報の末端となる地域住民の立場に立てば、"one of all"（みんなのうちのひとり）という感覚が強まり、情報の伝達はできても、次のアクションへの原動力にはなりにくいのが実情である。

　3点目は、これも複数自治体型のユネスコエコパークにみられる特徴だが、自治体間の温度差への対応である。自治体ごとに抱えている資源や課題、市政・村政上の重点は異なり、ゆえにユネスコエコパークに対する姿勢も一様ではない。同じシンボルである白山とはいえ、里から白山が見えるかどうかや登山口があるかないかで心理的な距離感が異なることもあれば、自治体内部に他に有力な地域資源や認証を抱えていれば、ユネスコエコパークにかける力が相対的に分散することもある。特に白山ユネスコエ

コパークでは平成の大合併を経験した自治体が多く、必ずしも各自治体の全域が白山ユネスコエコパークの登録エリアになっている訳ではない。これらの背景事情の違いにより、自治体間においてユネスコエコパークに注ぐ力に違いが生じており、その中でどのように協議会を運営するのかは大きな課題である。

　これら3点の課題に共通しているのは、主体性の弱さである。端的に言えば、ユネスコエコパークに取り組む動機、あるいはモチベーションとも言えるだろう。これらはすべて、冒頭に述べた、白山がユネスコエコパークである必要はあるのか、という問いに通じる。眠っていた30年の間にもユネスコエコパークとしての3つの機能を果たしてきた白山としては、"ユネスコエコパーク"の冠は屋上屋の面もあり、その冠を維持するためには、協議会を設けたり拡張登録申請・定期報告を準備したりと相応の取引費用も発生する（第6章参照）。そのコストを払い続けるだけの価値が果たしてあるのかどうか。筆者らはその価値を"ネットワーク"に求めているが、その効用は、建造物や社会制度のように目に見えるものではなく、直接ネットワーク活動に参加した人の心に刻み込まれ、その人の意識の変革を漸進的に促すという、目に見えない長期的なものである。この目に見えない効用を、出資者である自治体を含め、ユネスコエコパークにかかわる全関与者が理解し、得心するまでには、まだまだ時間が必要かもしれない。

5. ユネスコエコパークを賢く活かす

　白山では今、自然資源を持続的に活用する暮らしを営んできた山村の多くが、過疎化・高齢化に伴い、伝統文化の消失、ひいては集落の維持そのものが危ぶまれる危機に直面している。これらは必ずしも白山特有の課題ではなく、日本の中山間地域、ひいては世界各国にも共通する課題である。これらの課題を解決するには、地域の多様な関与者が1つのプラットフォームの下に集まり、他地域の事例に学びながら、個別的ではなく統合的に当たっていくほかない。ユネスコエコパークの"ネットワーク"はそ

れを可能にするものであり、協議会はその要となるものである。

　重要なのは、ユネスコエコパークのために何かをする（目的）、あるいはしなくてはいけないという発想ではなく、環白山地域の価値を知り（研究）、守り（保全）、活かし（地域づくり）、伝える（教育）ために、地域内外の人々を結びつけるプラットフォームとして、ユネスコエコパークを賢く活かす（手段）という発想である。この発想を環白山地域全体で共有し、ユネスコエコパークの効用に得心することができれば、白山は世界に対し、1つのモデルを示すことができるのではないだろうか。

引用文献

飯田義彦（2016）白山ユネスコエコパークの経験を世界ネットワークで共有する．『白山ユネスコエコパーク ── ひとと自然が紡ぐ地域の未来へ』（飯田義彦・中村真介編）pp. 104-107．国連大学サステイナビリティ高等研究所いしかわ・かなざわオペレーティング・ユニット．

飯田義彦・中村真介編（2016）『白山ユネスコエコパーク ── ひとと自然が紡ぐ地域の未来へ』国連大学サステイナビリティ高等研究所いしかわ・かなざわオペレーティング・ユニット．

飯田義彦・中村真介編（2017）『ユネスコ人間と生物圏（MAB）計画における実務者交流を促進するアジア型研修プラットフォームの創出事業　成果報告書』白山ユネスコエコパーク協議会．

菊地直樹・大谷竜・渡辺真人・柴田伊廣・斉藤清一（2017）ジオパーク専門員の属性と持続可能な地域づくりに果たす多面的な活動．ジオパークと地域資源，3(1): 13-26．

Mammadova, A. and Iida, Y. eds (2018) Biosphere Reserves for Future Generations: Educating diverse human resources in Japan, Russia and Belarus. Kanazawa University.

中村真介（2015）白山ユネスコエコパーク（白山生物圏保存地域）．はくさん，42: 9-11．

中村真介（2016a）ジオパーク専門員って何する人？（はたらく地理学の現場から⑤）．地理，61: 4-7．

中村真介（2016b）白山ユネスコエコパークの拡張登録 ── 世界への扉が開いた日．はくさん，44: 2-6．

中村真介（2017）第4回ユネスコエコパーク世界大会に参加して ── 日本と世界が接する時．Japan InfoMAB，42: 12-16．

中村真介・中田悟・山口隆（2016）白山ユネスコエコパークの管理運営．『白山ユネスコエコパーク ── ひとと自然が紡ぐ地域の未来へ』（飯田義彦・中村真介編）pp. 20-23．国連大学サステイナビリティ高等研究所いしかわ・かなざわオペレーティング・ユニット．

島由治（2016）環白山地域における保護と利用の取り組み．『白山ユネスコエコパーク ── ひとと自然が紡ぐ地域の未来へ』（飯田義彦・中村真介編）pp. 84-87 国連大学サステイナビリティ高等研究所いしかわ・かなざわオペレーティング・ユニット．

補章　全国のシカ問題をユネスコエコパークから考える

湯本貴和・松田裕之

シカをはじめとする鳥獣害問題は、特に近年の日本で深刻であり、生物多様性国家戦略で人間活動が衰退したためにかえって生物多様性が損なわれるという「第2の危機」が指摘されている。湯本・松田（2005）が論じた人とシカと森の関係は、単に生態系にとどまらず、人の生活や文化にかかわる問題としてとらえられる。それらを含めて、野生動物との共存は、ユネスコエコパークでこそ解決すべき課題のひとつである。本章でみるように、この10年間で、日本の鳥獣行政は大きく変わってきた。日本のユネスコエコパークでは、増えすぎが深刻で全国の最先端事例として取り組んでいる屋久島、大台ケ原とともに、これから増えることを懸念して対策を整えているみなかみや石川県の事例がある。また、隣接県との広域管理にユネスコエコパークを活用する事例もあり、これらの取り組みの共有を図ることを期待している。

1　ニホンジカの大発生と被害対策の歴史

　半世紀前には、日本のほとんどの国立公園を歩いてもめったに見ることができなかったニホンジカは、1990年代から増えすぎが指摘され始めた。その典型例はユネスコエコパークの大台ケ原、世界自然遺産の屋久島である。農林業被害だけでなく、国立公園で保護されている野生植物が食害にあうことが問題となり、日本植物分類学会（2003）が南日本・西日本における絶滅危惧植物保全のためのシカによる植食の防止に関する要望書」を出し、筆者らは『世界遺産をシカが喰う』を編纂した（湯本・松田 2005）。我々の反省は、この本で生物圏保存地域について言及しなかったことである。
　その序文で、シカ問題を日本の森林利用の歴史的変遷の中で論じた。すなわち、人間が利用してきた里山と近世までは人知を超えるとみなされた奥山の関係が、近代になって奥山の大半が国有林として林業の対象となり、一部が保護区となり、保護区の中でシカが増え、狩猟の衰退と中山間地の過疎化および薪炭林利用の衰退という形で変化することにより、里山のシカが激増してきた。シカ問題は捕獲による個体数調整だけで解決する問題ではないし、

シカ密度と生態系機能の関係には未知の部分が多いが、手をこまねいているわけにはいかないという予防原則の必要性も指摘した。

1999 年の鳥獣保護法改正で特定鳥獣保護管理計画（以後、「特定計画」）制度が導入されたときには、自然保護団体もこぞってシカの個体数調整に反対していた。2005 年になっても、保護区のシカの個体数を人間が捕獲して減らすという発想は少数派であった。まして、大量捕獲を目指しても実際にシカ個体群を制御した国内の実績はほとんどなかった。神奈川県（2017）ではニホンジカの生息域を奥山の「自然植生回復地域」、「生息環境管理地域」、「被害防除対策地域」、里山の「定着防止区域」に分け、生息環境管理地域をシカ個体群が安定維持すべき地域とみなしている。2003 年の第一次保護管理計画策定当初から、最奥部の自然植生回復地域を個体数管理を行う場所としていた。全域で個体数を減らすために捕獲数を飛躍的に増やしたのは 2007 年度からである。

知床世界自然遺産では、最奥部の知床岬でも、自然の遷移に委ねることの是非に科学的結論は出なかったが、不可逆的な影響を避ける予防措置としてシカの「密度操作実験」を行うことが合意された。これは上記の湯本・松田 (2005) の議論に共通する。2008 年にはそれを IUCN 調査団 / ユネスコ視察団に説明し、基本的に了解を得た (IUCN/UNESCO 2008)。知床岬のシカは 2007 年の 500 頭以上から 2013 年の 50 頭未満へと激減し、自然植生に回復の兆しがみられている（田崎ら 2014）。

このように、日本のシカ管理は 20 世紀後半と 21 世紀になってからでは方針が大きく異なる。そして、2010 年頃には各地でシカの個体数制御の成功例が見られるようになった。これらを踏まえて、本章では湯本・松田 (2005) の続報を論じる。

この 10 年間に、各地のシカ管理手法は大きく変わった。第一に、2005 年には初期個体数の推定値や自然増加率等の不確実性の考慮が不十分で、北海道のエゾシカ管理で用いたような状態空間モデルを用いた「ベイズ推計法」と順応的リスク管理に基づく捕獲数推定法（松田 2007）はまだ他県等に普及していなかった。今までの個体数推定法は観察頭数や発見した糞粒数などか

ら捕獲情報を用いずに毎年独立に推定していたが、捕獲数は実数がほぼわかっているのだから、捕獲数を個体群動態モデルに考慮し、毎年の観察に基づく推定頭数の誤差を考慮する状態空間モデルのほうが合理的である。

　第二に、2008年に「鳥獣による農林水産業等に係る被害防止のための特別措置に関する法律」（以下、「鳥獣被害特措法」）が施行された。これにより、狩猟者などの害獣駆除に対して報奨金が農林水産省と基礎自治体から支給される体制が強化された。野生鳥獣の捕獲には狩猟と許可捕獲（駆除）がある。狩猟は狩猟者が都道府県に登録料を支払って狩猟期間中に可猟区で行う。許可捕獲は自治体が許可を出して害獣等を駆除するために一年中行うもので、狩猟者に報奨金がでる。報奨金の予算が確保できなくては大量捕獲はできない。鳥獣被害特措法では、これを農水省が8割補助することになり、飛躍的に捕獲数が増えた。

　第三に、2016年の鳥獣被害特措法の改正で野生鳥獣の食肉（ジビエ）の積極的な利用に対する補助金制度が設けられた。ユネスコエコパークでも、南アルプスユネスコエコパークの大鹿村では早くから村立の食肉加工工場を設置している。屋久島では2013年に設立されたヤクシカ解体精肉所「ヤクニク屋」で世界遺産の島・屋久島のシカ肉を売っている。

　最後に、2015年に鳥獣保護法から改正された鳥獣保護管理法が施行され、捕獲専門家登録制度など、効率的な捕獲手法が導入されたことである。一般の狩猟免許所持者とは異なり、日没直後の銃による許可捕獲などが可能となった。また、道路を閉鎖したうえでの許可捕獲も可能となり、知床世界遺産地域で実施された。今までほとんど猟友会のみに頼っていた許可捕獲に新たな担い手が生まれ、ワイルドライフマネジャーと呼ばれる野生動物管理の専門事業者が各地に誕生している。彼らの多くは単に銃猟の技術を持つだけでなく、野生動物管理の調査、分析、管理計画の設計まで、専門的知識を備えた事業体である。神奈川県の丹沢山地では、（一般財団法人）自然環境研究センター職員がその役割を担っている。

　シカの大量捕獲を続けると、シカが用心するようになる。そもそもシカが夜行性なのは天敵対策の側面がある。禁猟区に移動したり、狩猟者の自動車

の音を聞き分けて逃げるともいわれる。一頭を仕留めても、銃声を聞けば他のシカは逃げる。米国では消音銃が用いられるようになったというが、日本では違法である。例えば狙撃手が櫓やテントなどに隠れて狙撃したり、忍び猟といってシカに気づかれないようにしたり、シカが狩猟者なれしないように工夫した狙撃法とその実施体制をシャープシューティングと呼ぶ。

なお、本章で紹介する各地の特定計画の年次がそろっているのは、各都道府県で5カ年計画で鳥獣管理計画が見直されていることと、鳥獣保護管理法の改正に合わせて特定計画を改訂したからである。各地の特定計画の多くは専門家の委員会を組織し、その助言のもとに策定されているが、その5年ごとの改訂作業が同期しているため、5年ごとに専門家は過密日程となる。隣接県で連携して見直されるなら利点も生じるだろう。

2 各地のユネスコエコパークでのシカ管理

(1) 大台ケ原

大台ケ原は吉野熊野国立公園の特別保護地区及び国指定大台山系鳥獣保護区に指定され、1986年から「大台ケ原トウヒ林保全対策事業」、2002年から自然再生事業が行われ、同時に約27 km^{2}の奈良県大台ケ原地域で環境省 (2017) がニホンジカ管理計画を実施した。2005年時点では減る兆しが見えなかったが、2007年からの第2期計画以後に捕獲数を大量に増やしたことで、シカ個体数密度は2001年の36頭/km^{2}から2015年度の5.8頭/km^{2}まで減少した。ただし、奈良県大台ケ原のシカは周囲の地域と移出入している。大台ケ原は三重県に接し、シカの個体数は奈良県と三重県が別個に定めるニホンジカ管理計画に左右される。大台ケ原を含む奈良県南部のシカは2017年度に3.7万頭、捕獲数は県全体で2011年まで3000頭未満だったが2012年に5561頭、2017年に8539頭と増えている (奈良県2017)。三重県では2010年以後は1.2万頭捕獲し続けているにもかかわらず、推定密度が2004年の

12 頭/km^2 から 2009 年以後は約 18 頭/km^2 に増え、以後横ばいとされ、2010 年の推定個体数を 5.1 万頭と推定したことが過小推定だったとみられている（三重県 2017）。

　奈良県南部のシカは減少に転じた可能性があり、大台ヶ原では減っている。けれども、シカを減らして大台ヶ原の自然植生が回復した兆しはまだない。植生回復には 10 年以上の期間を要し、長い目で見る必要がある。

(2) 屋久島

　屋久島については、湯本・松田（2005）でも手塚賢至と牧瀬一郎が執筆したように、2004～2006 年まで矢原徹一教授を代表者とする、主に屋久島を調査地とした環境省推進費「地域生態系の保全・再生に関する合意形成とそれを支えるモニタリング技術の開発」が実施され、著者らも分担者として参加した。保護区でのシカ捕獲に反対する専門家は根強く存在する。それは 2017 年に至るまで続いており、2017 年 6 月 30 日にも意見交換会が行われた。このときは多様な意見の専門家が一緒に現地視察する機会も設けられた。このように、異なる見解、異なる専門分野の専門家が行政官や地元市民と一緒に現場を見て議論するというのも、トランスディシプリナリー研究における重要な要素かもしれない。

　2005 年には年間約 300 頭しか捕獲されておらず、ヤクシカ個体数は未調査だったが、約 504 km^2 という島の面積と自然植生の状態から、2006 年頃に 1 万～1.4 万頭と予想された。自然増加率が年 2 割程度とすると、最低でも 2000 頭、確実に減らすならば 3000 頭の捕獲が必要と考えられ、たとえ捕獲数を 1000 頭に 3 倍増させることができたとしても、個体数調整は不可能と考えられた。そこで、北東部、南部、西部の 3 地域に分けて管理することを提案し、西部は制御不能として放置し、捕獲数が 300 頭なら南部のみ、1000 頭に増やせるなら北東部と南部に捕獲努力を集中すること、すなわち、世界自然遺産かつユネスコエコパーク核心地域の中核である西部を諦めることを提案した（太田 2007）。

第 1 章で述べたように、科学は「すべき」という価値命題を語らない。生態系アプローチの 12 原則にあるように、管理目標は社会の選択である。しかし、その目標が達成できるか否かの実現可能性は科学的に吟味できる。目的を達成できないとわかっている方針は推奨できない。西部地域を「自然の遷移に任せるべき」かを論じる以前に「西部のシカを減らすことは不可能」という見解を出したのだった。ヤクシカは 1 年ごとに約 2 割ずつ増え続ける。西部のシカは増えていないといわれるが、中央部のシカ密度がかなり高く、若齢個体が中央部などに分散している可能性が考えられた。

まだ屋久島世界遺産地域でのシカの個体数調整を決断できなかった行政は、この分析にかなり戸惑ったかもしれない。単に個体数調整のやりやすさだけの問題ではない。既に西部には絶滅危惧植物（亜種を含む）があまり残されていない。貴重種がたくさん生息しているところを優先するとしても、西部の優先度は低くなる（図 8-1）。これでは、保護区を設計した環境省の立場がないともとれる。

2012 年 3 月に鹿児島県は「特定鳥獣（ヤクシカ）保護管理計画」を策定した（鹿児島県 2012）。屋久島を 6 地域に細分して管理する計画が作られた。6 地域ごとに確認された絶滅危惧植物種数は、中央部 105 種、北東部 72 種、南東部 62 種、北部 55 種、西部 53 種、南部 46 種である。国有林内に林野庁職員が罠を仕掛けるなどして捕獲数は飛躍的に増え始め、2010 年に 2000 頭を超え、2012 年からは毎年 4000 頭以上が捕獲されている。シカの個体数は 2008 年時点で約 1.6 万頭と推定され、4000 頭とり続けていれば、島のどこで重点捕獲しても、島全体は閉じた個体群であるから、個体数は減り始めると期待される。実際、2017 年頃からは減少に転じたようである。

しかし、依然として、国有林内での銃猟は許可されず、中央部では罠も含めてほとんど捕獲されず、麓だけで獲っている。麓を減らしたとしても、中央部が増え続け、貴重な自然植生を損なう恐れがあるのだ。2017 年に中央部も減少が見られたというが、積雪が多い年で、高標高域から麓に移動した可能性がある。今後も麓に移動し続けてくれる保証はない。

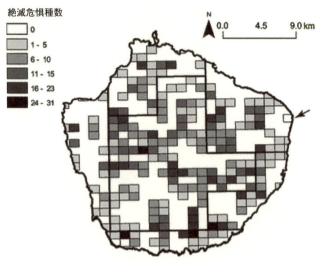

図1　屋久島の1 km² 区画ごとの田川哲らによって2005年から2006年にかけて確認された絶滅危惧植物の種数。太線はヤクシカ管理計画における6つの管理ユニットの境界線。東側の矢印は1種も確認できなかった区画。それ以外の白い部分は未調査地域（Fujimaki et al. 2016 より）

(3) 白山とみなかみ

　白山ユネスコエコパークは、石川県、福井県、岐阜県、富山県にまたがり、それぞれ別個の特定鳥獣（ニホンジカ）管理計画を策定している。まだシカ密度が増えて農林業被害や自然植生被害が深刻とまでは言えないが、地球温暖化に伴い北陸地方に分布が拡大しているとみられ、特に石川県（2017）では未然の対策を重視している。

　みなかみユネスコエコパークも、現時点ではそれほどシカ密度は高くなく、深刻ではない。しかし、石川県と同様、未然の対策を重視し、シャープシューティングの徹底のために3頭以下の群れしか狙わないなど、工夫している。注目すべきことに、これは県の特定計画ではなく、みなかみ町と自然保護団体の共同計画であるということだ（日本自然保護協会 2017）。2015年に改正され

た鳥獣保護管理法の下では計画的な管理は通常都道府県が定める特定鳥獣管理計画に基づいて実施されるが、みなかみ町の例では基礎自治体と自然保護団体の共同事業である。これも地域が主体的に行動するひとつの姿であろう。

(4) 南アルプス

　南アルプスも山岳地帯に貴重な自然植生がある。屋久島では 1936 m の宮之浦岳までの標高差がもたらす特異な生態系が世界遺産の価値とされた。温暖な屋久島では森林限界が 1800 m 付近で、高標高域まで緑が多い。南アルプスのような、より高緯度域の山岳地帯の生態系はしばしば脆弱で、撹乱に弱い。そこでもニホンジカが高標高域まで夏季に分布し、自然植生に壊滅的な影響を与えている（長池 2017）。シカ目撃数調査による標高 1500 m 付近の個体数は減少しているが、標高約 2000〜3000 m 付近の植生調査では依然として食害の影響が続いている。高山帯での捕獲を試みているが、成果は上がっていないという。

　大鹿村が取り組んでいるジビエについては先に述べた。

　特定計画制度の弱点は、県単位で計画を作成するために、県境をまたいで分布する野生鳥獣の管理が不完全になることだ。十分に連携して行えば克服できるはずだが、県ごとに違う目標を持つこともあり得る。例えば鹿児島県の本土のニホンジカと屋久島のヤクシカのように、異なる個体群でも同じ助言機関が管理計画を議論する。南アルプスユネスコエコパークは山梨県、長野県、静岡県にまたがっているが、南アルプス国立公園として環境省が管理し、南アルプス自然環境保全活用連携協議会を結成して 2009 年からニホンジカ対策についても検討を始めた。現在では、同協議会は南アルプス BR の管理運営組織の傘下に入っている。すなわち、ユネスコエコパークが県をまたいだシカの管理のための協議の場となり得る。南アルプスの場合、環境省自体が広域管理の枠組みを持っていたが、南アルプスユネスコエコパーク登録後は環境省自身があえて南アルプスユネスコエコパークの協議会を積極的に活用しているように見える。そのほうが市町村が主体性をもって参加する

と期待しているのかもしれない。ユネスコエコパークを介した広域管理が成功すれば、ユネスコエコパークという制度には大いに意味があるといえるだろう。

(5) その他のユネスコエコパーク (祖母・傾・大崩、志賀高原、只見、綾)

　国立公園は環境省が管理するが、国定公園は政府が指定するだけで、管理は都道府県に委ねられる。よって、祖母傾国定公園のように大分県と宮崎県にまたがる場合、シカ問題に限らずとも一体となった管理ができない恐れがある。

　大分県 (2017) によると、祖母・傾・大崩ユネスコエコパークがある佐伯市北西部 (宇目地区)、豊後大野市、竹田市は、シカ生息密度が県内では比較的低い地域である。図2からその密度は 10 頭/km^2 未満にみえる。それに対し、宮崎県 (2017) によると、隣接する延岡市、日之影町、高千穂町がある五ヶ瀬川以北 (A地区) の 2010～2013 年の平均の生息密度は 36.8 頭/km^2、捕獲数は 4673 頭とかなり高い。A地区の生息地面積は 3158 km^2、年間の自然増加率を 20% とすると、自然増加と捕獲数がほぼ拮抗する。それ以前の捕獲数がその半分程度だったとしても、それほど急激に増えることは考えにくい。個体数を過小評価していたか、周囲からの移入があるのかもしれない。しかし、大分県側の密度は現在の宮崎県A地区よりずっと低い。2005年頃のカモシカ調査報告書によると、むしろ大分県側のほうがニホンジカが多かったとみられる (大分・熊本・宮崎県教育委員会 2013)。両県の間には九州屈指の高峰である祖母山、傾山、大崩山がそびえているが、シカの移動が不可能とは考えにくい。宮崎県側は、A地区が高密度地域と認識し、2023年度までに個体数を半減させることを目指している。カモシカ調査は3県合同で行っているが、ニホンジカの管理において、両県が連携して捕獲目標等をたてているわけではなく、両県にまたがる1つの個体群があるとはみなしていない。さらに科学分析を相互に交換しているかどうかも気にかかるところ

補章　全国のシカ問題をユネスコエコパークから考える

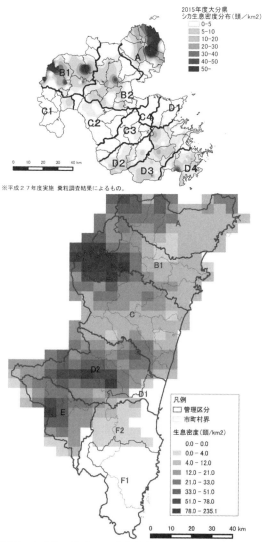

図2 （上）2015年頃の大分県の推定シカ生息密度。C2、C3、D2、D3のうち、県境に近い12の小区域が祖母・傾・大崩BR地域であり、比較的密度の低い地域である。（下）宮崎県の推定シカ生息域と各ブロック別のシカ推定生息密度（宮崎県2017）。祖母・傾・大崩BRはA地区、綾BRはD2地区で、いずれもシカの高密度地域に属する。

301

である。南アルプスのように、ユネスコエコパークを通じて、両県のシカ管理の連携が図られてもよいだろう。

　綾ユネスコエコパークは国定公園であり、かつ単独自治体型（第7章参照）のユネスコエコパークである。綾町（2017）では独自の鳥獣被害防止計画を定めている。宮崎県でも比較的密度の高い地域であり（図2のB2）、捕獲体制の強化を掲げている。綾の魅力のひとつは森林セラピーだが、シカが増えたせいで、シカに寄生する夏場のヤマビルも増えたとされている（九州森林管理局 2010）。岩本俊孝氏によると、近年ではシカ対策が進み、綾BRの核心緩衝地域のヤマビルは減った。ヒルとシカの関係について、綾BRを担うNPO団体が中心となって、シカ密度との関係を調査している。

　只見ユネスコエコパークを含む福島県西部の会津地方は、福島県の中ではシカが分布している地域だが、1978年の環境省の調査では確認されず、その後に北関東から移入してきたとみられる（福島県 2016）。管理計画では2014年度の県全体の推定個体数を1850頭とみなし、1000頭にまで減らすために必要な捕獲数850を目標に定めている。今後の推移を見守りたい。

　志賀高原ユネスコエコパークは長野県と群馬県にまたがり、上信越国立公園に属している。まだシカ密度がそれほど多くないこともあり、積極的な個体数調整はしていないようである。

　なお、志賀高原の有力な観光資源は、移行地域と緩衝地域の境付近に位置する地獄谷野猿公苑の野生のニホンザルである。2014年拡張登録時の申請書にも通称"snow monkey"が世界的に有名と記されている。長野県（2014）「ニホンザル第3期特定計画」によると、志賀高原BRにいるニホンザルの上信越高原個体群は、20～30程度の群れで1100～1600頭とみられ、分布が広がり、個体群の南側で生息数が増加している可能性が考えられ、農業、林業、生活被害が発生し、観光客が餌やりをしないよう努めているという。

　このように、人間と自然生態系の共存をめざすことを第一の目的とするエコパークにおいて、シカなど野生鳥獣の適切な管理はまさに中心的な課題である。とくにエコパークの諸問題を扱う協議会が、自治体をまたがった生態系管理の方針を打ち出すことができるなら、その役割はとても大きい。

引用文献

綾町（2017）綾町鳥獣被害防止計画．www.town.aya.miyazaki.jp/ayatown/i_living/plan/image/chojyu.pdf

Fujimaki A, Shioya K, Tagawa S, Matsuda H (2016) A theoretical approach for zone-based management of the deer population on Yakushima Island. Population Ecology 58 (2) 315–327.

福島県（2016）第二種特定鳥獣管理計画．https://www.pref.fukushima.lg.jp/uploaded/life/322210_780950_misc.pdf

石川県（2017）石川県第二種特定鳥獣管理計画．http://www.pref.ishikawa.lg.jp/sizen/hogokanri/hogokanri.html

IUCN/UNESCO (2008) Report of the reactive monitoring mission 18–22 February 2008. http://whc.unesco.org/en/decisions/1622（2018 年 2 月 27 日閲覧）

鹿児島県（2012）特定鳥獣（ヤクシカ）保護管理計画．https://www.pref.kagoshima.jp/ad04/sangyo-rodo/rinsui/shinrin/syuryo/documents/58352_20170330170915-1.pdf（2018 年 2 月 27 日閲覧）

神奈川県（2017）第 4 次神奈川県ニホンジカ管理計画．http://www.pref.kanagawa.jp/uploaded/attachment/871733.pdf（2018 年 2 月 27 日閲覧）

近畿環境省地方事務所（2017）大台ヶ原ニホンジカ保護管理計画．http://kinki.env.go.jp/nature/mat/m_2_1.html（2018 年 2 月 27 日閲覧）

松田裕之（2007）生態リスク学入門．共立出版．

三重県（2017）三重県における鳥獣の生息数管理および捕獲等．http://www.pref.mie.lg.jp/SHINRIN/HP/mori/000126727.htm（2018 年 2 月 27 日閲覧）

長池卓男（2017）南アルプス高山帯でのシカの影響とその管理．梶光一・飯島勇人（編）『日本のシカ ── 増えすぎた個体群の科学と管理』東京大学出版会．

長野県（2014）ニホンザル第 3 期特定計画．http://www.pref.nagano.lg.jp/yasei/sangyo/ringyo/choju/hogo/saru-2ki.html

奈良県（2017）奈良県ニホンジカ第二種特定鳥獣管理計画．http://www.pref.nara.jp/item/176444.htm（2018 年 2 月 27 日閲覧）

日本自然保護協会（2017）新手法でニホンジカの捕獲試験を開始．http://www.nacsj.or.jp/2017/09/6077/

日本植物分類学会（2003）南日本・西日本の絶滅危惧植物保全のためのシカによる採植防止の要望書．www.e-jsps.com/2007hp/letter/pdffile/NL9.pdf（2018 年 2 月 27 日閲覧）

農林水産省（n.d.）鳥獣被害対策コーナー．http://www.maff.go.jp/j/seisan/tyozyu/higai/（2018 年 2 月 27 日閲覧）

太田碧海（2007）屋久島におけるシカの個体群動態と地域別管理．横浜国立大学大学院環境情報学府修士論文．

田崎冬記・宮木雅美・戸田秀之・三宅悠介（2014）知床岬台地草原におけるエゾシカ密度

操作実験の植生応答.日本緑化工学会誌 39：503-511.
屋久島世界自然遺産地域科学委員会（2017）西部地域の生態系管理・ヤクシカ個体群の保護管理に関する意見交換会【#科学委員会 WG の議事録が公開された時点で差し替える】www.rinya.maff.go.jp/kyusyu/fukyu/shika/attach/pdf/yakushikaWG15-6.pdf（2018 年 2 月 27 日閲覧）
湯本貴和・松田裕之編著（2005）『世界遺産をシカが喰う ── シカと森の生態学』文一総合出版.

終章　ユネスコエコパークを支える知識・ネットワーク・科学

佐藤　哲

人類が直面するさまざまな課題を乗り越え、持続可能な未来を創りあげるためには、私たちが生きる社会の成り立ちや仕組みの根本的な転換が必要である。持続可能性の実現に向けた社会の転換を促すためには、どのようなプロセスが必要なのだろうか？　本書では、この根本的な問いに対するひとつの答えが、ユネスコエコパークのアプローチにあると考えて、その分析を進めてきた。本書で描かれたユネスコエコパークの特徴とさまざまな現場の事例から、持続可能な未来に向かう社会転換プロセスのモデルとして、ユネスコエコパークの実像をあぶりだしてみよう。

1　知識から実践へ：ユネスコエコパークを支える知識

　私たちが生きる現代社会は、さまざまな複雑かつ解決困難な課題に直面している。気候変動、資源の減少などの環境課題と、貧困、格差などの社会的な課題が相互に複雑に絡まりあい、持続可能な開発目標（SDGs）に整理されているような差し迫った課題群が顕在化し、人類の持続可能な未来の実現に向かって、その解決ないし緩和に向けた多岐にわたる取り組みが進められている。人間社会と自然、さらには地球環境全体が調和した形で、社会が持続可能な発展（開発）を実現していくという課題が、これまでにないほど切迫した形で私たちに突き付けられている。本書が扱っているユネスコの「人間と生物圏」（MAB）計画と、その社会への実装である生物圏保存地域（ユネスコエコパーク）も、単に貴重な自然を保護する仕組みを提供するだけでなく、地域に内在する豊かな可能性を引き出し、持続可能な社会を多様な関与者（ステークホルダー）の協働によって構築することをめざした取り組みに他ならない。そして、繰り返しになるが、私たちが直面している持続可能性にかかわる差し迫った課題群は、どれも複雑で解決困難であり、これに対処していくことは一筋縄では行かない。
　このような取り組みを、国際的なレベル、国家のレベル、あるいは地域社会とそこに住むひとりひとりの生活のレベルで進めようとするときには、私

終章　ユネスコエコパークを支える知識・ネットワーク・科学

たちは複雑な課題に対応するために、実に多様な知識や技術を総動員して取り組みを設計し、実践する。第1章で紹介されているように、具体的な課題にかかわる科学的知識や技術だけでなく、地域の生業や文化の背景にある在来知、日々の実践から生まれる経験知、伝統的な自然資源の利用にかかわる在来の技術、さらには社会の現実の中で物事をうまく運ぶための言葉にならない暗黙の知恵など、必要なものはすべて動員しないと、課題の複雑性には太刀打ちできない。2012年度から5年間にわたって総合地球環境学研究所（地球研）で実施された「地域環境知形成による新たなコモンズの創生と持続可能な管理」プロジェクト（地域環境知プロジェクト）で、私たちはこのような、地域レベルで発生している複雑な課題に対処するための知識基盤の総体を「地域環境知」と名付け、その性質、生成プロセス、そして地域環境知を基盤とした持続可能な未来に向かう社会の転換メカニズムの解明を目指してきた（佐藤 2018）。

　地域環境知プロジェクトを通じて、私たちは複雑な課題に対処するための基盤となる総合的な知識が、持続可能な未来につながる社会の転換を促すプロセスを、2つの異なる経路に整理して考えてきた（佐藤 2018；Kitamura et al. 2018）。ひとつは、(1) 知識がひとりひとりの意思決定と行動の変容を促し、それが積み重なって社会の制度や仕組み（法律や規則などのフォーマルなものだけでなく、人々のネットワークや関係などのインフォーマルなものも含む）が変容するプロセス、もうひとつは、(2) 知識が直接にフォーマル・インフォーマルな制度や仕組みを変容させ、それがひとりひとりの意思決定と行動の変容につながるプロセスである。前者をボトムアップのプロセス、後者をトップダウンのプロセスと考えてもいいだろう。もちろんこの2つの経路は相互に排他的なものではなく、両者がさまざまな形で相互作用しながら社会が転換していくものと考えられるが、社会転換が実際に起こりつつある現場で、どちらのプロセスが大きな役割を果たしているか、その際にどのような要因が社会の転換を促すことに貢献しているかを問うことは、知識を基盤とした社会の転換メカニズムを理解し、活用していくために重要である。

　では、生物圏保存地域とその背景にある知識・技術が促してきた、あるい

は促す可能性のある持続可能な未来に向けた社会の転換プロセスの場合はどうだろうか？　本書に活写されている日本のユネスコエコパークや海外の事例に基づいて考えてみよう。第2章で詳しく説明されているように、MAB計画は生物多様性の保全と豊かな人間生活の調和および持続可能な開発を実現するためのユネスコによる国際的なプログラムであり、生物圏保存地域は地域スケールでこの目標を実現するための制度として、世界各地の地域社会に対して提案されるものとみなすことができる。保全、持続可能な開発、調査研究と教育の機能を発揮するために、核心地域、緩衝地域、移行地域の3つの地域区分を設定し、それぞれが相補的に働くことが重要だとする基本的な理念と知識、登録プロセスやその後の運用のノウハウに関する知識は、もちろんユネスコが提供するものであり、それが登録を目指す地域に多様な経路を通じて流入している。日本のユネスコエコパークの場合は、単独または複数の地方自治体が登録申請の主体となっているので（第5章、第7章）、ユネスコが提供する知識は自治体によって活用され、地域区分の設定や協議会の設立などのフォーマル・インフォーマルな制度や仕組みが創出されるとみることができる。つまり、(2) 知識が直接に制度や仕組みを変容させるプロセスが中心となっており、それによって地域の人々の行動が変化し、それが積み重なって社会が転換していくというプロセスが活性化することが期待できる。また、同じように日本の自治体が主導するケースでも、綾ユネスコエコパーク（現場からの報告2）のように、地域でさまざまな意思決定と実践が積み重なり、人々の行動が変容してきたことが基盤となって、ユネスコエコパークへの登録を契機に、綾ユネスコエコパークセンターの開設や「てるはの森の会」の一般社団法人化などの制度や仕組みの変容が促された例がある。カナダのレッドベリー・レイク（現場からの報告1）の場合には、地域の人々が生物圏保存地域にかかわる知識を活用してさまざまな動きを起こし、それが地域組織の再編と活性化を促している。このように、(1) 知識がひとりひとりの意思決定と行動の変容を促すプロセスが駆動されるケースもあることを忘れるわけにはいかない。生物圏保存地域には、知識を基盤とした社会転換の、2つのプロセスの両方を駆動するポテンシャルがある。

表1　知識が地域社会の変容を促す要因のカテゴリー（Sato et al. 2018 を改変）

1.	価値の創出と可視化	生産された知識・技術が、地域で共有可能な価値を新たに可視化あるいは創出し、地域のアクターの集合的意思決定と実践を促す
2.	新たなつながりの構築	生産された知識・技術が地域内外の多様なアクター、さらには広域的な課題に取り組むアクターとのつながりを構築する
3.	選択肢と機会の提供	生産された知識・技術が地域環境に対する認識の変容を促し、持続可能性に向かう意思決定と実践の選択肢と機会を拡大する
4.	集合的実践の創出	生産された知識・技術が多様なアクターが参加する実践を創出し、地域の既存の制度や仕組みを変容させる、または新たに生み出す
5.	知識のトランスレーターの重層的な実践	知識の双方向トランスレーションを担う多様な人材・機能が重層的に働き、知識・技術の新たな意味を創出して、その活用を通じた社会の転換プロセスを促進する

　では、どのような要因がユネスコエコパークを支える知識と国際的な仕組みを活かした地域社会の転換を促進してきた、あるいは促進しうると考えることができるだろうか？　私たちは、地域環境知プロジェクトの中で、世界各地の地域社会でさまざまな知識を基盤として持続可能性の実現に向けた社会の転換が起こっている事例を収集してきた。そして、これらの事例の分析を通じて、知識が地域社会のダイナミックな変容を促すために必要な要因を、表1に示す5つのカテゴリーに整理した。

　この分析の枠組みを用いて、本書に描かれた生物圏保全地域という制度の特徴とさまざまな登録地の事例から、ユネスコエコパークという国際的な仕組みが、地域社会の持続可能な未来に向けた変容を促してきた、あるいは促しうるプロセスと、その課題を検討してみよう。

2　ユネスコエコパークがもたらす価値

　ユネスコエコパークへの登録あるいは拡張申請からその後の運用に至るプロセスで、さまざまな地域の価値が可視化されている。また、その一部は地域内外の多様な人々に共有され、持続可能な未来に向かう意思決定と実践を

促している。地域の自然環境の価値が、ユネスコエコパークへの登録を通じて国際的な枠組みで評価されることは、新たな地域の価値の可視化と、それに対する人々の誇りを高める効果があるだろう。しかし、このような国際的な価値は、地域に生きる人々の日々の生活や実践に直接に結びつくことは難しい。ユネスコエコパークの場合、人々の意思決定や実践に大きな影響を与えてきたのは、移行地域というゾーニングがもたらす地域の多元的な価値の評価と可視化だろう（第2章）。例えば志賀高原ユネスコエコパークは、移行地域における農業や観光などの基幹産業が、国際認証という価値を付与されることによって活性化されることへの期待が拡張申請への動きを加速し、その後のさまざまな実践を支えている（第7章）。綾ユネスコエコパークの場合は、自然環境だけでなく、綾町によるまちづくりの歴史、文化、環境保全型農業、工芸などの多面的な価値が国際的に高く評価され、それが人々によるさまざまな地域づくりの実践を後押ししているように見える（現場からの報告2）。ほかにも、只見ユネスコエコパークでは、豊かな自然環境を地域の資源としてとらえ、只見町ブナセンターが中心となって普及啓発、教育活動、文化や伝統技術の継承、地域産品の商品化など、ユネスコエコパークの多面的な価値を可視化し、発信する活動を積極的に展開している（酒井・松田2018）。国外に目を転じると、ドイツのレーン生物圏保存地域では伝統的なリンゴ栽培の価値が可視化され、付加価値型流通の仕組みが構築されて、持続可能な地域経済の構築が進展している（第3章）。

　移行地域で創出される多面的な価値を、そこに住む人々の福利の向上と地域社会の持続可能性につなげていくためには、地域のブランド化を通じた経済的な持続可能性の向上が重要である。第8章では、その第一歩として、地域に生きる人々が、地域の価値を自ら整理し再評価することの重要性が説かれている。その際には、ユネスコという国際組織による価値の認定も重要だが、何よりも地域で長年にわたって培われてきた持続可能な生産と消費のシステムの価値を、人々が自ら「発見」し、内部化し、活用していくことがたいせつである（第8章）。レーン生物圏保存地域やスイスのエントレブッフ生物圏保存地域は、このようにして可視化された新しい価値を武器に、生物圏

保存地域における持続可能な生産活動を活性化し、ローカルな農産物の認証制度を創りだし、その価値を広く発信してきた（第3章）。このように、ユネスコエコパークがもたらす多面的な価値を、登録地に生きる多様な人々が、いかに自らのものとして使いこなしていくかが問われているのである。

このような事例を見れば、ユネスコエコパークが地域にもたらす価値は、移行地域における持続可能性の実現に向かう実践を促すことにあるのは明らかだ。移行地域という仕組みそのものが、ユネスコエコパークという国際的な制度を地域の人々の日々の実践に近づける役割を担っており、この点こそが他の国際的な認証や評価の仕組みと比べて、MAB計画とユネスコエコパーク、そしてその背景にある理念と知識が、持続可能な未来に向かう社会の転換を促すために大きなポテンシャルを持っていると判断できる理由のひとつである。ユネスコエコパークを活用した地域の動きによって核心地域の自然環境も含めた地域全体の価値が向上し、それが積み重なって、ボトムアップの形でダイナミックな社会の転換が起こっていくことが期待されている。

しかし、移行地域における人々の実践を活性化することによって、持続可能性の実現に向けた社会の転換を促すためには、さまざまな高いハードルが待ち構えている。まず、地域レベルでは、きわめて多様な地域社会の構成員やアクターが共有可能な多面的な価値を可視化し、一部の受益者だけにとどまらない広範なアクターによる協働を促していくことは、どうしたら可能になるだろうか？　そして地域の実践からより広域的な、さらには国際的な価値を創出するためにはどのようなアプローチが効果的だろうか？　これらの困難な課題を克服するための手がかりは、次節で検討するネットワークを通じた多様な人々の間の新たなつながりの構築にある。

3 ネットワークがもたらす新たなつながり

生物圏保存地域という制度には、ネットワークを通じて登録地どうしが交流する仕組みが組み込まれている（第1章）。ユネスコエコパークは登録と同

時に、世界で600を超える他の登録地とともに、生物圏保存地域世界ネットワークのメンバーになり、東アジア生物圏保存地域ネットワークなどの地域（リージョナル）ネットワークにも参加する。また、第5章と第6章で詳しく紹介された日本ユネスコエコパークネットワークのように、国ごとのネットワークが組織される場合もある。このようなグローバル・レベルから国ごとのレベルに至る重層的なネットワークに参加するということは、ユネスコエコパークにかかわる地域のアクターの目から見れば、ユネスコエコパークの仕組みがなければ出会うこともなかったはずの世界各地の人々との、共通の課題や関心を核とした新たなつながりと交流の機会を手にすることにほかならない。ネットワークを介した地域間の交流を通じて、それぞれの地域の実践の価値が共有されることによって、地域のアクターは自らの実践に対する誇りとオーナーシップを強化することができる。また、生物圏保存地域のネットワークは、地域から国際レベルに至る多様な階層をまたがる貴重な社会的学習の機会を提供しており、お互いの実践に関する相互学習が、新たな価値の可視化と実践の活性化を促している（リード・アバーンティ2018）。特に日本ユネスコエコパークネットワークのような国内ネットワークの場合、地域の実践の価値だけでなく、登録地が直面するユネスコエコパークのガバナンスにかかわるさまざまな共通の課題が可視化され、共有されることも、ネットワークの重要な機能である（第5章）。多くのユネスコエコパークにおいてそれぞれ異なる形で顕在化している共通課題が見えてくることによって、その解決に向けた科学者、行政関係者、地域のアクターが協働する広域的なプラットフォームが形成され、効果的な取り組みを設計・実践していくことが可能になるだろう。その典型的な例が、日本各地のユネスコエコパークがそれぞれ異なる形で対応を模索しているシカ問題であり、各地の実情を踏まえた多様なアクターの協働による対策が進展しつつある（補章）。

　相互学習を通じて各地の持続可能な未来に向けた実践が他の地域に広がっていくことを通じて、地域の実践が広域的なインパクトを生む。例えば綾ユネスコエコパークは世界的な生物圏保存地域のモデルとして、ユネスコの政策にも実際に大きな影響を与えてきた（現場からの報告2）。生物圏保存地域

終章　ユネスコエコパークを支える知識・ネットワーク・科学

のネットワークは、それが理想的に機能しさえすれば、地域の実践からより広域的な、さらには国際的な価値を創出し、持続可能な未来に向けた社会のダイナミックな動きを創りだすポテンシャルを持っている。もちろん、そこには数多くの大きな課題が残されており、これらのネットワークを有効に機能させ、活用していくことは容易ではない。例えば、第5章で議論されているように、日本ユネスコエコパークネットワークの意義は地域でも認識されているが、その機能を維持していくための負担の大きさが課題である。ネットワークがどのような「共通利益」を実現するものなのか、それに対してどのようなコスト（取引費用）が発生し、それをだれがどのように負担していくのかを、冷静に見極めていく必要がある（第6章）。

　こういった世界のさまざまな地域とのつながり以上に、特に日本のユネスコエコパークは、その登録と運用のプロセスを通じて、それぞれの地域の内部での新たなネットワークの構築と、新しいアクター間のつながりの創出を促してきた。これが、それぞれの地域における持続可能な地域づくりに大きく貢献してきたことを忘れるわけにはいかない。生物圏保存地域という制度の、地域社会のアクターにとっての最も重要な機能のひとつは、ユネスコエコパークがきっかけとなって、地域が直面するさまざまな課題の解決につながる地域内のネットワークが充実することにあるものと考えられる。日本のユネスコエコパークは、登録地のほとんどが単独の自治体に属し、管理運営も単独の自治体が担う「単独自治体型」（屋久島・口永良部島、綾、只見、みなかみ）と、登録地のエリアが複数の自治体にまたがり、管理運営組織も複数の自治体にまたがって構成されている「複数自治体型」（志賀高原、白山、大台ケ原・大峯山・大杉谷、南アルプス、祖母・傾・大崩）に分類できる（第7章；Tanaka and Wakamatsu 2018）。単独自治体型では、ユネスコエコパークへの登録と運用のプロセスで、既存の地域内のネットワークの再編、新たなアクターとのつながりの創発が起こり、フォーマル・インフォーマルな制度や仕組みが変容する。只見ユネスコエコパークにおける只見町ブナセンターの位置づけと機能の変容（酒井・松田 2018）や、綾ユネスコエコパークにおける綾ユネスコエコパークセンターの開設と人的ネットワークの拡大（現場からの報

告 2) などの例がこれにあたる。

　ユネスコエコパークへの登録と運用を通じて地域のネットワークが劇的に変容していくプロセスは、複数自治体型においてより顕著に表れているように見える。例えば、白山ユネスコエコパークの運営を担う組織として構築された白山ユネスコエコパーク協議会は、4 県 7 市村の 11 自治体と NPO 法人環白山保護利用管理協会からなり、研究者や国連大学サステイナビリティ高等研究所いしかわ・かなざわオペレーティング・ユニット、神社、環境省や林野庁など関係省庁の地方機関が参与として加わっている（現場からの報告 3）。構成メンバーの組織と活動は、ユネスコエコパーク登録以前から積み重ねられてきたものだが、ユネスコエコパークの拡張申請をきっかけに、白山という多様な地域・アクターが共有するシンボル（環境アイコン：佐藤 2008：2016）を核とした連携が構築されてきた。そこで行われてきたさまざまな実践は、ひとつひとつは小さなものだったかもしれないが、それがユネスコエコパークという枠組みに集まることによって、SDGs などの全国的あるいは国際的な潮流の中に位置づけられることになり、その意義や価値が可視化され、高められてきたのである（現場からの報告 3）。同じような連携のプロセスは、南アルプスユネスコエコパークにおける南アルプス自然環境保全活用連携協議会にも見ることができる。また、祖母・傾・大崩ユネスコエコパークは日本で初めての基礎自治体ではなく県が主導するユネスコエコパークであり、ふたつの県が可能な限り対等な立場で管理運営するという、おそらく日本ではきわめてまれな形のネットワークづくりを進めている（第 7 章）。このように、複数自治体型のユネスコエコパークは、ユネスコエコパーク登録がなければおそらく存在しなかった多様な地域内ネットワークを創出しており、それが持続可能な未来に向けた地域ぐるみの実践を支えてきた。もちろん、複数の自治体にまたがるきわめて多様な地域や人々の協働を促すことは容易ではない。多様なアクターが参加できる仕組みづくり、自治体間の温度差の緩和、ユネスコエコパーク全体での一体的な活動の推進など、解決すべき課題は数多い（第 7 章）。しかし、ユネスコエコパークをきっかけとして、複数の自治体にまたがる広域的なネットワークが構築され、活性化し

終章　ユネスコエコパークを支える知識・ネットワーク・科学

ていくことが、持続可能な未来に向けた地域社会の転換プロセスに及ぼすインパクトは、きわめて重要であろう。また、その際に、核心地域や緩衝地域の自然環境が、単に保護すべき対象であることを超えて、複数の自治体の多様なアクターに共通する価値として、協働を促す環境アイコンの役割を果たすかもしれない。

　このようにして日本各地のユネスコエコパークの地域内ネットワークが拡充し、管理運営の体制と多様なアクターの協働が構築されてきたことが、広域的なネットワークの組織化と活性化にも大きな影響を及ぼしている。日本ユネスコエコパークネットワークは、当初は科学者が主導する形で構築されたが、各地のユネスコエコパーク内部でのネットワークの拡充と管理運営体制の確立の動きに呼応するように、地域のアクターが主導するネットワークへと大きく変貌していった（第5章）。日本における地域主導による国内ネットワーク立ち上げのプロセスは、地域主導型BRネットワークのモデルとして、国際的なインパクトを生んでいる。また、個々のユネスコエコパークだけでは、言語や財源などの問題から、国際ネットワークの活動に直接に参加して活動することは決して容易ではない。国際的なネットワーク活動に積極的に参加して交流と相互学習を深めるために、日本ユネスコエコパークネットワークが主導的な役割を果たすことが期待される（第6章）。

4　選択肢を拡大し集合的実践をうながす

　ユネスコエコパークは、その制度自体の価値を高めるために存在するのではなく、地域社会が主導する持続可能な開発をサポートするための制度・仕組みである、という基本認識は、本書のすべての章の著者に共通するものだろう。地域に生きる人々が主役となって、地域社会が豊かな自然の恵みと共存しながら持続可能で公平な未来に向けて発展していくことをサポートするために、MAB計画と生物圏保存地域という制度が設計され、実装されてきたのである。

このような持続可能な未来に向かう地域社会の動きを支援するための国際的な仕組みは、生物圏保存地域以外にも数多く設計され、運用されている。例えば、同じくユネスコが運用するユネスコ世界ジオパークや、国際連合食糧農業機関（FAO）による世界農業遺産は、価値を置く対象はそれぞれ異なるものの、地域が主体となった取り組みをサポートすることを重視するという点で、生物圏保存地域の仕組みと共通するところが多い。世界遺産は普遍的価値を持つ原生的な自然や文化遺産の保護のための制度として設計され、地域の人間活動へのかかわりは少ないが、それでも運用の工夫次第では、知床世界自然遺産の例にみられるように、地域の多様な関与者が参加する協働管理を通じて、さまざまな地域の動きを創りだすことができる（松田ら 2018）。また、地域の一次産業の基盤を提供する自然資源の持続可能な管理と活用を促すための国際認証システム、例えば森林管理協議会（FSC）や海洋管理協議会（MSC）なども、持続可能な資源管理の実践に対して国際的な価値が付与されることをきっかけとして、地域社会の持続可能な未来に向けた転換のプロセスを加速できる可能性を持っている（第8章）。

　このような多様な仕組みが存在する中で、生物圏保存地域という制度は、地域が持続可能な方向で地域づくりを進めようとするときに選択することが可能な、国際的な価値づけのシステムのひとつだと考えることができる。地域の人々の視点から見れば、これらのさまざまな国際的な制度や仕組みはどれひとつとして必要不可欠なものではなく、多様な選択肢の中から、それぞれの地域社会にとって親和性が高く、使いやすく、より大きな効果が期待できるものを選択して活用すればよい。つまり、ユネスコエコパークは、地域のアクターが主体的に選んで活用できる国際的な制度や仕組みの、数ある選択肢の中のひとつとして、地域社会に提案されているものと考えるべきである。それぞれの地域は、もちろんほかの選択肢も視野に入れながら、ユネスコエコパークという仕組みを採用すべきかどうかを検討する。だから、既にさまざまな持続可能な未来に向けた動きが活性化している白山ユネスコエコパークですら、「そもそも白山がユネスコエコパークである必要があるのか？」と、改めて問いたくなるのである（現場からの報告3）。

終章　ユネスコエコパークを支える知識・ネットワーク・科学

　では、ユネスコエコパークという選択肢には、それ以外のさまざまな選択肢と比べて、どのような特徴があるのだろうか？　一言で整理するならば、それは実現を目指す価値の抽象度の高さ、あるいは「あいまいさ」にあるだろう。MAB 計画は生物多様性の保全と豊かな人間生活の調和および持続可能な開発を実現することを目標としており、ユネスコエコパークには、貴重な自然を保全しつつその多様な恩恵を活かして地域の持続可能な開発をすすめることが求められている。つまり、人間と自然の共生と地域の持続可能な開発という大きな枠組みだけが示されており、特定の資源、例えばジオパークにおける地形や地質、世界農業遺産における農文化、国際資源管理認証における森林資源や水産資源などを中心として人々の活動が展開されなければならない、あるいはそうすることが望ましい、といった制約がない。ユネスコエコパークという選択肢を検討する際に必要なのは、自然保護の仕組みが担保された核心地域を含む 3 つの地域区分を満たし、保全、持続可能な開発、調査研究と教育という 3 つの機能を地域が主体となって発揮することだけである（第 1 章、第 2 章）。つまり、この枠組みを使って地域の人々がさまざまな地域資源の価値を自ら可視化し、それを自由に組み合わせて持続可能な未来に向けた実践を行うことができるのであって、その際には地形や地質、農業資源や水産資源、さらには厳正に保全すべき世界遺産までも含む、きわめて多様な地域資源を、実情に合わせて選択して活用することが可能である。この抽象度の高さとあいまいさがあるが故に、MAB 計画と生物圏保存地域の制度は、それ以外のさまざまな国際的な制度や仕組みを地域レベルで包含する仕組み、あるいは受け皿としての機能を果たすことができる。さらに興味深いのは、ユネスコエコパークが、世界自然遺産やユネスコ世界ジオパークとの重複登録を制限するのではなく、むしろ積極的に奨励していることである（第 1 章）。他の制度や仕組みと積極的に連携していくことを通じて、他の制度が扱っている資源や取り組みをすべてユネスコエコパークの名のもとに集約して、持続可能な未来に向かう社会の転換を促すという機能を、意識的に果たそうとしているかのように見える。ユネスコエコパークは、持続可能な地域づくりに必要なあらゆる要素を包含できるアンブレラ（上位構造）

として、地域の人々にとっての選択肢をさらに拡大する機能をはたしていくことが可能なのである。

　生物圏保存地域という制度とその背後にある多面的な知識が地域社会にもたらされ、多様な選択肢が可視化されたとき、そもそも生物圏保存地域の仕組みを採用するか否か、そして採用するとしたらどのような形で登録を目指すかを決断し、具体的な実践を担うのは、主役である地域の人々である。採用しないという意思決定が起こった場合はほかの選択肢に関する検討が継続されるだろう。採用するという意思決定がなされた場合には、生物圏保存地域登録への動きは、直ちに地域内外の多様なアクターが参加する集合的実践 (collective action) をもたらすことが多い。特に日本のユネスコエコパークの場合には、単独自治体型でも複数自治体型でも、自治体という枠組みを超えた多様なアクターとの新たな連携と協働を基盤とした、登録へ向けた動きが創発してきた。これが、生物圏保存地域が地域社会にもたらす最初の集合的実践であり、登録申請に必要な組織づくりが、ダイレクトに協議会の設立や新しいネットワークの創出などの、フォーマル・インフォーマルな制度や仕組みの創発、ないし変容をもたらしている。さらに、これまで見てきた事例では、生物圏保存地域という制度とそれを支える知識が、登録申請や拡張申請の段階だけでなく、その後のプロセスにおいても、さまざまな集合的実践を創発し、それが翻って地域内外のフォーマル・インフォーマルな制度、そして人々の意思決定と行動をダイナミックに変容させてきたようすを見てとることができる。例えば白山ユネスコエコパークで2014年から実施された白山ユネスコエコパーク・リレーシンポジウム"ユネスコエコパークで再発見する地域の魅力"は、地域の持つ価値を再発見し、それを守り伝えるきっかけを提供することを目指したものであり、それを通じて地域の多様なアクターの相互学習と相互理解が深まった (現場からの報告3)。綾ユネスコエコパークは、生物圏保存地域の制度の中で10年ごとにユネスコに対してユネスコエコパークの保全管理状況を報告することが要求されていることを受けて、登録直後に綾町だけでなく地域外のアクター (日本自然保護協会) も参加する「綾生物多様性協議会」という仕組みを設立し、それまで調査されてい

なかった里山地域に重点を置いた自然環境基礎調査を実施して、里山の自然が持つ価値の可視化に成功している（現場からの報告2）。このようにして、生物圏保存地域という制度と知識は、その登録・拡張と運用のプロセス全体を通じて、さまざまな国際的な制度や仕組みを包含するアンブレラとして、地域の人々が主体的に選ぶことができる選択肢を拡大し、登録に向けた集合的実践を生起させ、地域の制度や仕組みを変容させながら、持続可能な未来に向かう地域の人々のダイナミックな実践を促してきたのである。

5　知識のトランスレーターと科学の役割

　これまで検討してきたように、生物圏保存地域という制度とそれを支える理念や多面的な知識・技術は、地域で共有可能な価値を可視化ないし創出し、地域内外の多様な新しいアクターとのつながりとネットワークの構築を加速し、持続可能な未来に向かう選択肢を拡大し、さまざまな集合的実践を促して、地域社会をダイナミックに変容させることができるポテンシャルをもっている。持続可能な農業のブランド化や地域主導型観光など、経済的効果に直結する実践の機会を提供することもある。また、登録地がネットワークを構築することによって、世界各地の人々との新たなつながりができ、交流を通じて相互理解が深まっていくだけでなく、共通の課題が可視化され、相互学習を通じた多様な解決への動きを創りだすことができる。これが、生物圏保存地域という制度を採用し、そのネットワークに加入することによって、地域社会にもたらされる「共通利益」である（第6章）。一方で、ユネスコエコパークへの登録と運用、および国内外のネットワークの構築と運用には、コストも伴う。登録申請にかかわる人的・時間的コストや、事務局や協議会の運営、ネットワークへの参加費用などである。これまで見てきたように、ユネスコエコパークから地域社会が得ることができる利益は、とても大きいように見える。では、これらの利益はコストを十分に上回っており、地域区分などの必要条件を整えることが可能なら、すべての地域、あるいは自治体

は、ユネスコエコパークへの登録を目指すべきなのだろうか？　そうであれば、生物圏保存地域はますます世界的に拡大し、社会は持続可能な未来に向けた転換を遂げていくに違いない。しかし、もちろん物事はそう簡単にはいかない。

　ユネスコエコパークに登録され、ネットワークに加入することが、地域社会全体に対してコストを上回る十分な利益をもたらす可能性があるとしても、地域社会を構成する多様な関与者にとって、その利益が十分に可視化され、納得がいくものになるとは限らない。そもそも地域社会は、さまざまな人間活動が複雑に絡まりあい、きわめて多様な人々の利害がうごめき、地域内外の社会や環境の変動の影響を絶えず受け続ける複雑なシステムである。複雑な地域社会の動きは、自然環境や地域の生態系の変動とも密に連動しており、グローバルなレベルで発生する気候変動や自然資源の枯渇などの地球環境問題の影響も無視できない。このような、人間社会の動きと生態系や環境が相互に深く関連した複雑系を、社会生態系システムという（Berkes et al. 2003）。社会生態系システムの持続可能性を脅かすさまざまな課題が地域ごとに多様な形で顕在化し、システムを構成する資源やそれを支える生態系の持続可能な管理に向けて、世界各地できわめて多様な人々による、多様な形の実践が展開されている。ユネスコエコパークという制度を活用することは、そのひとつの選択肢である。

　しかし、複雑な社会生態系システムのふるまいには、複雑系であるがゆえに大きな不確実性が伴う。ユネスコエコパークのようなひとつの選択肢が、社会生態系システムの持続可能性にどのような影響を与えるかを予測することは、従来の個別の専門分野に分かれた科学のアプローチではきわめて困難である。地域が直面する多様な課題は相互に密接に関係しあい、ある課題の解決を目指した取り組みがほかの課題の悪化または改善をもたらす、あるいはある課題の解決が予想もしなかった別の課題を発生させる、といったプロセスが普通に起こるからである。地域社会がユネスコエコパークを活用することを選択したとしても、それが期待通りの効果をもつか、その選択によって予想を超えたコストが発生しないかどうか、などについて、事前に正確に

終章　ユネスコエコパークを支える知識・ネットワーク・科学

　予測することはできない。複雑な社会生態系システムとしての地域社会を、持続可能な未来に向けて変容させていくためには、多様な分野の科学知や科学技術、在来知、経験知、在来の技術、言葉にならない暗黙の知恵などを地域の課題解決に向けて統合し、意思決定と実践の基盤となる総合的な知識基盤（地域環境知）をダイナミックに生成し、深化させていくような、新しい科学のあり方が求められている。このような科学（知識生産）は、必要なあらゆる学問分野を取り込んだ学際的（インターディシプリナリー）なものであるだけでなく、地域社会のさまざまな関与者との協働を通じた科学の枠におさまらない多様な知識生産のプロセスを包含するトランスディシプリナリー科学である必要がある。科学者とそれ以外の多様な関与者が知識生産のすべてのプロセスで密に協働することを通じて、科学的知識が絶えず現実社会の実践の現場で検証され、改善され、新たな実践を生み出し続けるという順応的なプロセスをたどることが、複雑系につきものの不確実性に対処するために有効だからである。本書で描かれた日本のユネスコエコパークの活用の事例では、このような地域内外の科学者と関与者の密な連携を通じたトランスディシプリナリー科学による知の共創と、多様な関与者（科学者も含む）の協働と相互学習を通じた順応的な実践と改善のプロセスが、ユネスコエコパークの長い休眠からの目覚めと活性化に至る、地域のダイナミックな動きを支えてきた（第1章、現場からの報告3）。

　日本のユネスコエコパークでも、また海外のさまざまな事例でも、地域に定住し、地域社会の一員として研究を行うレジデント型研究者が、トランスディシプリナリー科学の推進に重要な役割を果たしている（第1章、現場からの報告2、3）。レジデント型研究者は、地域外に住み地域をフィールドとして活動する訪問型研究者と同じように、グローバルな視野をもつ科学者・専門家として、地域のさまざまな課題の解決を目指す総合的な知識生産を行う。そして、地域社会の一員としてほかの関与者と共にさまざまな知識・技術を活用し、ひとりの生活者として地域の自然環境の恩恵を享受し、ひとりの市民として地域の意思決定と実践に長期的にかかわり続ける。レジデント型研究者が地域社会の中でこのような多面的な顔を持つことが、地域課題の

321

解決を指向する総合的なトランスディシプリナリー科学の推進に適しているものと考えられる（佐藤 2009；2016；2018）。それに加えて日本では、ユネスコエコパーク登録地や登録を目指す地域を支援するボランティアの科学者グループである「MAB 計画委員会」という訪問型研究者のグループが組織されており、それぞれの地域との長期的かつ密なかかわりの中で、ユネスコエコパークの活用を支援している。この日本独自の科学者グループの活動が、日本のユネスコエコパークとその国内ネットワークの持続可能な未来に向けたダイナミックな展開に果たした役割は、決定的に重要である（第 4 章）。日本では、すべての登録地において、レジデント型研究者、あるいは MAB 計画委員会のような訪問型研究者が、地域との長期的かつ密なかかわりの中で、地域の視点から多様な学問分野の知識・技術を取り込み消化し、具体的な実践に落とし込むことを通じて、ユネスコエコパークを活かした地域の動きを支えてきたのである。地域の人々による手作りの生物圏保存地域であるカナダのレッドベリー・レイク（現場からの報告 1）でも、それ以外のさまざまな海外の生物圏保存地域の事例でも、多様な科学者が大きな役割を果たしてきたことは共通しているだろう。

　レジデント型研究者や訪問型研究者は、地域社会と長期的かつ密にかかわりながら、さまざまな分野の科学的知識や技術を、地域の課題に照らして翻訳・意味付けして地域の人々と共有するという役割を果たしている。また、同時に地域の人々の経験と実践からうまれるさまざまな在来の知識や技術を、より普遍性の高い科学の言語に翻訳して発信している。このような知識の双方向の流れを促す社会的な機能を果たす人々ないし組織を、「知識の双方向トランスレーター」と呼ぶ（佐藤 2018）。日本のユネスコエコパークの活性化の過程で、地域社会に定住するレジデント型研究者と、MAB 計画委員会の訪問型研究者はそれぞれの立場から、知識のトランスレーターとしての役割を果たしてきた（第 1 章）。ユネスコが提案する MAB 計画と生物圏保存地域の理念と実践にかかわる知識や、さまざまな科学が提供する持続可能な地域づくりを支える知識・技術を、それぞれの地域が直面する課題に照らして再整理し、知識・技術の新しい意味と価値を可視化して、地域の多様な

アクターによる意思決定と実践を促してきたのである。これらのトランスレーターの働きが、トランスディシプリナリー科学の実践による知の共創を通じて、地域に新たな価値やつながり、持続可能な未来に向かう選択肢をもたらしてきた。その際に、MAB計画委員会はユネスコや日本政府の窓口である文部科学省と地域のアクターの間のつながりの構築と、地域のアクターによる科学的な知識・技術の活用に重要な役割を果たしてきた（第4章）。一方、レジデント型研究者は、科学的知識や技術の地域内での共有と活用を促すだけでなく、地域内の多様なアクターの間でのコミュニケーションと知識の共有を仲立ちし、人々が培ってきた在来知や技術の価値を可視化して発信することに、大きな役割を果たしている。そして、このような知識のトランスレーターとしての機能を担うのは、このような研究者あるいは専門家などと呼ばれる人々だけではない。地方自治体の中にも、NPOや地域団体にも、さらには現場の管理運営をつかさどる協議会の中にも、知識の双方向トランスレーターとしての機能を担う人や組織が存在し、それぞれの立場から、異なる形で知識の共有と活用を促してきた。

　双方向トランスレーターは、その機能が発揮される空間スケールとの関係から、「水平方向トランスレーター」と「階層間トランスレーター」に大別できる（図1）。水平方向トランスレーターは、グローバルあるいはローカルといった特定の空間スケールにおける多様な知識をつなぐ役割を担う。階層間トランスレーターは、異なる空間スケールで生産される多様な知識をスケールの枠を超えてつなぐ役割を担う。階層間トランスレーターはさらに、広域的なスケールの知識の新たな意味をローカルなスケールの視点から創出する「トップダウン型」と、ローカルな知識・技術の新たな意味を広域的なスケールの視点から創出する「ボトムアップ型」に分類される（佐藤2018）。では、本書で描かれた日本のユネスコエコパークの場合には、どのような知識の双方向トランスレーターが図1のモデルのどの位置で機能しているだろうか？　トップダウン型階層間トランスレーターでは、ユネスコのMABプログラムを推進する人々がグローバル・レベル、文部科学省が国家レベル、MAB計画委員会の研究者が国家レベルと地域レベル、各地域の自治体の担

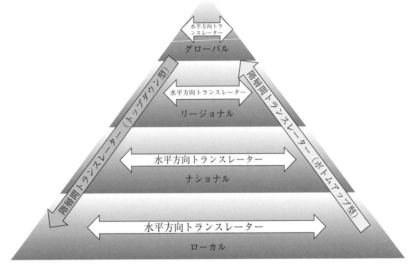

図1 地域からグローバルに至るさまざまな空間スケールにおいて、多様な知識の双方向トランスレーターが、重層的に機能して知識の流通を促している（佐藤 2018、P7 から引用）。

当者が地域レベルで機能している。MAB 計画委員会は国家レベルと地域レベルの両方で水平方向トランスレーターの役割を果たし、地域レベルではレジデント型研究者と地域内の協議会やネットワークが活動している。レジデント型研究者と MAB 計画委員会は地域および国家レベルでのボトムアップ型階層間トランスレーターでもあり、日本ユネスコエコパークネットワークは国家レベルの水平方向およびボトムアップ型階層間トランスレーターである。より広域的なレベル、グローバル・レベルでは、東アジア BR ネットワークや世界ネットワークがある（図2）。このように、さまざまな空間スケールで、多様な知識のトランスレーターが重層的に機能している状態が、日本のユネスコエコパークにおける意思決定と実践の基盤となる総合的な知識の創出、共有、活用を促し、持続可能な未来に向けた地域の実践を強力に後押しすると同時に、地域の実践から広域的、さらにはグローバルなインパクトを

終章　ユネスコエコパークを支える知識・ネットワーク・科学

図2　ユネスコエコパークにかかわる知識の双方向トランスレーターの重層性と多様性。

発生させることに貢献しているものと考えられる。また、日本独自の仕組みであるMAB計画委員会と、地域内および地域間のネットワークの充実が、ユネスコエコパークにおける科学者を含む社会の多様な関与者の濃密な相互作用に特に重要な役割を果たしていると考えることができる。ユネスコエコパークを核として、このような科学と社会の密なかかわりを今後も維持し、さらに強化していくことが、ユネスコエコパークを活かした地域社会の持続可能な未来に向けた転換のために、最も重要なことだろう。

6 持続可能な開発のモデルとしてのユネスコエコパーク

これまで、本書に描かれたユネスコエコパークの特徴と、さまざまな登録地の事例を基礎に、ユネスコエコパークという国際的な仕組みが、地域社会の多様なアクターによる持続可能な未来に向かう実践を促す仕組みを検討してきた。最後に、持続可能な開発のモデルとして見たときに、ユネスコエコパークのどのような側面が、持続可能性の実現のための社会転換プロセスを

効果的に駆動することに貢献するかを、以下の4点に整理しておこう。

1. ユネスコエコパークの背後にある理念と、制度の意義や運用のノウハウに関する知識は、登録と活用を模索する地域社会に流入して、地域の多元的な価値を可視化する。そして、移行地域の自治体、そこに生活する人々、多様なアクターの、持続可能性の実現に向けた多面的な集合的実践を促す。
2. ユネスコエコパークに組み込まれているネットワークを通じた交流の仕組みが、国際レベル、国レベル、そして何よりも地域内での多様なアクターのつながりの構築・強化を促す。人々の新しいつながりが構築されることによって、地域の実践の価値と課題が共有され、相互学習を通じて新たな価値の創出と実践の活性化をもたらす。また、ネットワークを介して地域の実践がユネスコの政策などを通じて広域的なインパクトを発生させる。
3. ユネスコエコパークは、地域が選ぶことができる国際的な価値づけの選択肢のひとつである。登録や拡張申請とその後の運用のプロセス全体を通じて、さまざまな国際的な制度や仕組みのアンブレラとして機能し、地域の人々が主体的に選ぶことができる選択肢を拡大してさまざまな集合的実践を促して、地域のフォーマルまたはインフォーマルな制度や仕組みをダイナミックに変容させる。
4. さまざまな空間スケールで多様な知識の双方向トランスレーターが重層的に機能している状態、特に日本独自のトランスレーターであるMAB計画委員会の多面的な機能が、地域の実践を支える知識・技術の創出と活用を促し、地域内および地域間ネットワークの活性化を通じて、科学者を含む社会の多様なアクターの濃密な相互作用によるトランスディシプリナリーな知識生産を活性化する。

　もちろん、この4つのポイントがすべて理想的に機能しているような事例は、本書のどこにも見当たらないし、世界的に見てもひとつもないだろう。

また、これがすべてそろっていることが必要であり、優れているというわけでもない。むしろ、この4つのポイントを意識して自らの、あるいは各地の実践を眺めてみることによって、地域の実践の価値と課題を改めて問い直し、地域そして世界における持続可能な未来に向けた動きをさらに進め、あるいは新たに創りだしていくことに意味がある。その際には特に、移行地域における人々の実践の価値、地域及び地域間ネットワークの拡充、ほかの国際的な価値づけとの協働、そして、地域をサポートするMAB計画委員会に類似したシステムの機能について、意識的に検討することが効果的だろう。このような地域の実践を測る「ものさし」を提供することが、持続可能な開発のモデルとしてのユネスコエコパークの意義である。本書の分析を通じて、この目的が十分に達成されていることを期待したい。

引用文献

Berkes, F., Colding, J. and Folke, C. (2003) Navigating social-ecological systems: building resilience for complexity and change. Cambridge University Press, Cambridge.

Kitamura, K., Nakagawa, C., Sato, T. (2018) Formation of a community of practice in the watershed scale, with integrated local environmental knowledge. Sustainability, 10(2): 404. doi: 10.3390/su10020404

松田裕之・牧野光琢・ヴラホプル、I.I.（2018）地域の知と知床世界遺産 ── 知床の漁業者と研究者．『地域環境学 ── トランスディシプリナリー・サイエンスへの挑戦』（佐藤哲・菊地直樹編）pp. 60-75. 東京大学出版会．

リード、M.・アバーンティ、P.（2018）協働が駆動する社会的学習 ── カナダの生物圏保存地域．『地域環境学 ── トランスディシプリナリー・サイエンスへの挑戦』（佐藤哲・菊地直樹編）pp. 170-187. 東京大学出版会．

酒井暁子・松田裕之（2018）地域に生かす国際的な仕組み ── ユネスコMAB計画．『地域環境学 ── トランスディシプリナリー・サイエンスへの挑戦』（佐藤哲・菊地直樹編）pp. 245-258. 東京大学出版会．

佐藤哲（2008）環境アイコンとしての野生生物と地域社会 ── アイコン化のプロセスと生態系サービスに関する科学の役割．環境社会学研究，14：70-85．

佐藤哲（2009）知識から智慧へ ── 土着的知識と科学的知識をつなぐレジデント型研究機関．『環境倫理学』（鬼頭秀一・福永真弓編）pp. 211-226. 東京大学出版会．

佐藤哲（2016）フィールドサイエンティスト ── 地域環境学という発想．東京大学出版会．235pp.

佐藤哲 (2018) 序章　意思決定とアクションを支える科学 —— 知の共創の仕組み.『地域環境学 —— トランスディシプリナリー・サイエンスへの挑戦』(佐藤哲・菊地直樹編) pp. 1-15. 東京大学出版会.

Sato, T., Chabay, I. and Helgeson, J. (2018) Introduction. pp. 1-8. In Sato, T., Chabay, I. and Helgeson, J. (eds.), Transformations of Social-Ecological Systems: Studies in co-creating integrated knowledge toward sustainable futures. Springer, Singapore.

Tanaka, T. and Wakamatsu, N. (2018) Analysis of the Governance Structures in Japan's Biosphere Reserves: Perspectives from Bottom-Up and Multilevel Characteristics. Environmental management, 61(1): 155-170. doi: 10.1007/s00267-017-0949-6.

謝　辞

　本書の理論的な研究と多くの事例研究は、総合地球環境学研究所の研究プロジェクト「地域環境知形成による新たなコモンズの創生と持続可能な管理（地域環境知プロジェクト）」(2012-2017、プロジェクトリーダー：佐藤哲) から資金の提供を受け、国内外の多様なプロジェクトメンバーとの協働のもとに実施されたものである。本書の各章の著者も含めて、地域環境知プロジェクトのすべてのメンバーに、貴重な議論と刺激をいただいたことを感謝する。また、地域環境知プロジェクトのすべての側面を支えてくださった研究推進支援員の福嶋敦子さんに、この場を借りて深く感謝する。

　また、トランスディシプリナリ・アプローチに関する本書の議論については、科学技術振興機構・社会技術研究開発センターの「貧困条件下の自然資源管理のための社会的弱者との協働によるトランスディシプリナリー研究」(佐藤哲、FS；2015・試行：2016・本格研究：2017～) から大きなご支援をいただいた。

　本書で紹介した日本の MAB 計画の活動は、いくつかの助成基金のご支援のたまものである。特に、文部科学省には一連のユネスコパートナーシップ事業を 2010 年度「CBDCOP10 サイドイベント「持続発展教育 (ESD) とユネスコ人間と生物圏 (MAB) 計画における我が国の取組に関するシンポジウム」」から 2013 年度まで毎年、日本 MAB 計画委員会にご支援いただいた。また、公益財団法人自然保護助成基金 国際的な自然環境保全プログラム助成「ユネスコエコパークネットワーク活動の促進」(2014 年度)、三井物産環境基金「世界遺産とユネスコエコパークを例にした自然保護の世界標準と地域振興の衝突事例の比較と解決策の研究」(2014-16 年度)、自然保護助成基金・財団法人日本自然保護協会プロ・ナトゥーラ・ファンド助成「日本におけるユネスコ「人と生物圏」計画の普及と「生物圏保存地域」の登録・活用」(2009 年度)、財団法人新技術振興渡辺記念会 (2007 年度) から日本 MAB 計画委員会にご支援いただいた。

第 1 章及び第 4 章の執筆にあたり、横浜国立大学・国立環境研究所グローバル COE「アジア視点の国際生態リスクマネジメント」および横浜国立大学「生態リスク・地域環境知研究拠点」としての活動が、上記地球研プロジェクトとともに日本 MAB 計画委員会の活動を支援いただいた。第 5 章の執筆にあたっては、飯田義彦氏をはじめ、複数の方に有益なご助言をいただいた。第 6 章は、平成 29 年度科研費助成事業・若手研究 (B)「自然観光資源の管理に資する政策手法の実証分析：間接的手法に着目して」(代表：田中俊徳) の研究成果の一部である。

　現場からの報告 1 は、北村氏が Maureen Reed 氏との共同学会発表の一部をもとに執筆したものである。モウリーン・リード氏、ジョン・キンドラチャック氏、ピーター・キングスミル氏をはじめ、カナダにおいて多くの人たちから助言・協力をいただいた。また、平成 27〜30 年度科研費助成事業・基盤研究 (C)「地域づくりと自然環境保全に資する『モザイク保護区』の研究」(代表：北村健二、課題番号 15K00673) および金沢大学「能登里山里海研究部門」の支援をいただいた。現場からの報告 2 を作成するにあたり、綾の照葉樹林プロジェクトの関係団体である九州森林管理局、宮崎県、綾町、一般社団法人てるはの森の会にもお世話になった。綾町民の方々にも調査にご協力いただき、この場を借りて感謝申し上げる。

　本書に紹介した諸活動を実現できたことは、ユネスコ日本政府代表部、日本ユネスコ国内委員会 MAB 計画分科会委員・調査委員及び事務局、同分科会元主査の有賀祐勝氏、岩槻邦男氏及び鈴木邦雄氏、文部科学省・環境省・林野庁をはじめとする関係省庁、日本 MAB 計画委員会、日本ユネスコエコパークネットワークおよび各ユネスコエコパークとその担当者のご支援の賜物である。最後に、本書の編集に多大なるご指導とご助言をいただいた中村真介氏、京都大学学術出版会の鈴木哲也氏、永野祥子氏にお礼申し上げる。

編者一同

索　引

【ア行】

赤谷プロジェクト　133
アジア太平洋生物圏保存地域ネットワーク
　　（APBRN）　6, 171
綾生物多様性協議会　318
綾町　258
綾の照葉樹林プロジェクト　256
「綾の照葉樹林を世界遺産にする」運動
　　265
綾町森林整備計画　261
綾町生物多様性地域戦略　259
綾ユネスコエコパーク　24, 25, 41, 90,
　　129, 257, 302, 308, 310, 312, 313, 318
　綾ユネスコエコパークセンター　263
アンブレラ（上位構造）　317, 326
暗黙の知恵　307
イオン環境財団　25
移行地域　9, 14, 131, 302, 311, 326
イシュワラン（N. Ishwaran）　122
イノベーション　26, 135
営造物公園　28
エコツアー　14
エコツーリズム　135
エコロジカル・フットプリント　108
塩城生物圏保存地域　81
エントレブッフ生物圏保存地域　78, 90,
　　310
欧州連合　→ EU
大台ケ原・大峯山・大杉谷ユネスコエコ
　　パーク（大台ケ原・大峰山ユネスコエ
　　コパーク）　40, 130, 203, 295

オーナーシップ　312
小笠原世界自然遺産地域　12

【カ行】

解　31
外交問題　121, 142
階層間トランスレーター　323
回復力　6
海洋管理協議会（MSC）　316
科学委員会　16, 32
科学研究費　123
科学者　153, 162, 175
科学的知識　307
学際的（インターディシプリナリー）　321
核心地域　9, 14, 131, 140
拡大 MAB 計画委員会　→ MAB 計画委員
　　会
価値　319
カナダ生物圏保存地域協会（CBRA）　106
加盟国　17, 140
環境アイコン　100, 314
環境自治体会議　28, 126
環境省　153
環境と社会を結ぶ若者プログラム（YPESI）
　　84
環境配慮型の職業訓練（Eco-job Traning）
　　84
環境配慮型の職業市場（Eco-job Market）
　　84
韓群力（Han Qunli）　122
観光利用　79

331

緩衝地域　9, 131, 302
関与者　ii
管理運営　271
　管理運営計画　15, 211
危機遺産　17
気候変動　22
技術　307
基礎自治体　141
九州森林管理局　258
休眠　118
共通利益　178, 181, 196, 313, 319
協働型管理運営　29, 64
　協働型管理運営制度　15
共同漁業権　10
共同体利用地域（Community Use Zone）
　30, 137
経験知　307
研修会　19
原生自然　12
　原生自然環境保全地域　10
顕著な普遍的価値　6
賢明な利用　21, 28
郷田實町政　256
行動計画（Action plan）　71
コーディネータ　154, 284
国際協力機構（JICA）　137
国際自然保護連合（IUCN）　ii, 15
国際照葉樹林サミット in 綾　133, 257
国際生物学事業計画（IBP）　12, 208
国際ネットワーク　315
国際連携活動　277
国際連合　179
　国際連合環境計画（UNEP）　15
　国際連合食糧農業機関（FAO）　142
国有林　153

国立公園　153
国連大学サステイナビリティ高等研究所い
　しかわ・かなざわオペレーティング・
　ユニット（国連大学 OUIK）　137, 272
ゴット（Miguel Clüsener-Godt）　122
甲武信　126

【サ行】
崔清一（C-I Choi）　119
在来知　307
　先住民の在来知　15
在来の技術　307
サスカチュワン州　96, 98, 104
サスカチュワン大学　109
里山里海　i
参加型アプローチ　9, 14, 27, 30, 139
サンパウロ市グリーンベルト生物圏保存地
　域　84
シエラゴルダ生物圏保存地域　85, 90
ジオパーク　162, 214, 285
　ジオパークネットワーク　162
志賀高原ユネスコエコパーク　31, 40, 127,
　135, 144, 208, 302, 310
資源循環型農業　256
地獄谷野猿公苑　302
自然環境保全法　60
自然公園　60
　自然公園法　60
自然資源　ii
自然保護区　iv, 26, 33
自然保護団体　16
自然保護地域　49
持続可能性科学　145
持続可能な開発　317
　持続可能な開発のための教育（ESD）

23, 72, 83, 124, 145, 212, 218, 267
持続可能な開発のための目標（SDGs）
　　　6, 21, 22, 23, 33, 306
持続可能な開発のモデル　ii, 325, 327
持続可能な共生社会　267
自治公民館　266
自治公民館活動　25
実現可能性　31
実務担当者　27
姉妹生物圏保存地域協定　33
シャープシューティング　295
社会生態系システム　320
社会的学習　312
社会の転換　307, 309
集合的実践（collective action）　318, 319, 326
重層的なネットワーク　312
重複登録　→二重登録
重要鳥類地域（Important Bird Area）　99
順応的なプロセス　321
順応的リスク管理　293
縄文杉　14
照葉樹林　256
　照葉樹林復元　267
ショート・フードサプライチェーン（SFSC）　250
食卓の友の会（Gastropartner）　79
事例研究　27
知床　122
　知床世界自然遺産　15, 128, 293, 316
新・生物多様性国家戦略　→生物多様性国家戦略
森林管理協議会（FSC）　316
森林生態系保護地域　28, 60, 121
水平方向トランスレーター　→トランスレーター

生態系アプローチ　15, 31
生態系サービスへの支払い（PES）　74
政府関係者　152, 172, 175
生物圏　4
生物圏保存地域　i
　生物圏保存地域カタログ　123
　生物圏保存地域国際諮問委員会（IACBR）　128, 139, 143, 144, 145, 211, 220
　生物圏保存地域審査基準　57, 129, 154, 155, 200
　生物圏保存地域世界大会（WCBR）　12, 32, 71, 167, 277
　生物圏保存地域世界ネットワーク（WNBR）　12, 151, 195, 312
　生物圏保存地域世界ネットワーク定款　151, 209
生物多様性国家戦略　52
　生物多様性国家戦略 2012-2020　56, 261
　第三次生物多様性国家戦略　55
生物多様性条約　15
　生物多様性条約第 10 回締約国会議（CBD-COP10）　55, 128
世界遺産　17, 29, 151, 166, 316
　世界遺産委員会　11, 15
　世界遺産候補地に関する検討会　126
　世界遺産条約　21, 50, 143, 184
世界ジオパークネットワーク　184
世界自然遺産　i, 214, 284
　世界自然遺産ネットワーク協議会　184
世界島嶼海岸生物圏保存地域ネットワーク（WNICBR）　18
世界農業遺産（GIAHS）　29, 142, 316

世界文化遺産地域連携会議　184, 190
絶滅のおそれのある野生動植物の種の保存に関する法律　60
セビリア戦略（Seville Strategy）　14, 20, 33, 38, 71, 75, 88, 125, 140, 188, 202
選択肢　31, 316, 318, 319, 326
専門員　285
戦略　71
創意工夫　26, 135
ソフトロー　27
祖母・傾・大崩ユネスコエコパーク　25, 44, 219, 300

【タ行】
第1種特別地域　10
第2の危機　292
第三国生物多様性と生態系保全のための持続可能な開発事業（SDBEC）　137
多元的な価値　326
田子倉ダム　132
只見ユネスコエコパーク　15, 42, 130, 302, 310, 313
単独自治体型 BR　200, 202, 222, 313
地域環境知　ii, 307, 321
　地域環境知プロジェクト（ILEKプロジェクト）　ii, 158, 168, 307, 309
地域関係者　154, 162, 175
地域区分　71, 91
地域支援型農業（Community-Supported Agriculture）　108
地域資源　317
地域主導　164, 166
　地域主導型　175
　地域主導型 BR ネットワーク　315
地域振興　14, 28

地域制　63
　地域制国立公園　28
地域内ネットワーク　313
地域の価値　310
地域マーケティング　249
済州島　7, 19
知識の双方向トランスレーター　→トランスレーター
知の共創　321
地方自治体　154
鳥獣による農林水産業等に係る被害防止のための特別措置に関する法律（鳥獣被害特措法）　294
鳥獣の保護及び管理並びに狩猟の適正化に関する法律　60
鳥獣保護法　294
長白山生物圏保存地域　82
定期報告　12, 15, 123
適応策　23
出口戦略　33
てるはの森の会　258
東南アジア生物圏保存地域ネットワーク（SeaBRnet）　4, 125, 152
特別保護地区　10
トップダウン型階層間トランスレーター　→トランスレーター
トランスディシプリナリー　326
　トランスディシプリナリー（科学）研究　ii, 27, 139, 321, 323
　トランスディシプリナリ過程　284
トランスレーター　iii, 27, 138
　水平方向トランスレーター　323
　知識の双方向トランスレーター　322, 326
　トップダウン型階層間トランスレーター

323
ボトムアップ型階層間トランスレーター　324
トリ（N. H. Tri）　122
取引費用　178, 183, 196, 313
ドレスデン・エルベ渓谷　17
トンレサップ生物圏保存地域　86, 90

【ナ行】

永田浜　9
長野五輪　31
二重登録（重複登録）　26, 317
日本 MAB 計画委員会　32, 55, 118, 127, 153, 187
日本学術会議　12
日本ジオパーク委員会（JGC）　141
日本ジオパークネットワーク（JGN）　29, 141, 184, 186, 190
ニホンジカ　214, 292
日本自然保護協会　258
日本生態学会　124
日本で最も美しい村連合　28, 128
日本ユネスコエコパークネットワーク（JBRN, J-BRnet）　25, 124, 125, 150, 156, 178, 179, 181, 187, 212, 276, 312
日本ユネスコエコパークネットワーク大会　164
日本ユネスコ協会連盟　→ユネスコ協会
日本ユネスコ国内委員会（ユネスコ国内委員会）　118, 125, 153
日本ユネスコ国内委員会自然科学小委員会人間と生物圏（MAB）計画分科会　→ MAB 国内委員会
人間と自然の共生　317
人間と生物圏計画　→ MAB 計画

認証制度　76, 311
沼田眞　121
ネットワーク　18, 150, 173, 274, 276, 287, 313, 319, 326

【ハ行】

白山ユネスコエコパーク　40, 271, 298, 314, 316, 318
　白山ユネスコエコパーク協議会　314
東アジア生物圏保存地域ネットワーク（EABRN）　119, 135, 152, 166, 190, 211, 312
　EABRN Biosphere Reserve Atlas Japan（EABRN 図説生物圏保存地域日本）　123
ビジビリティ（可視性）　276
人と自然との共生　i, 4
非武装地帯（DMZ）　143
フォーマル・インフォーマルな制度や仕組み　307, 318, 326
付加価値型流通　310
不確実性　320
複雑系　320
複数自治体型 BR　200, 202, 222, 313
フューチャー・アース　ii
プラットフォーム　277, 287
ブランド化　230, 310
ブランド開発　76
プレ・セビリア世代　88, 223
プロジェクト未来遺産活動　4
文化財保護法　60
ベイズ推計法　293
訪問型研究者　27, 153, 322
ボコヴァ（Irina Bokova）　25
保護教育地域（protected school areas）　85

335

誇り　312
ポスト・セビリア世代　88, 203
保全（conservation）　6
保存（protection）　6
北方四島　122
ボトムアップ型階層間トランスレーター
　　→トランスレーター
本物（Echt）エントレプブッフ　79

【マ行】
まち・ひと・しごと総合戦略　26
まちづくり　26
松浦晃一郎　4, 129, 136
窓口役　→ focal point
マドリッド行動計画　48, 125, 202
学び合い　150, 173, 274, 276, 282
みなかみユネスコエコパーク　43, 133, 298
南アルプス自然環境保全活用連携協議会　314
南アルプスユネスコエコパーク　42, 213, 294, 299, 314
無形文化遺産制度　145
ムジブ生物圏保存地域　80
文部科学省　153

【ヤ行】
屋久島・口永良部島ユネスコエコパーク
　　（屋久島ユネスコエコパーク）　9, 10, 41, 90, 120, 294, 296
優良事例　27
ユネスコ（国際連合教育科学文化機関）　i, 143
　　ユネスコからの脱退　143
ユネスコエコパーク　i

ユネスコエコパーク協議会　154, 271
ユネスコエコパーク推進室　263
ユネスコエコパークネットワーク　→日本ユネスコエコパークネットワーク
ユネスコ協会（日本ユネスコ協会連盟）　4, 119, 139
ユネスコ憲章　179
ユネスコ国内委員会　→日本ユネスコ国内委員会
ユネスコスクール　23, 212, 218, 273
ユネスコ政府間海洋科学委員会（IOC）　132
ユネスコ世界ジオパーク　5, 17, 21, 141, 316
ユネスコ日本政府代表部　153
ユネスコパートナーシップ事業　19, 127
横浜国立大学　119

【ラ行】
ラムサール条約　18, 21, 184
　　ラムサール条約登録湿地関係市町村会議　184, 185
リニア中央新幹線　18
リマ行動計画　33, 49, 169, 172, 188, 233
林野庁　153
レーン生物圏保存地域　19, 76, 90, 238, 310
レーン羊　77
レジデント型研究者　27, 153, 284, 321
レッドベリー・レイク生物圏保存地域　96, 308, 322
ローカル認証　245

【ワ行】
ワシントン条約　16, 144

渡り鳥保護区（Migratory Bird Sanctuary）
　99

【A-Z】
APBRN　→アジア太平洋生物圏保存地域
　ネットワーク
EABRN　→東アジア生物圏保存地域ネッ
　トワーク
ECOTONE　4
ESD　→持続可能な開発のための教育
EU（欧州連合）　178, 179
focal point（窓口役）　283
IACBR　→生物圏保存地域国際諮問委員
　会
IBP　→国際生物学事業計画
ILEK プロジェクト　→地域環境知プロ
　ジェクト
Japan InfoMAB　119
JBRN　→日本ユネスコエコパークネット
　ワーク
J-BRnet　→日本ユネスコエコパークネッ
　トワーク
JGN　→日本ジオパークネットワーク
MAB（人間と生物圏）計画　I, 46, 181
MAB 計画委員会　129, 138, 140, 322, 325,
　326
MAB 計画国際調整理事会（MAB-ICC）
　20, 125, 139, 142, 143, 144, 168, 170,
　178, 190, 211, 277
MAB 計画分科会（MAB 国内委員会）　55,
　118, 122, 129, 138, 153
MAB 戦略（2015—2025）　20, 49, 71
SATOYAMA イニシアティブ　28
SDBEC　→第三国生物多様性と生態系保
　全のための持続可能な開発事業
SDGs　→持続可能な開発のための目標
SeaBRNet　→東南アジア生物圏保存地域
　ネットワーク

執筆者紹介

【編者】
松田　裕之（まつだ　ひろゆき）　はじめに、第 1 章、第 4 章、第 7 章、補章
横浜国立大学教授、[元]日本生態学会長
専門分野：生態学、海洋政策学、水産資源学
主著：『海の保全生態学』（東京大学出版会、2012 年）、『なぜ生態系を守るのか』（NTT 出版、2008 年）、『生態リスク学入門』（共立出版、2008 年）、『ゼロからわかる生態学』（共立出版、2004 年）、『環境生態学序説』（共立出版、2000 年）、『「共生」とは何か』（現代書館 1995 年、以上単著）、『つきあい方の科学』（単訳、ミネルヴァ書房、1999 年）

佐藤　哲（さとう　てつ）　終章
総合地球環境学研究所名誉教授
愛媛大学社会共創学部 教授
専門分野：地域環境学・持続可能性科学
主著：『フィールドサイエンティスト ── 地域環境学という発想』（東京大学出版会、2016 年）、『地域環境学 ── トランスディシプリナリー・サイエンスへの挑戦』（編著、東京大学出版会、2018 年）、『里海学のすすめ ── 人と海との新たな関わり』（編著、勉誠出版、2018 年 ）、*Transformations of Social-Ecological Systems: Studies in Co-creating Integrated Knowledge Toward Sustainable Futures*（編著、Springer、2018 年）など

湯本　貴和（ゆもと　たかかず）　補章
京都大学霊長類研究所教授
専門分野：生態学
主著：『屋久島 ── 巨木と水の島の生態学』（講談社、1994 年）、『熱帯雨林』（岩波書店、1999 年）、『シカと森の現在と未来 ── 世界遺産に迫る危機』（共編著、文一総合出版、2006 年）、『食卓から地球環境がみえる ── 食と農の持続可能性』（編著、昭和堂、2008 年）、『シリーズ日本列島の三万五千年 ── 人と自然の環境史』（全 7 巻）（編著、文一総合出版、2011 年）など。

【執筆者】

飯田　義彦（いいだ　よしひこ）　現場からの報告 3
金沢大学環日本海域環境研究センター連携研究員
白山ユネスコエコパーク協議会事務局アドバイザー
［元］国連大学サステイナビリティ高等研究所いしかわ・かなざわオペレーティング・ユニット研究員
専門分野：景観生態学、地理学、自然共生社会研究
主著：『白山ユネスコエコパーク ── ひとと自然が紡ぐ地域の未来へ』（共編共著、UNU-IAS OUIK、2016 年）、『ユネスコ人間と生物圏（MAB）計画における実務者交流を促進するアジア型研修プラットフォームの創出事業成果報告書』（共編、白山ユネスコエコパーク協議会、2017 年）、『森林環境 2017』（分担執筆、森林文化協会、2017 年 ）、 *Biosphere Reserves for Future Generations: Educating diverse human resources in Japan, Russia and Belarus*（共編、Kanazawa University、2018 年）

大元　鈴子（おおもと　れいこ）　第 8 章
鳥取大学地域学部准教授
専門分野：国際認定制度、資源管理認証制度、フードスタディーズ
主著：『国際資源管理認証 ── エコラベルがつなぐグローバルとローカル』（共編著、東京大学出版会、2016 年）、『ローカル認証 ── 地域が創る流通の仕組み』（単著、清水弘文堂書房、2017 年）

岡野　隆宏（おかの　たかひろ）　第 2 章
環境省大臣官房環境計画課企画調査室長、自然環境局自然環境計画課保全再生調整官
専門分野：保護地域政策
主著：『自然保護と利用のアンケート調査』（分担執筆、築地書房、2016 年）、『鹿児島の島々 ── 文化と社会・産業・自然』（分担執筆、南方新社、2016 年）

河野　耕三（かわの　こうぞう）　現場からの報告 2
綾町ユネスコエコパーク推進室照葉樹林文化推進専門監
専門分野：植物社会学、植物生態学
主著：『生物大図鑑　植物Ｉ─単子葉植物』（分担執筆、世界文化社、1984 年）、『生物大図鑑　植物Ⅱ─双子葉植物』（分担執筆、世界文化社、1984 年）、「植物群落の現状 ── 植物 RDB10 年後の変貌　綾の照葉樹林」（日本自然保護協会編『植物群落モニタリングのすすめ ── 自然保護に活かす『植物群落レッドデータ・ブック』』、文一

総合出版、2005 年）

河野　円樹（かわの　のぶき）　現場からの報告 2
綾町役場ユネスコエコパーク推進室主任主事
専門分野：植物生態学
主著：「四国山地塩塚高原における半自然草地植生の種多様性に及ぼす管理様式の影響」（*Hikobia* 15: 205–215, 2008）、"Floristic diversity and the richness of locally endangered plant species of semi-natural grasslands under different management practices, southern Kyushu"（*Japan. Plant Ecology & Diversity* 2 (3): 277–288, 2009）、「綾ユネスコエコパークのこれまでとこれから」（『宮崎の自然と環境』No.3: 4-8, 2018）

北村　健二（きたむら　けんじ）　現場からの報告 1
金沢大学先端科学・社会共創推進機構能登里山里海研究部門（珠洲市）特任助教
専門分野：自然環境保全と地域づくり

下村　ゆかり（しもむら　ゆかり）　現場からの報告 2
一般社団法人てるはの森の会事務局員
専門分野：綾の照葉樹林プロジェクト事務局、ふれあい調査や環境教育の運営
編集担当：『綾ふれあいの里・古屋』（NACS-J ふれあい調査委員会、てるはの森の会、2012）、『森に抱かれたふるさと杢道』（てるはの森の会、2014）、『森に抱かれたふるさと杢道　記録版　語り部聞き書き集』（てるはの森の会、2015）、『照葉の森が育む山のくらし　綾町・金峰山・川中嶽』（てるはの森の会、2016）

朱宮　丈晴（しゅみや　たけはる）　現場からの報告 2
公益財団法人日本自然保護協会自然保護部高度専門職
専門分野：森林生態学、保全生態学
主著：『世界遺産 屋久島 ── 亜熱帯の自然と生態系』（分担執筆、朝倉書店、2006）、調整役代表執筆者『里山・里海：日本の社会生態学的生産ランドスケープ ── 西日本の経験と教訓』（調整役代表執筆者、国際連合大学高等研究所 UNU-IAS、2010）、「ユネスコエコパーク登録後の宮崎県綾町の動向 ── 世界が注目するモデル地域」（『日本生態学会誌』66: 121-134）。

髙﨑　英里佳（たかさき　えりか）　現場からの報告 3
白山ユネスコエコパーク協議会事務局員
専門分野：環境教育
主著：Biosphere Reserves for Future Generations: Educating diverse human resources in Japan, Russia and Belarus（分担執筆、Kanazawa University、2018 年）

田中　俊徳（たなか　としのり）　第 6 章
東京大学大学院新領域創成科学研究科准教授
専門分野：環境政策、ガバナンス論
主著：「自然保護官僚の研究」（『年報行政研究』53: 142-162, 2018）、"Analysis of the Governance Structures in Japan's Biosphere Reserves: Perspectives from Bottom–Up and Multilevel Characteristics" (*Environmental Management* 61 (1): 155-170, 2018)、『森林環境 2017 ── 森のめぐみと生物文化多様性』（編著、森林文化協会、2017 年）

辻野　亮（つじの　りょう）　第 7 章
奈良教育大学自然環境教育センター准教授
専門分野：生態学、環境学
主著：『森林の変化と人類』（分担執筆、共立出版、2018）、『ユネスコエコパークを活用した ESD 教員向けガイドブック ── 自然と人間の共生をめざして』（分担執筆、横浜国立大学、2015 年）

中村　真介（なかむら　しんすけ）　第 5 章、第 7 章、現場からの報告 3
［元］白山ユネスコエコパーク協議会事務局員（コーディネータ）
専門分野：人文地理学、森林科学
主著：『白山ユネスコエコパーク ── ひとと自然が紡ぐ地域の未来へ』（共編共著、UNU-IAS OUIK、2016 年）、『ユネスコ人間と生物圏（MAB）計画における実務者交流を促進するアジア型研修プラットフォームの創出事業成果報告書』（共編、白山ユネスコエコパーク協議会、2017 年）

比嘉　基紀（ひが　もとき）　第 3 章
高知大学教育研究部自然科学系理工学部門講師
専門分野：植物生態学
編集担当：『東アジア生物圏保存地域ネットワーク日本国生物圏保存地域アトラス』（日本

MAB 計画委員会編、2009 年）

水谷　瑞希（みずたに　みずき） 第 7 章
信州大学教育学部附属志賀自然教育研究施設助教（特定雇用）
専門分野：森林生態学

若松　伸彦（わかまつ　のぶひこ） 第 3 章、第 7 章
横浜国立大学環境情報研究院産学官連携研究員
専門分野：植生地理学
主著：『地形の辞典』（分担執筆、朝倉書店、2017 年）、『上高地の自然誌』（編著、東海大学出版会、2016 年）、『微地形学』（分担執筆、古今書院、2016 年）、『ユネスコエコパークを活用した ESD 教員向けガイドブック ── 自然と人間の共生をめざして』（分担執筆、横浜国立大学、2015 年）

環境人間学と地域
ユネスコエコパーク
── 地域の実践が育てる自然保護

© H. Matsuda, T. Sato, T. Yumoto et al. 2019

2019年3月31日　初版第一刷発行

|編著者|松　田　裕　之|
|佐　藤　　　哲|
|湯　本　貴　和|

発行人　末　原　達　郎

発行所　京都大学学術出版会

京都市左京区吉田近衛町69番地
京都大学吉田南構内（〒606-8315）
電　話（075）761-6182
FAX（075）761-6190
URL　http://www.kyoto-up.or.jp
振　替　01000-8-64677

ISBN 978-4-8140-0205-4
Printed in Japan

印刷・製本　㈱クイックス
装幀　鷺草デザイン事務所
定価はカバーに表示してあります

本書のコピー，スキャン，デジタル化等の無断複製は著作権法上での例外を除き禁じられています。本書を代行業者等の第三者に依頼してスキャンやデジタル化することは，たとえ個人や家庭内での利用でも著作権法違反です。